T0074013

Numerische Auslegung von Wälzlagern

Hung Nguyen-Schäfer

Numerische Auslegung von Wälzlagern

Hung Nguyen-Schäfer
Asperg
Deutschland

Die Darstellung von manchen Formeln und Strukturelementen war in einigen elektronischen Ausgaben nicht korrekt, dies ist nun korrigiert. Wir bitten damit verbundene Unannehmlichkeiten zu entschuldigen und danken den Lesern für Hinweise.

ISBN 978-3-662-54988-9 ISBN 978-3-662-54989-6 (eBook)
DOI 10.1007/978-3-662-54989-6

Die Deutsche Nationalbibliothek verzeichnet diese Publikation in der Deutschen National-bibliografie; detaillierte bibliografische Daten sind im Internet über http://dnb.d-nb.de abrufbar.

Das Buch basiert auf der englischen Ausgabe
Hung Nguyen-Schäfer: Computational Design of Rolling Bearings.
© Springer International Publishing Switzerland 2016
mit einigen Ergänzungen.

Springer Vieweg

Gedruckt auf säurefreiem und chlorfrei gebleichtem Papier

Springer Vieweg ist Teil von Springer Nature
Die eingetragene Gesellschaft ist Springer-Verlag GmbH Deutschland
Die Anschrift der Gesellschaft ist: Heidelberger Platz 3, 14197 Berlin, Germany

In Erinnerung an H. Hertz, F. Fischer und R. Stribeck, welche die bekanntesten Wälzlagerpioniere gewesen waren. A. Palmgren, W. Weibull und G. Lundberg hielten die Wälzlager bis heute für uns am Leben

Vorwort

Wälzlager spielen in unserer täglichen Arbeits- und Mobilitätswelt eine wichtige Rolle. Über 50 Milliarden Wälzlager werden weltweit in Computer- und Halbleiterindustrien, Elektronikindustrie, chemischen und pharmazeutischen Industrien, Windturbinen, Flugzeugindustrie, Automobilindustrie und Haushaltsgeräten verwendet. Ohne sie kämen unsere täglichen Aktivitäten und unsere Mobilitätswelt sofort zum Erliegen.

Auf den ersten Blick sehen Wälzlager nach ziemlich einfachen Bauteilen aus. Sie bestehen lediglich aus einigen Wälzelementen (d. h. Kugeln oder Zylinder), die von Fetten oder Ölen geschmiert sind und zwischen dem inneren und äußeren Lagerring des Wälzlagers rotieren. Warum also wird seit Jahrzehnten bis heute noch weltweit an Wälzlagern geforscht und entwickelt? In Realität umfasst die Wälzlagerentwicklung viele schwierige, interdisziplinäre Arbeitsfelder, nämlich Elastohydrodynamik (EHD) für die Ölfilmdicke, Kontaktspannungen in der Hertzschen Kontaktzone, Tribologie der Oberflächentexturen, Wälzlagerdynamik, Verschleiß- und Versagensmechanismen, Ermüdungslebensdauer der Wälzelemente, Laufbahnen und Schmierfette basierend auf der Weibull-Verteilung, Rotorauswuchten sowie induzierte Luft- und Körperschallanalysen (NVH).

In diesem Buch wird die numerische Auslegung von Wälzlagern basierend auf den oben genannten Arbeitsfeldern in neun Kapiteln behandelt. Dem Leser werden dabei die Wechselwirkungen zwischen den Arbeitsfeldern in der Entwicklung von Wälzlagern verdeutlicht. Die Lagerauslegung basiert teilweise auf DIN-ISO-Normen, aus denen einige semiempirische Formeln für die numerischen Berechnungen mit der kommerziellen Code MATLAB entnommen wurden.

An dieser Stelle möchte ich mich bei den Geschäftsführern der Firma EM-motive GmbH, Herrn Volker Hansen und Herrn Dr. Axel Humpert bedanken, die mir die Erlaubnis zur Verwendung einiger Bilder für dieses Buch gegeben haben. Außerdem danke ich meinen Kollegen Dr. Zhenhuan Wu und Andreas Poy von der Robert Bosch GmbH in Stuttgart für die entsprechend fruchtbaren Diskussionen über Wälzlager und NVH.

Ich möchte es nicht versäumen, mich bei Frau Eva Hestermann-Beyerle und Frau Birgit Kollmar-Thoni vom Springer-Verlag, Heidelberg, für die wertvolle und hilfreiche

Unterstützung bei der Veröffentlichung dieses Buchs in der deutschen Auflage zu bedanken.

Abschließend möchte ich mich bei meiner Frau für ihre Hilfe und endlose Unterstützung bedanken, als ich das Buch über mehrere Wochenenden und in den Urlaubstagen schrieb.

Bitte senden Sie fachliche Hinweise, Anmerkungen oder Verbesserungsvorschläge an folgende E-Mail-Adresse: hn.schaefer@web.de

Asperg Hung Nguyen-Schäfer

Danksagung

Im Besonderen bedanke ich mich bei meinem Kollegen Dr. Marc Brück von der EM-motive GmbH für das Durchlesen und die wertvollen Hinweise bei der Erstellung der deutschen Auflage.

Hung Nguyen-Schäfer

Über den Autor

Dr. Hung Nguyen-Schäfer arbeitet als Fachreferent in der Entwicklung elektrischer Traktionsmaschinen für Hybrid- und vollelektrische Kraftfahrzeuge bei der EM-motive GmbH in Deutschland, einem Gemeinschaftsunternehmen der Firmen Daimler und Bosch. Er promovierte 1988 in der Fachrichtung Maschinenbau an der Universität Karlsruhe und arbeitet seit 30 Jahren in der Automobilindustrie bei Bosch, Bosch Mahle Turbo Systems und EM-motive. Seine Arbeitsgebiete sind Verbrennungsmotoren, Abgasturbolader, Brennstoffzellen-Technologien und E-Mobilität für Hybrid- und vollelektrische Kraftfahrzeuge.

Er ist Autor von vier englischen Fachbüchern:

- Aero and Vibroacoustics of Automotive Turbochargers. Springer Berlin (2013).
- Rotordynamics of Automotive Turbochargers. 2. Edition. Springer Switzerland (2015).
- Computational Design of Rolling Bearings. Springer Switzerland (2016).
- Tensor Analysis and Elementary Differential Geometry for Physicists and Engineers. 2. Edition. Springer Berlin (2017).

Inhaltsverzeichnis

Grundlagen von Wälzlagern

1

Im Gegensatz zu einem Standardlehrbuch, in dem allgemeine Grundlagen über Wälzlager behandelt werden, liegt der Fokus in diesem Buch auf der numerischen Auslegung von Wälzlagern, im Besonderen von Rillenkugel- und Zylinderrollenlagern für die Automobilindustrie. Daher werden die zum Verständnis unbedingt notwendigen Grundlagen nach dem Motto „je kürzer, desto besser" behandelt. Einige Themen wie die technische Konstruktion der verschiedenen Lagertypen werden deshalb absichtlich nicht diskutiert. Der interessierte Leser kann diese in der einschlägigen Literatur, z. B. [1–3], finden.

1.1 Typen von Wälzlagern

Wälzlager können als Radial- und/oder Axiallager in einreihigen oder doppelreihigen Ausführungen eingesetzt werden. Ein Radiallager hat die Aufgabe, das Gleichgewicht zwischen den vom Rotor verursachten und anderen von außen auf den Rotor wirkenden Kräften in radialer Richtung zu erhalten. In ähnlicher Weise hält ein Axiallager das Gleichgewicht zwischen den wirkenden Kräften in axialer Richtung. Rillenkugellager und Zylinderrollenlager werden als Standardwälzlager unter den verschiedenen Bauarten bezeichnet, die Rillenkugellager (BB: ball bearings), Schrägkugellager, Zylinderrollenlager (RB: roller bearings), sphärische Rollenlager, Nadellager und Kegelrollenlager umfassen.

Falls Kugeln als Rollenelemente (RE) oder Wälzelemente im Lager zum Einsatz kommen, wird das Wälzlager als *Kugellager* bezeichnet. Im Falle von Zylinderrollen wird das Wälzlager als *Zylinderrollenlager* bezeichnet (vgl. Abb. 1.1). Dieses Buch befasst sich hauptsächlich mit Kugel- und Zylinderrollenlagern unter dem Einfluss von kombinierten Radial- und Axiallasten auf das Lager.

H. Nguyen-Schäfer, *Numerische Auslegung von Wälzlagern*,
DOI 10.1007/978-3-662-54989-6_1

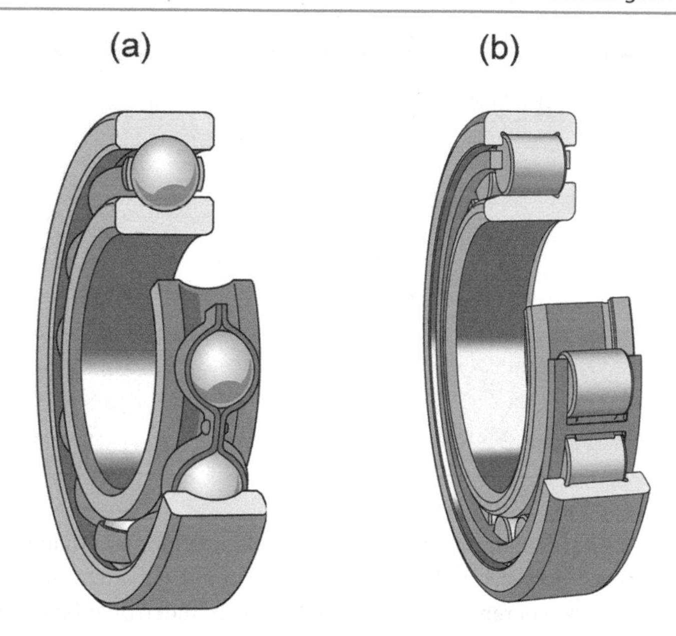

Abb. 1.1 (**a**) Rillenkugellager und (**b**) Zylinderrollenlager (SKF)

1.2 Anwendungen von Wälzlagern

Kugel- und Zylinderrollenlager haben viele positive Eigenschaften, nämlich niedrige Reibung, wartungsfreier Betrieb bei Schmierung mit Fett und möglicher Einsatz bei ölfreien Anwendungen sowie Betrieb unter großen Lasten und hohen Temperaturen. Daher kommen Wälzlager für viele Anwendungen in verschiedenen Industriezweigen zum Einsatz:

- Anlagen zur Herstellung von Mikroprozessoren und Industrien von Lesegeräten und DVD-Bedampfungseinrichtungen;
- Anlagen in der Elektronikindustrie für die Verbindung von LCD (Liquid Crystal Display) und die Verschmelzungsöfen von LC (Liquid Crystal);
- Chemische Industrie für Ätzanlagen und Zentrifugen;
- Windturbinengeneratoren;
- Automobilindustrie für Elektromotoren, Turbolader und Getriebe;
- Flugzeugindustrie für Triebwerke;
- Stahlindustrie zur Herstellung von Industrieanlagen und Ofenwagen;
- Haushaltsgeräte (z. B. Wasch-, Spül-, Bohrmaschinen, Mischer, Rührgeräte und etc.).

Jedes Jahr werden weltweit Milliarden von Kugel- und Zylinderrollenlagern für solche Anwendungen produziert.

1.3 Wälzlagerkomponenten

Rillenkugellager bestehen aus den in Abb. 1.2 dargestellten Komponenten. Die Kugeln werden durch einen Lagerkäfig aus Polyamid (PA) zwischen der inneren und äußeren Laufbahn geführt. An beiden Lagerenden befinden sich je eine Dichtlippe und ein Lagerdeckel. Diese halten einerseits das Schmierfett im Lager und verhindern andererseits, dass während des Betriebs Schmutz und Partikel aus der Umgebung in das Lager gelangen.

Das Lager wird durch Schmierfett zwischen den Kugeln und der inneren und äußeren Laufbahn geschmiert. Schmierfett selbst besteht aus einer schwammartigen Matrix aus Seife, in der das eigentlich zur Schmierung verwendete Schmieröl eingelagert ist. Aufgrund des Abrollens der Kugeln auf den Laufbahnen wird Öl aus der Seifenmatrix herausgepresst und in den Raum zwischen den Kugeln und Laufbahnen geschleudert und bildet anschließend einen dünnen Ölfilm zwischen Kugeln und Laufbahnen. Im elastohydrodynamischen Schmierungszustand (EHL: elastohydrodynamic lubrication) des Ölfilms wird ein hoher Druck zwischen den Wälzelementen und Laufbahnen aufgebaut, um den Rotor gegen die externen Kräfte zu unterstützen. Die Ölfilmdicke hängt von den auf das Lager wirkenden Kräften, der Ölviskosität, der Öltemperatur und der Rotordrehzahl ab. Im Falle der elastohydrodynamischen Schmierung (EHL) liegt die minimale Ölfilmdicke im Lager in der Größenordnung von einigen Hundert Nanometern.

Die wichtigsten geometrischen Abmessungen eines Kugellagers sind in Abb. 1.3 dargestellt. Sie gelten analog für Zylinderrollenlager.

- Der Bohrungsdurchmesser d wird definiert als der nominelle Durchmesser des inneren Lagerrings an der Position, an der das Lager auf die Rotorwelle montiert wird.

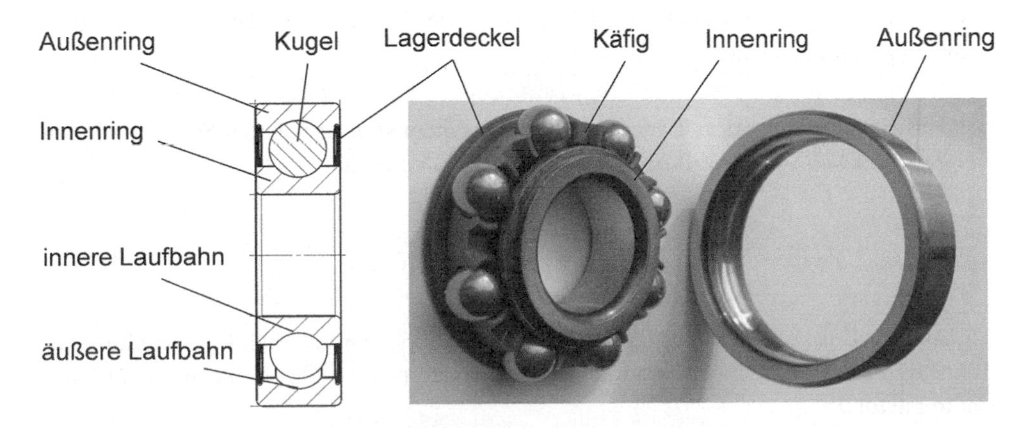

Abb. 1.2 Komponenten eines Rillenkugellagers

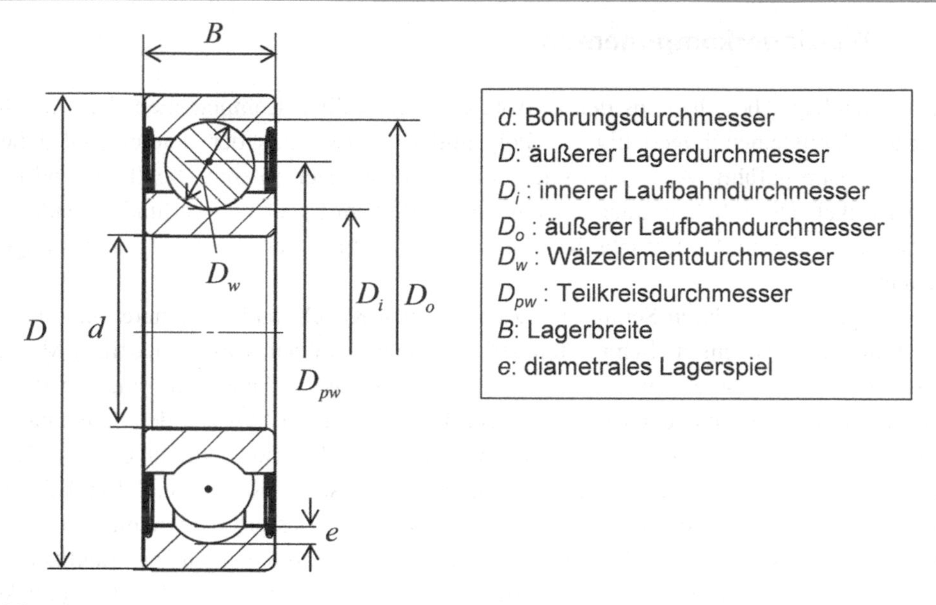

Abb. 1.3 Geometrische Abmessungen eines Rillenkugellagers

- Der äußere Lagerdurchmesser D wird definiert als der nominelle Durchmesser des äußeren Lagerrings an der Position, an der das Lager auf das Lagergehäuse montiert wird.
- Der innere Laufbahndurchmesser D_i wird definiert als der Durchmesser der inneren Lagerlaufbahn, auf der die Kugeln abrollen.
- Der äußere Laufbahndurchmesser D_o wird definiert als der Durchmesser der äußeren Lagerlaufbahn, auf der die Kugeln abrollen.
- Das diametrale Lagerspiel e wird definiert als das Gesamtspiel zwischen den Kugeln und Laufbahnen in diametraler Richtung vor der Montage des Lagers auf der Maschine.
- Der Teilkreisdurchmesser D_{pw} wird definiert als der Durchmesser des Kreises, auf dem die Kugelmitten liegen.

Das Basiskennzeichen eines Lagers erfolgt nach einem standardisierten Schema mit den vier Ziffern $XYDD$. Diese Ziffern haben folgende Bedeutung:

$$\underset{Lagerart}{X} \quad \underset{Durchmesserreihe}{Y} \quad \underset{Bohrungskennzahl}{DD}.$$

Anhand des Basiskennzeichens des Lagertyps (z. B. 6305) ergibt sich bei Definition der Bohrungsdurchmesser d (in mm) durch Multiplikation der Bohrungskennzahl DD mit einem Faktor 5:

$$d = DD \times 5 = 05 \times 5 = 25\,mm.$$

Der äußere Lagerdurchmesser D (in mm) berechnet sich überschlägig nach [4]:

$$D \approx d + f_D\, d^{0,9},$$

wobei f_D ein Faktor ist, der von der Durchmesserreihe des Lagerbasiskennzeichens abhängt.

Für den Lagertyp 6305 stellt die erste Ziffer X die Lagerart dar, die zweite Ziffer Y beschreibt die Durchmesserreihe des Lagers DS; z. B. $DS = 3$ für Lagertyp 6305:

DS:	**7**	**8**	**9**	**0**	**1**	**2**	**3**	**4**
f_D:	0,34	0,45	0,62	0,84	1,12	1,48	1,92	2,56.

Die Lagerbreite B (in mm) kann aus dem äußeren Lagerdurchmesser D überschlägig nach [4] berechnet werden:

$$B = 0{,}5 f_B\,(D - d) \approx 0{,}5 f_B f_D\, d^{0,9},$$

wobei f_B ein Faktor ist, der von der Breitenreihe WS abhängt. Der Bohrungsdurchmesser d und der Außendurchmesser D sind in mm einzusetzen.

Kugel- und Zylinderrollenlager ohne Dichtlippen und Lagerdeckel haben die Breitenreihe $WS = 0$, die einem Wert für den Faktor f_B von 0,64 entspricht. Für die weiteren Breitenreihen gilt für den Faktor f_B:

WS:	**0**	**1**	**2**	**3**	**4**	**5**	**6**	**7**
f_B:	0,64	0,88	1,15	1,5	2,0	2,7	3,6	4,8.

Jedoch könnten sich je nach den Bauarten der äußere Lagerdurchmesser D und die Lagerbreite B von den Lagerherstellern mit den Ergebnissen der Näherungsberechnung etwas unterscheiden.

Der Teilkreisdurchmesser kann näherungsweise aus dem Durchmesser der inneren und der äußeren Laufbahn berechnet werden als

$$D_{pw} \approx 0{,}5 \times (D_i + D_o). \tag{1.1}$$

Das diametrale Lagerspiel ergibt sich mit dem Kugeldurchmesser D_w zu

$$e = D_o - D_i - 2D_w. \tag{1.2a}$$

Umgekehrt lässt sich der Kugeldurchmesser aus dem diametralen Lagerspiel berechnen:

$$D_w = 0{,}5 \times (D_o - D_i - e). \tag{1.2b}$$

Generell sind die Durchmesser der inneren und äußeren Laufbahn in den Katalogen von Lagerherstellern nicht angegeben. Jedoch können sie näherungsweise aus dem im Katalog angegebenen Außendurchmesser und dem Bohrungsdurchmesser berechnet werden:

- Für den Durchmesser der äußeren Laufbahn eines Kugellagers gilt:

$$\overline{D}_o \approx \frac{4}{5}D + \frac{1}{5}d = 0{,}80\,D + 0{,}20\,d. \quad (1.3a)$$

- Für den Durchmesser der äußeren Laufbahn eines Zylinderrollenlagers gilt:

$$\overline{D}_o \approx \frac{3}{4}D + \frac{1}{4}d = 0{,}75\,D + 0{,}25\,d. \quad (1.3b)$$

Aus Gl. 1.1 wird der Durchmesser der inneren Laufbahn berechnet:

$$D_i = 2D_{pw} - D_o. \quad (1.4)$$

Nach dem Lagerhersteller NSK ergibt sich der Teilkreisdurchmesser

$$D_{pw} \approx \overline{D}_{pw} = 1{,}025 \times \left(\frac{D+d}{2}\right). \quad (1.5)$$

Durch Einsetzen von Gl. 1.5 in Gl. 1.4 erhält man den berechneten Durchmesser der inneren Laufbahn

$$\overline{D}_i \approx 1{,}025 \times (D+d) - \overline{D}_o. \quad (1.6)$$

Mit den Gl. (1.3a), (1.3b) und (1.6) lässt sich der berechnete Durchmesser der inneren und äußeren Laufbahn mit einer akzeptablen Genauigkeit von ± 3 % berechnen.

Für ein Rechenbeispiel wird der Lagertyp 6305 mit d = 25 mm und D = 62 mm (s. Lagerkatalog des Lagerherstellers SKF) herangezogen. Mit Gl. 1.3a wird der Durchmesser der äußeren Laufbahn zu

$$\overline{D}_o \approx \frac{4D+d}{5} = 54{,}6\,mm$$

berechnet. Nach Gl. 1.6 ergibt sich der berechnete Durchmesser der inneren Laufbahn

$$\overline{D}_i \approx 1{,}025 \times (D+d) - \overline{D}_o = 34{,}57\,mm.$$

Somit kann der berechnete Teilkreisdurchmesser näherungsweise nach Gl. 1.1 bestimmt werden:

$$\overline{D}_{pw} \approx 0{,}5 \times (\overline{D}_i + \overline{D}_o) = 44{,}58\,mm.$$

Der tatsächliche nominelle Teilkreisdurchmesser beträgt 44,60 mm, damit die Genauigkeit der Gl. 1.1 bestätigt wird.

Darüber hinaus wird nach Gl. 1.2b der berechnete Kugeldurchmesser unter der Annahme eines Nulllagerspiels berechnet:

$$\begin{aligned}\overline{D}_w &= 0{,}5 \times (\overline{D}_o - \overline{D}_i - e) \\ &\approx 0{,}5 \times (54{,}6 - 34{,}57 - 0) \approx 10\,mm.\end{aligned}$$

Verglichen mit dem tatsächlichen nominellen Kugeldurchmesser von 10,32 mm ist der berechnete Durchmesser etwas kleiner, jedoch mit einer akzeptablen Toleranz von ± 3 %. Es sei angemerkt, dass der Wälzelementdurchmesser generell nicht im Katalog von Lagerherstellern angeben ist. In der Praxis ist es schwierig, ihn im Einbauzustand zu vermessen.

Das axiale Lagerspiel G_a berechnet sich nach [1, 2]:

$$\begin{aligned}G_a &= \sqrt{4D_w e(\kappa_i + \kappa_o - 1) - e^2} \\ &\equiv \sqrt{e(4\rho_0 - e)},\end{aligned} \tag{1.7}$$

wobei κ_i und κ_o die entsprechenden Schmiegungen zwischen dem Wälzelement und der inneren bzw. der äußeren Laufbahn sind.

Die innere und äußere Schmiegung zwischen dem Wälzelement und der inneren bzw. äußeren Laufbahn wird definiert als das Verhältnis der jeweiligen Laufbahnradien zum Kugeldurchmesser, vgl. Abb. 1.4:

$$\begin{aligned}\kappa_i &\equiv \frac{r_i}{D_w}; \\ \kappa_o &\equiv \frac{r_o}{D_w}.\end{aligned} \tag{1.8}$$

Der Abstand ρ_0 zwischen den Mittelpunkten M_I und M_O der Radien r_i und r_o der beiden Laufbahnen wird aus Gl. 1.7 definiert als

$$\rho_0 = (\kappa_i + \kappa_o - 1) \cdot D_w. \tag{1.9}$$

Anschaulich beschreiben die Schmiegungen des Lagers das räumliche Spiel zwischen den Kugeln und Laufbahnen. Es ist anzumerken, dass der Wert der Schmiegungen größer als 50 % sein muss, da sonst die Kugeln die Laufbahnen berühren und das Lager klemmt. Normalerweise variiert die innere Schmiegung zwischen 50,6 % und 52 %, die äußere Schmiegung zwischen 52,7 % und 53 %.

Je größer die Werte der Schmiegungen sind, desto mehr Raum steht zwischen den Kugeln und Laufbahnen zur Verfügung und umgekehrt. Die Einflüsse der Schmiegungen auf das Lagerverhalten wird im folgenden Abschnitt diskutiert, vgl. Tab. 1.1.

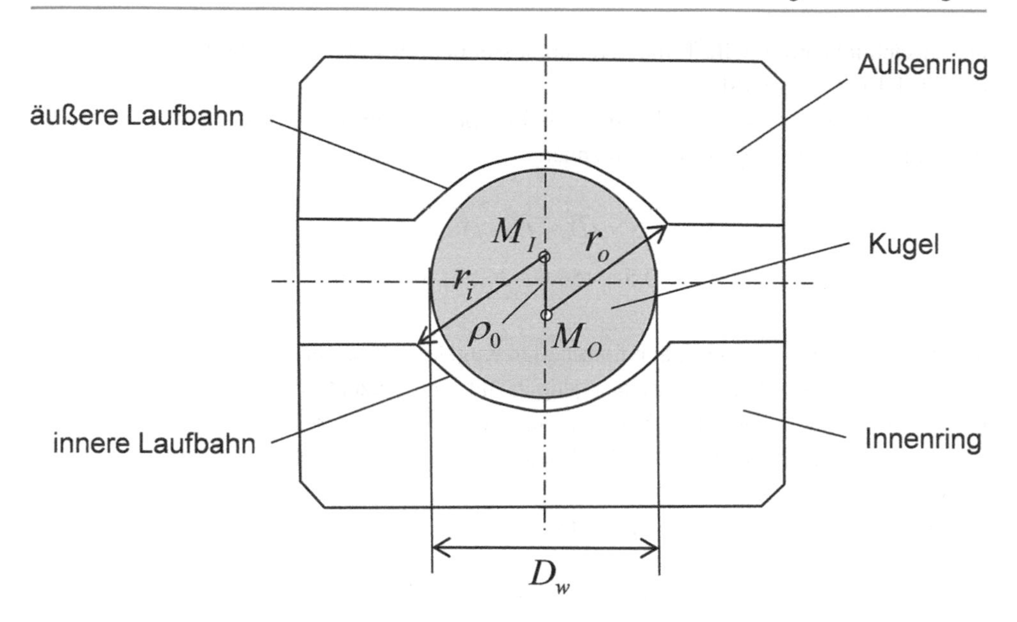

Abb. 1.4 Radien eines Rillenkugellagers

Tab. 1.1 Einflüsse der Lagerschmiegung

Lagereigenschaften	Große Schmiegung	Kleine Schmiegung
Axialspiel	groß	klein
Verkippungswinkel	groß	klein
Grundtragzahlen C_o, C	klein	groß
Lagerlebensdauer Lh_{10}	abnehmend	zunehmend
Lagerreibung	klein	groß
Lagerverschleiß	wenig	mehr
Hertzsche Pressung in Kontaktfläche	zunehmend	abnehmend
NVH	abnehmend	zunehmend
Stromdurchschlag im Lager	mehr sensibel	wenig sensibel

Die Wahl der Schmiegungen des Lagers hängt von der Strategie der Lagerhersteller und den Fertigungsprozessen ab. Bei einer größeren Schmiegung ergeben sich weniger Geräusche, kleinere Lagerreibung und daher weniger Lagerverschleiß. Gleichzeitig nimmt die Hertzsche Pressung in der Kontaktzone zu, die Ölfilmdicke wird reduziert und die statische und die dynamische Tragzahl nehmen ab. Diese Effekte führen meistens zu einer verkürzten Lebensdauer des Lagers. Bei einer kleineren Schmiegung nehmen die statische und die dynamische Tragzahl zu und die Hertzsche Pressung in der Kontaktzone ab. Dies

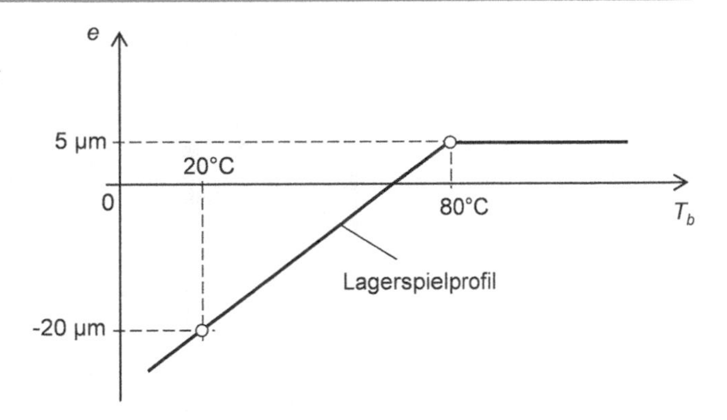

Abb. 1.5 Änderung des diametralen Lagerspiels mit der Lagertemperatur

verlängert im Allgemeinen die Lebensdauer des Lagers. In diesem Fall werden jedoch mehr Geräusche im Lager induziert, treten größere Lagerreibung und daher wesentlich mehr Lagerverschleiß in der Kontaktzone auf.

Es ist anzumerken, dass je größer das Axialspiel ist, desto mehr Riffelbildung (false brinelling) tritt auf. Die Riffelbildung wird durch Schwingungen mit höheren Frequenzen bei Lagerstillstand während des Transports verursacht. Folglich muss bei der Wahl der Schmiegungen eines Lagers ein Kompromiss zwischen diesen Effekten gefunden werden, der letztlich von den Kundenanforderungen abhängt.

Die Erfahrung zeigt, dass das diametrale Lagerspiel im Einbauzustand zwischen –20 µm und +5 µm für alle Betriebstemperaturen liegen sollte, um die Lebensdauer des Lagers zu erhöhen. Aufgrund der thermischen Ausdehnung der Bauteile ändert sich das diametrale Lagerspiel mit der Temperatur, wie in Abb. 1.5 dargestellt.

Die Lagerlebensdauer nimmt mit kleinerem negativen Spiel zwischen –10 µm und –20 µm zu. Jedoch wird bei einem negativen Lagerspiel kleiner als –20 µm wegen der Misch- bzw. Kontaktreibung in der Hertzschen Kontaktzone die Lagerlebensdauer drastisch reduziert, vgl. Kap. 3 und 4.

Ebenso wird die Lagerlebensdauer reduziert, wenn das diametrale Lagerspiel zu groß ist. Der Grund dafür ist die resultierende große Lagerschmiegung, die zu einer Reduzierung der dynamischen Tragzahl führt, vgl. Kap. 6.

Der Kippwinkel β zwischen den axialen Achsen der inneren und äußeren Laufbahn wird nach Gl. 1.1 berechnet zu

$$\beta = \tan^{-1}\left(\frac{G_a}{D_{pw}}\right) = \tan^{-1}\left(\frac{2G_a}{D_i + D_o}\right) = \arctan\,(\cdot/\cdot)\,. \tag{1.10}$$

Generell beträgt der Kippwinkel zwischen 12' und 16' für Rillenkugellager und zwischen 3' und 4' für Zylinderrollenlager. Diese Werte für die Verkippung sind mit Hinblick auf die Vermeidung eines Lagerschadens noch akzeptabel, vgl. Abb. 1.6.

Der nominelle Kontaktwinkel α_0 ist der Winkel zwischen der Berührungslinie an den Kontaktflächen zwischen Kugel und Laufbahnen und der transversalen Achse durch das Lager, wie in Abb. 1.6 dargestellt.

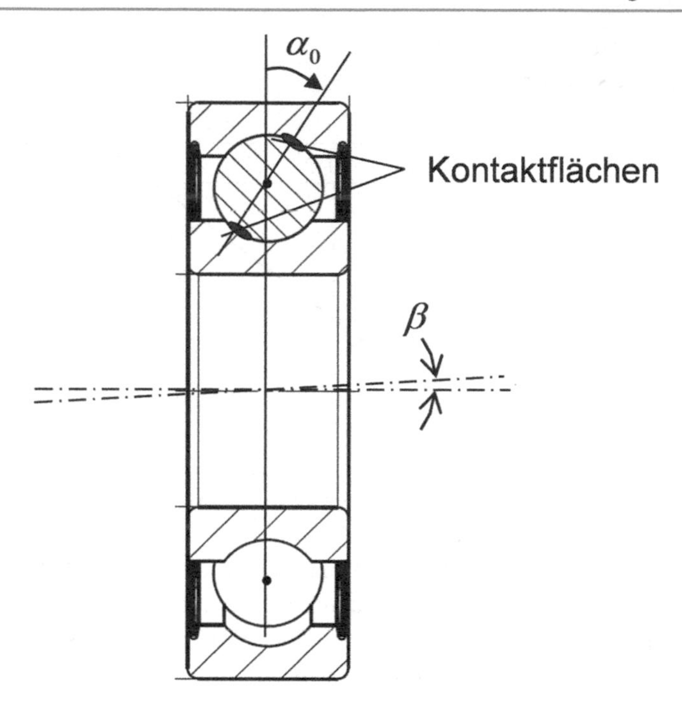

Abb. 1.6 Nomineller Kontakt- und Kippwinkel eines Kugellagers

Der nominelle Kontaktwinkel wird anhand trigonometrischer Beziehungen nach [2, 3] berechnet:

$$\begin{aligned}\alpha_0 &= \cos^{-1}\left(1 - \frac{e}{2\rho_0}\right) = \cos^{-1}\left[1 - \frac{e}{2(\kappa_i + \kappa_o - 1) \cdot D_w}\right] \\ &= \arccos\left[\cdot/\cdot\right].\end{aligned} \tag{1.11}$$

Im Falle einer auf das Lager wirkenden Axiallast verändert sich der nominelle Kontaktwinkel zum sog. Betriebskontaktwinkel α, der wegen der axialen Verschiebung der Laufbahnen und durch elastische Deformationen an den Kontaktflächen größer als der nominelle Kontaktwinkel α_0 ist.

Der Betriebskontaktwinkel α ergibt sich aus den trigonometrischen Beziehungen für ein Kugellager nach [1, 3] zu

$$\begin{aligned}\alpha &= \sin^{-1}\left(\frac{\rho_0 \sin\alpha_0 + \delta_a}{\sqrt{\rho_0^2 \cos^2\alpha_0 + (\rho_0 \sin\alpha_0 + \delta_a)^2}}\right) \\ &= \sin^{-1}\left[\frac{\sin\alpha_0 + \frac{\delta_a}{\rho_0}}{\sqrt{\cos^2\alpha_0 + \left(\sin\alpha_0 + \frac{\delta_a}{\rho_0}\right)^2}}\right] = \arcsin\left[\cdot/\cdot\right],\end{aligned} \tag{1.12}$$

wobei δ_a die Verschiebung des Lagers in axialer Richtung aufgrund der Wirkung der Axiallast ist, vgl. Kap. 3.

Anhand Gl. 1.12 ist zu erkennen, dass der Betriebskontaktwinkel für eine verschwindend kleine axiale Verschiebung δ_a des Lagers in den nominellen Kontaktwinkel übergeht.

1.4 Wälzlagerkrümmungen

Die Krümmung einer stetigen Kurve in der Ebene S (planaren Kurve) an einem Punkt I ist definiert als der Kehrwert des Radius des Kontaktkreises an diesem Punkt. Nach der Gaußschen Krümmungstheorie hat die Krümmung bei einer konvexen Kurve einen positiven und bei einer konkaven Kurve einen negativen Wert, wie in Abb. 1.7 dargestellt. Selbstverständlich ist die Krümmung einer Gerade gleich Null, weil der Radius der Gerade an jedem beliebigen Punkt unendlich ist. Es sei angemerkt, dass eine Kurve umso schärfer ist, je größer ihre Krümmung ist und umgekehrt.

Die Krümmung einer planaren Kurve an einem Punkt wird mit dem Radius r des Kontaktkreises an diesem Punkt nach Gl. 1.13 berechnet, wobei das Plus-Vorzeichen für eine konvexe Kurve bzw. das Minus-Vorzeichen für eine konkave Kurve steht, vgl. Abb. 1.7.

$$\rho \equiv \pm\frac{1}{r} \tag{1.13}$$

In Wirklichkeit sind die Kugeln und Laufbahnen eines Kugellagers nicht planar, sondern dreidimensionale Oberflächen. Daher wird die Oberflächenkrümmung an einem Punkt auf zwei orthogonalen Hauptkrümmungsebenen berechnet, die senkrecht zu der tangentialen Ebene an die Oberfläche an diesem Punkt sind.

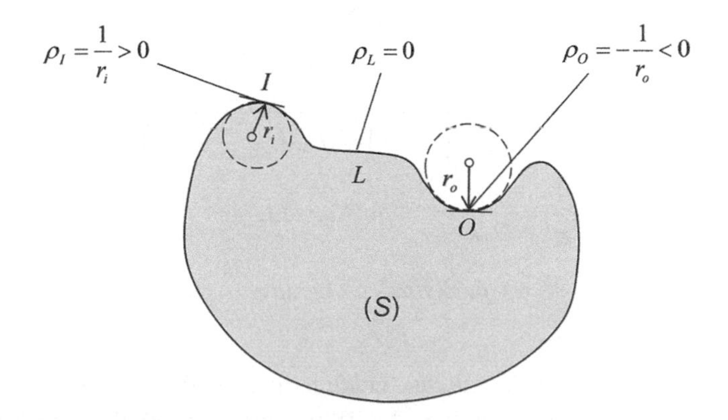

Abb. 1.7 Krümmungen einer planaren Kurve in der Ebene S

Die Krümmungssumme von zwei Kontaktobjekten an einem Punkt wird nach Gl. 1.13 berechnet, wobei der erste Index i das Objekt und der zweite Index j die Hauptkrümmungsebene beschreibt.

$$\begin{aligned}\sum\rho &= \sum_{i=1}^{2}\sum_{j=1}^{2}\rho_{ij} = \rho_{11}+\rho_{12}+\rho_{21}+\rho_{22}\\ &= \pm\sum_{i=1}^{2}\sum_{j=1}^{2}\frac{1}{r_{ij}} = \pm\left(\frac{1}{r_{11}}+\frac{1}{r_{12}}+\frac{1}{r_{21}}+\frac{1}{r_{22}}\right).\end{aligned} \tag{1.14}$$

Im folgenden Abschnitt werden die Krümmungen und Krümmungssummen der Kugeln sowie der inneren und äußeren Laufbahn eines Kugellagers berechnet. Diese sind für die Berechnung der Hertzschen Pressung notwendig, die im nächsten Kapitel behandelt wird.

Die Krümmungen für *Kugellager* ($i = 1$) in den Hauptkrümmungsebenen ($j = 1, 2$) sind gleich, da die Kugel einen konstanten Radius in allen Richtungen hat:

$$\rho_{11} = \rho_{12} = \frac{1}{r_{11}} = \frac{1}{r_{12}} = \frac{1}{(D_w/2)} = \frac{2}{D_w} > 0. \tag{1.15}$$

In ähnlicher Weise werden die Krümmungen für *Zylinderrollenlager* ($i = 1$) in den Hauptkrümmungsebenen ($j = 1, 2$) berechnet:

$$\rho_{11} = \frac{2}{D_w} > 0;\ \rho_{12} = 0. \tag{1.16}$$

Die Krümmungen der *inneren Laufbahn* für *Kugellager* und *Zylinderrollenlager* ($i = 2$) in den Hauptkrümmungsebenen ($j = 1, 2$) werden anhand der trigonometrischen Beziehungen im Lager berechnet, vgl. Abb. 1.8:

$$\begin{aligned}\rho_{21} &= \frac{1}{r_{21}} = \frac{1}{\left(\frac{D_{pw}}{2\cos\alpha}-\frac{D_w}{2}\right)} = \frac{2}{D_w\left(\frac{D_{pw}}{D_w\cos\alpha}-1\right)} > 0\\ \rho_{22} &= \frac{-1}{r_{22}} = \frac{-1}{D_w\kappa_i} < 0 \textit{ für Kugellager}\\ \rho_{22} &= \frac{-1}{r_{22}} = 0 \textit{ für Zylinderrollenlager}.\end{aligned} \tag{1.17}$$

Die Krümmungen der *äußeren Laufbahn* für *Kugellager* und *Zylinderrollenlager* ($i = 2$) in den Hauptkrümmungsebenen ($j = 1, 2$) werden anhand der trigonometrischen Beziehungen im Lager berechnet, vgl. Abb. 1.9:

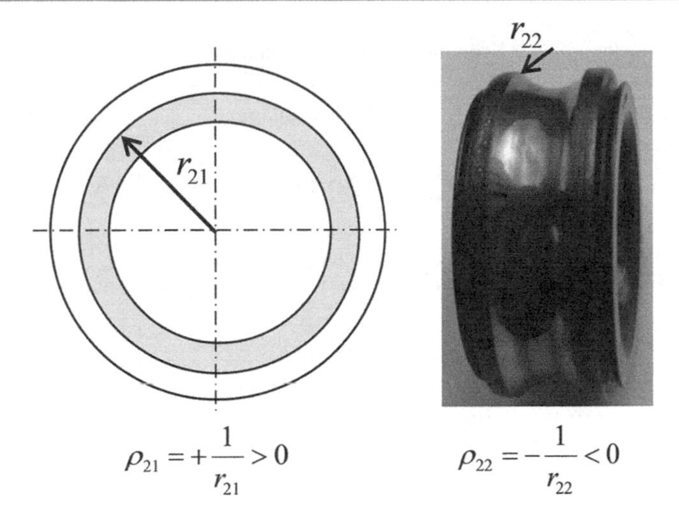

Abb. 1.8 Krümmungen der inneren Laufbahn eines Kugellagers

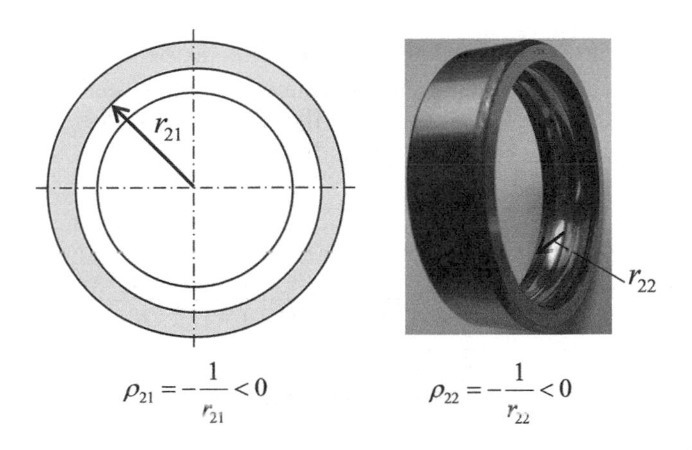

Abb. 1.9 Krümmungen der äußeren Laufbahn eines Kugellagers

$$\begin{aligned}
\rho_{21} &= -\frac{1}{r_{21}} = \frac{-1}{\left(\frac{D_{pw}}{2\cos\alpha} + \frac{D_w}{2}\right)} = \frac{-2}{D_w\left(\frac{D_{pw}}{D_w\cos\alpha} + 1\right)} < 0 \\
\rho_{22} &= \frac{-1}{r_{22}} = \frac{-1}{D_w\kappa_o} < 0 \ \textit{für Kugellager} \\
\rho_{22} &= \frac{-1}{r_{22}} = 0 \ \textit{für Zylinderrollenlager.}
\end{aligned} \tag{1.18}$$

Generell gibt es zwei Krümmungssummen für Kugel- und Zylinderrollenlager, die nach den Gl. 1.19a, 1.19b, 1.21a und 1.21b berechnet werden und in Tab. 1.2 dargestellt sind.

Tab. 1.2 Zusammenfassung der Krümmungen von Wälzlagern

Lagerkrümmung	Rillenkugellager	Zylinderrollenlager
Krümmungssumme zwischen Rollenelementen (RE) und innerer Laufbahn	$\sum \rho_{b/IR} = \frac{2}{D_w}\left(2 + \frac{1}{A-1} - \frac{1}{2\kappa_i}\right)$	$\sum \rho_{r/IR} = \frac{2}{D_w}\left(\frac{A}{A-1}\right)$
Krümmungssumme zwischen Rollenelementen (RE) und äußerer Laufbahn	$\sum \rho_{b/OR} = \frac{2}{D_w}\left(2 - \frac{1}{A+1} - \frac{1}{2\kappa_o}\right)$	$\sum \rho_{r/OR} = \frac{2}{D_w}\left(\frac{A}{A+1}\right)$
Krümmungsdifferenz zwischen Rollenelementen (RE) und innerer Laufbahn	$F_{b/IR}(\rho) = \frac{A+2\kappa_i-1}{A(4\kappa_i-1)-2\kappa_i+1}$	$F_{r/IR}(\rho)=1$
Krümmungsdifferenz zwischen Rollenelementen (RE) und äußerer Laufbahn	$F_{b/OR}(\rho) = \frac{A-2\kappa_o+1}{A(4\kappa_o-1)+2\kappa_o-1}$	$F_{r/OR}(\rho)=1$

Zur Berechnung der Hertzschen Pressung an den Kontaktstellen zwischen den Wälzelementen und Laufbahnen sind die Krümmungssummen dort notwendig, vgl. Kap. 3.

Die Krümmungssumme an der Kontaktstelle zwischen der *Kugel und der inneren Laufbahn* ergibt sich aus den Gl. 1.14, 1.15 und 1.17 zu

$$\begin{aligned}\sum \rho_{b/IR} &= (\rho_{11} + \rho_{12}) + (\rho_{21} + \rho_{22}) \\ &= \left(\frac{2}{D_w} + \frac{2}{D_w}\right) + \left(\frac{2}{D_w(A-1)} - \frac{1}{D_w\kappa_i}\right) \\ &= \frac{2}{D_w}\left(2 + \frac{1}{A-1} - \frac{1}{2\kappa_i}\right).\end{aligned} \tag{1.19a}$$

In gleicher Weise ergibt sich die Krümmungssumme an der Kontaktstelle zwischen der *Kugel und der äußeren Laufbahn* aus den Gl. 1.14, 1.15 und 1.18 zu

$$\begin{aligned}\sum \rho_{b/OR} &= (\rho_{11} + \rho_{12}) + (\rho_{21} + \rho_{22}) \\ &= \left(\frac{2}{D_w} + \frac{2}{D_w}\right) - \left(\frac{2}{D_w(A+1)} + \frac{1}{D_w\kappa_o}\right) \\ &= \frac{2}{D_w}\left(2 - \frac{1}{A+1} - \frac{1}{2\kappa_o}\right),\end{aligned} \tag{1.19b}$$

wobei der Faktor A unter anderem vom Betriebskontaktwinkel α nach Gl. 1.12 abhängt.

$$A \equiv \frac{D_{pw}}{D_w \cos\alpha}. \tag{1.20}$$

Die Krümmungssumme an der Kontaktstelle zwischen dem *Zylinder* (Durchmesser D_w) *und der inneren Laufbahn* berechnet sich aus den Gl. 1.14, 1.16 und 1.17 als

$$\begin{aligned}\sum \rho_{r/IR} &= (\rho_{11} + \rho_{12}) + (\rho_{21} + \rho_{22}) \\ &= \frac{2}{D_w} + \frac{2}{D_w(A-1)} = \frac{2}{D_w}\left(\frac{A}{A-1}\right).\end{aligned} \tag{1.21a}$$

Die Krümmungssumme an der Kontaktstelle zwischen dem *Zylinder* (Durchmesser D_w) *und äußeren Laufbahn* ergibt sich aus den Gl. 1.14, 1.16 und 1.18 zu

$$\begin{aligned}\sum \rho_{r/OR} &= (\rho_{11} + \rho_{12}) + (\rho_{21} + \rho_{22}) \\ &= \frac{2}{D_w} - \frac{2}{D_w(A+1)} = \frac{2}{D_w}\left(\frac{A}{A+1}\right).\end{aligned} \tag{1.21b}$$

Die Krümmungsdifferenz $F(\rho)$ an der Kontaktstelle zwischen Kugel bzw. Zylinder und der inneren bzw. äußeren Laufbahn ist nach [1, 3] definiert als

$$F_{b;r/IR;OR}(\rho) \equiv \frac{(\rho_{11} - \rho_{12})_{b;r} + (\rho_{21} - \rho_{22})_{IR;OR}}{\sum \rho_{b;r/IR;OR}}. \tag{1.22}$$

Zur Berechnung der Hertzschen Kontaktfläche zwischen den Wälzelementen und Laufbahnen sind die Krümmungsdifferenzen dort erforderlich, vgl. Kap. 3.

Für Kugel- und Zylinderrollenlager gibt es jeweils zwei Krümmungsdifferenzen, die nach den Gl. (1.23a) und (1.23b) bzw. (1.24a) und (1.24b) berechnet werden und in Tab. 1.2 dargestellt sind.

Setzt man die Gl. 1.15, 1.17 und 1.19a in Gl. 1.22 ein, erhält man die Krümmungsdifferenz an der Kontaktstelle zwischen der *Kugel und der inneren Laufbahn*:

$$F_{b/IR}(\rho) = \frac{\frac{2}{D_w}\left(\frac{1}{A-1} + \frac{1}{2\kappa_i}\right)}{\frac{2}{D_w}\left(2 + \frac{1}{A-1} - \frac{1}{2\kappa_i}\right)} = \frac{A + 2\kappa_i - 1}{A(4\kappa_i - 1) - 2\kappa_i + 1}. \tag{1.23a}$$

In ähnlicher Weise ergibt sich nach Einsetzen der Gl. 1.15, 1.18 und 1.19b in Gl. 1.22 die Krümmungsdifferenz an der Kontaktstelle zwischen der *Kugel und der äußeren Laufbahn* zu

$$F_{b/OR}(\rho) = \frac{\frac{2}{D_w}\left(\frac{-1}{A+1} + \frac{1}{2\kappa_o}\right)}{\frac{2}{D_w}\left(2 - \frac{1}{A+1} - \frac{1}{2\kappa_o}\right)} = \frac{A - 2\kappa_o + 1}{A(4\kappa_o - 1) + 2\kappa_o - 1}. \tag{1.23b}$$

Durch Einsetzen der Gl. 1.16, 1.17 und 1.21a in Gl. 1.22 ergibt sich die Krümmungsdifferenz an der Kontaktstelle zwischen dem *Zylinder* (Durchmesser D_w) *und der inneren Laufbahn* zu

$$F_{r/IR}(\rho) = \frac{\left[\frac{2}{D_w} + \frac{2}{D_w}\left(\frac{1}{A-1}\right)\right]}{\frac{2}{D_w}\left(\frac{A}{A-1}\right)} = 1. \tag{1.24a}$$

In gleicher Weise wird durch Einsetzen der Gl. 1.16, 1.18 und 1.21b in Gl. 1.22 die Krümmungsdifferenz an der Kontaktstelle zwischen dem *Zylinder* (Durchmesser D_w) *und äußeren Laufbahn* berechnet zu

$$F_{r/OR}(\rho) = \frac{\left[\frac{2}{D_w} + \frac{2}{D_w}\left(\frac{-1}{A+1}\right)\right]}{\frac{2}{D_w}\left(\frac{A}{A+1}\right)} = 1. \tag{1.24b}$$

Alle Krümmungen, Krümmungssummen und Krümmungsdifferenzen von Wälzlagern sind in Tab. 1.2 zusammengefasst, wobei der Faktor A nach Gl. 1.20 zu bestimmen ist.

Als ein Rechenbeispiel wird der Lagertyp 6305 mit d = 25 mm, D = 62 mm, D_w = 10,32 mm, D_{pw} = 44,6 mm, κ_i = 0,506, κ_o = 0,527, und α = 10° gewählt.

Der Faktor A für das Kugellager wird nach Gl. 1.20 berechnet:

$$A = \frac{D_{pw}}{D_w \cos\alpha} = \frac{44{,}6}{10{,}32 \times \cos 10^\circ} \approx 4{,}388.$$

Unter Verwendung der Gl. 1.19a, 1.19b, 1.23a und 1.23b erhält man für das Kugellager des Beispiels die folgenden Krümmungssummen und Krümmungsdifferenzen:

$$\sum \rho_{b/IR} = \frac{2}{D_w}\left(2 + \frac{1}{A-1} - \frac{1}{2\kappa_i}\right) \approx 0{,}2533;$$

$$\sum \rho_{b/OR} = \frac{2}{D_w}\left(2 - \frac{1}{A+1} - \frac{1}{2\kappa_o}\right) \approx 0{,}1677;$$

$$F_{b/IR}(\rho) = \frac{A + 2\kappa_i - 1}{A(4\kappa_i - 1) - 2\kappa_i + 1} \approx 0{,}9818;$$

$$F_{b/OR}(\rho) = \frac{A - 2\kappa_o + 1}{A(4\kappa_o - 1) + 2\kappa_o - 1} \approx 0{,}8816.$$

1.5 Wälzlagerdrehzahlen

Der Drehzahlkennwert *DKW* von Wälzlagern ist definiert als

$$DKW = N \cdot D_{pw}, \tag{1.25}$$

wobei N die maximale Rotordrehzahl in U/min (rpm: revolutions per minute) und D_{pw} den Teilkreisdurchmesser in mm darstellen. Der Drehzahlkennwert *DKW* hat dann die Einheit mm/min.

Die Maximaldrehzahl N, in der ein Wälzlager ohne Schädigung betrieben werden kann, hängt also von seinem Drehzahlkennwert und Teilkreisdurchmesser ab. Einige Drehzahlkennwerte von Wälzlagern sind für verschiedene Drehzahlanwendungen in Tab. 1.3 [5] angegeben.

Die Drehzahlkennwerte *DKW* hängen vom Lagertypen und dem Lastverhältnis C/P zwischen der dynamischen Tragzahl und der äquivalenten Last ab (vgl. Kap. 2). Die Drehzahlkennwerte sind der einschlägigen Fachliteratur [1, 3, 6] zu finden.

Für den Betrieb von Wälzlagern sind zwei Drehzahlen maßgeblich. Die erste ist die sog. *Referenzdrehzahl* oder *thermische Drehzahl* des Lagers. Diese wird durch die Grenztemperatur des Schmieröls bestimmt. Wenn die Rotordrehzahl die Grenzdrehzahl überschreitet, steigt die Öltemperatur aufgrund der Lagerreibung über die zulässige Grenztemperatur des Öls an. Infolgedessen wird die Schmierfilmdicke zwischen den Wälzelementen und den Laufbahnen reduziert. Dies führt zu Lagerverschleiß sowie zur Verkürzung der Lebensdauer des Lagers und des Schmierfetts (vgl. Kap. 6). Die zweite Drehzahl ist die sog. *Grenzdrehzahl* oder *kinematische Drehzahl* des Lagers. Diese wird

Tab. 1.3 Drehzahlkennwerte nach der Drehzahlanwendung

Maximale Drehzahl	Drehzahlkennwert *DKW* (mm/min)
Sehr niedrig	$DKW < 4\times10^4$
Niedrig	$4\times10^4 \leq DKW < 9\times10^4$
Mittel	$9\times10^4 \leq DKW < 5\times10^5$
Hoch	$5\times10^5 \leq DKW < 10^6$
Sehr hoch	$10^6 \leq DKW < 1{,}5\times10^6$
Extrem hoch	$1{,}5\times10^6 \leq DKW < 3\times10^6$

durch die Formstabilität des Lagerkäfigs bestimmt. Bei höheren Drehzahlen nimmt die auf die rotierenden Lagerbauteile wirkende Zentrifugalkraft (Fliehkraft) quadratisch mit der Drehzahl zu. Wenn die Rotordrehzahl die Grenzdrehzahl häufig überschreitet, besteht die Gefahr, dass der Lagerkäfig bricht, was unweigerlich zum Ausfall des Lagers führt. Soll die Grenzdrehzahl eines Lagers erhöht werden, ist entweder ein robuster Käfig aus mit Glasfaser verstärktem Polyamid, z. B. PA66-GF25, oder ein teures Keramiklager notwendig.

Für Wälzlager ohne Dichtlippen und Schutzdeckel ist normalerweise die Grenzdrehzahl niedriger als die Referenzdrehzahl. Generell bestimmt immer die Kleinere der beiden Lagerdrehzahlen die maximale Rotordrehzahl für den späteren Betrieb.

Literatur

1. Harris, T.A., Kotzalas, M.N.: Essential Concepts of Bearing Technology 4. Aufl. CRC Taylor & Francis Inc., Boca Raton (2006)
2. Harris, T.A., Kotzalas, M.N.: Advanced Concepts of Bearing Technology 4. Aufl.CRC Taylor & Francis Inc., Boca Raton (2006)
3. Brändlein, E., Hasbargen, W.: Die Wälzlagerpraxis (in German) 3. Aufl.Vereinigte Fachverlage GmbH, Germany (2009)
4. Khonsari, M., Booser, E.: Applied Tribology: Bearing Design and Lubrication 2. Aufl.Wiley, New York (2008)
5. DIN-Taschenbuch 24: Wälzlager 1 (in German), 9. Aufl.. Verlag Beuth, Germany (2012)
6. Lugt, P.M.: Grease Lubrication in Rolling Bearings. Tribology Series. Wiley, Chichester (2013)

Auslegung von Wälzlagern 2

2.1 Auslegungsregeln für Wälzlager

Zur Auslegung von Wälzlagern für rotierende Maschinen wie Elektromotoren, Abgasturbolader und Flugzeugtriebwerke werden die folgenden Schritte durchgeführt.

Schritt 1: Ermittlung der Radial- und Axiallasten auf das Getriebezahnrad oder die Riemenscheibe, die direkt auf der Welle der rotierenden Maschine montiert sind.
Getriebezahnräder (Ritzel) und Riemenscheiben sind die üblichen Kopplungselemente zwischen der Welle der rotierenden Maschine und einem Getriebe oder einer weiteren Antriebsachse, um die mechanische Energie dorthin zu übertragen, wo sie benötigt wird. Wird die elektrische Maschine als Motor betrieben, wird die zugeführte elektrische Energie über die Kopplungselemente als mechanische Energie zum Abnehmer, z. B. dem Rad eines Fahrzeugs, übertragen. Im Fall des Generatorbetriebs der elektrischen Maschine wird die Richtung der Energieübertragung umgekehrt, und mechanische Energie wird z. B. von Windturbinen oder Verbrennungsmotoren über die Kopplungselemente zur elektrischen Maschine übertragen, wo sie dann in elektrische Energie, z. B. zum Aufladen einer Batterie, umgewandelt wird.

Die in beiden Fällen auf das Getriebezahnrad oder die Riemenscheibe wirkenden Radial- als auch Axialkräfte müssen zunächst aus dem übertragenen Drehmoment und der Geometrie der Kopplungselemente berechnet werden [1, 2].

Schritt 2: Berechnung der Radial- und Axiallasten auf das Wälzlager
Die auf das Lager wirkenden axialen und radialen Kräfte ergeben sich aus den radialen und axialen Kräften auf das Getriebezahnrad oder die Riemenscheibe sowie weiterer auf

H. Nguyen-Schäfer, *Numerische Auslegung von Wälzlagern*,
DOI 10.1007/978-3-662-54989-6_2

den Rotor wirkenden Lasten, wie z. B. die Unwuchtkraft, den magnetischen Zug (UMP: unbalanced magnetic pull) und das Rotorgewicht etc. [1, 2].

Schritt 3: Überprüfung der Referenz- und Grenzdrehzahlen eines ausgewählten Wälzlagers für die entsprechende Anwendung
Die Referenz- und Grenzdrehzahlen sind in den Katalogen der Lagerhersteller angegeben. Wenn die Rotordrehzahl die Referenzdrehzahl längere Zeit überschreitet, wird die Lagerlebensdauer aufgrund der Temperaturerhöhung durch Lagerreibung stark reduziert. Wenn die Rotordrehzahl die Grenzdrehzahl überschreitet, droht der Bruch des Lagerkäfigs durch Materialermüdung aufgrund der hohen und ständig wechselnden Zentrifugalkräfte. Diesem Ausfallmechanismus kann durch den Einsatz von Materialien mit höherer Belastbarkeit (glasfaserverstärkte Kunststoffe) und einer robusteren Geometrie des Käfigs zumindest teilweise begegnet werden. Generell gilt: Je größer die Lagerabmessungen, desto niedriger die Referenz- und Grenzdrehzahlen und umgekehrt.

Schritt 4: Berechnung der Hertzschen Pressung in der Kontaktzone
Die maximale Hertzsche Pressung in der Kontaktzone zwischen den Rollenelementen und Laufbahnen wird aus der maximalen Aufprallkraft in radialer und axialer Richtungen berechnet. Diese Aufprallkräfte müssen zunächst aus den Lastprofilen, z. B. Start-Stopp-Fahrzyklen, oder dem Losbrechmoment ermittelt werden. Wenn die Hertzsche Pressung eine gewisse Grenze überschreitet, kann das Wälzlager durch die resultierenden hohen Schubspannungen in der Unterfläche der Kontaktzone vorgeschädigt (vgl. Kap. 8) und die Lebensdauer des Lagers stark reduziert werden [2, 3]. Die Hertzschen Grenzspannungen werden für verschiedene Anwendungen in Kap. 3 erörtert.

Schritt 5: Berechnungen der Ölfilmdicke in der Kontaktzone
Die minimale Ölfilmdicke im Lager hängt von den Lagerlasten sowie der Rotordrehzahl, Ölviskosität, Öltemperatur und den Lagerwerkstoffen ab. Sie ist somit stark mit den Schmierungseigenschaften im Lager gekoppelt. Bei extrem dünnem Ölfilm zwischen den Wälzelementen und Laufbahnen wird das Lager im sog. Mischreibungs- oder Kontaktschmierungsbereich betrieben (vgl. Stribeck-Diagramm, vgl. Kap. 4). In diesem Fall könnte das Lager aufgrund von Rissausbreitung an der Oberfläche in der Kontaktzone vorgeschädigt werden, vgl. Kap. 8. Infolgedessen wird die Lebensdauer des Lagers wesentlich reduziert [2–4]. Auf die Bestimmung der notwendigen minimalen Ölfilmdicken wird in Kap. 4 eingegangen.

Schritt 6: Passungen und Toleranzen bei der Montage
Bei der Montage des Lagerinnenrings auf der Welle und des Lageraußenrings im Lagergehäuse sind die Passungen und Toleranzen nach den internationalen Standardnormen, nämlich die ISO (International Organization for Standardization), Deutsche Normen DIN

(Deutsches Institut für Normung) und ANSI (American National Standards Institute) vorgegeben. Diese Normen sind über die Normenverlage beziehbar [5], ihre Inhalte werden deshalb an dieser Stelle nicht weiter diskutiert.

Schritt 7: Berechnungen der Lebensdauer der Wälzlager
Der Begriff *Lagerlebensdauer* umfasst streng genommen drei Lebensdauern, die jede für sich überprüft werden müssen. Dies ist zum einen die Lebensdauer aufgrund von Werkstoffermüdung der Wälzelemente, Laufbahnen und Käfig, zum anderen die Lebensdauer des Schmierfetts und darüber hinaus die Ausblutungsdauer des Schmierfetts. Die Ausblutungsdauer des Schmierfetts beschreibt die Zeit, die vergeht, bis die Hälfte des im Seifengrundwerkstoff des Schmierfetts eingelagerten Schmieröls aus diesem Reservoir herausgedrückt und verbraucht ist. Die Lebensdauer wegen Werkstoffermüdung hängt unter anderem von den Spektren der Lagerbelastungen und den auftretenden Öltemperaturen ab. Die Berechnung der drei Lagerlebensdauern wird in Kap. 6, 7 und 8 ausführlich behandelt.

Schritt 8: Geräusche beim Betrieb von Wälzlagern (NVH: noise, vibration, and harshness)
Geräusche, die beim Betrieb von Maschinen mit Wälzlagern auftreten, werden klassifiziert in: Unwuchtpfeifen, UMP-Geräusche (unbalanced magnetic pull), elektromagnetische Geräusche, aerodynamische Geräusche und Lagergeräusche [6]. Die Wälzlager selbst haben quasi keine eigenen Dämpfungseigenschaften, da die Schmierfilmdicke im Lager sehr klein ist und in der Größenordnung von einigen Hunderten Nanometern liegt. Daher kann dieser Schmierfilm solche induzierten Geräusche nicht abdämpfen. Werden Wälzlager eingesetzt, müssen die induzierten Geräusche durch Verbesserungen der Maschine an anderer Stelle aktiv abgedämpft werden. Diese Maßnahmen sind z. B. das gute Auswuchten des Rotors zur Reduzierung des Unwuchtpfeifens und der UMP-Geräusche, die Schrägung (skewing) von Rotor oder Stator zur Reduzierung des Rastmoments und ein stabiles Rotorverhalten zur Vermeidung von Verschleiß, Lagerschäden und Lagergeräuschen (vgl. Kap. 9).

2.2 Berechnungen der Lasten auf die Wälzlager

Die Lasten, die im Betrieb auf die Wälzlager wirken, unterscheiden sich je nach Ausführung der Lagerung der Rotoren. Üblicherweise werden zwei Typen von Lagerungen ausgeführt, nämlich das Zwei-Lager- und das Drei-Lager-System. Das Zwei-Lager-System wird für kleinere Elektromotoren mit Riemenscheiben verwendet, das Drei-Lager-System für größere Elektromotoren mit Getriebezahnrädern.

2.2.1 Zwei-Lager-System für starre Rotoren

Der als starr angenommene Rotor des Elektromotors in Abb. 2.1 ist mit zwei Wälzlagern gelagert, wobei beide Lager fest mit der Rotorwelle verbunden sind. In Richtung des Lagergehäuses ist jedoch nur der Außenring des Lagers A mit einer sehr engen Presspassung in das Lagergehäuse eingepresst, während der Außenring des Lagers B mit einer Spielpassung in das Lagergehäuse montiert wird. Die extern von der Riemenscheibe in die Welle eingeleitete axiale Kraft P_a wird somit ausschließlich von dem als sog. Festlager wirkenden Lager A aufgenommen, während das sog. Loslager B frei von Axiallasten ist.

Die auf die Lager wirkenden Kräfte erhält man durch die Bilanzierung der Kräfte und Momente, die auf das Lager-Rotorsystem wirken, wie in Abb. 2.1 dargestellt.

Die Kräftebilanz auf das Lager-Rotorsystem lautet:

$$\begin{aligned} \sum F_x &= F_a + P_a = 0; \\ \sum F_y &= F_1 + F_2 - P_1 - P_2 = 0. \end{aligned} \tag{2.1}$$

Die Momentenbilanz auf das Lager-Rotorsystem lautet:

$$\sum M_A = F_2 l + P_1 a_1 - P_2 a_2 = 0. \tag{2.2}$$

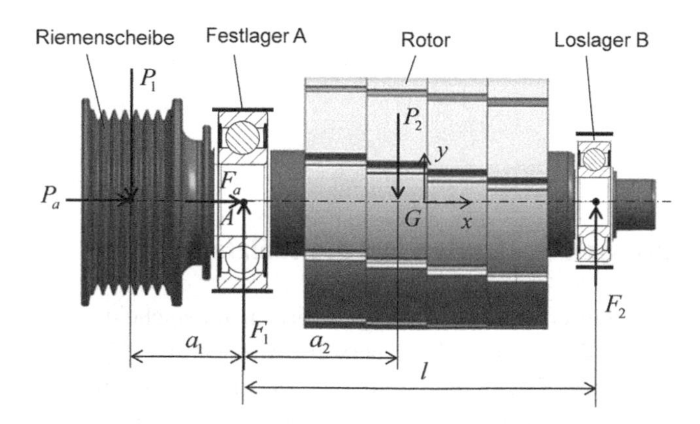

Abb. 2.1 Starrer Rotor mit Riemenscheibe, gestützt durch zwei Wälzlager

Durch Auflösen der Gl. 2.1 und 2.2 erhält man die wirkenden Kräfte auf die beiden Lager:

$$F_1 = P_1\left(1 + \frac{a_1}{l}\right) + P_2\left(1 - \frac{a_2}{l}\right);$$
$$F_a = -P_a; \tag{2.3}$$
$$F_2 = -P_1\frac{a_1}{l} + P_2\frac{a_2}{l},$$

wobei

P_1 die auf die Riemenscheibe wirkende Kraft in radialer Richtung,
P_a die auf die Riemenscheibe wirkende Kraft in axialer Richtung und
P_2 die Summe aus Rotorgewicht und UMP-Kraft auf den Rotor in radialer Richtung darstellen.

2.2.2 Drei-Lager-System für flexible Rotoren

Wird eine elektrische Maschine statt mit einer Riemenscheibe mit einem Getriebe betrieben, wird das linke Rotorende üblicherweise durch ein zusätzliches Loslager (genannt Lager G) unterstützt, da die Übertragungskraft des Ritzels an der Rotorwelle meistens sehr groß ist (vgl. Abb. 2.2). In diesem Fall wird die Rotorwelle von drei Lagern, dem Loslager G, dem Festlager A und dem Loslager B gestützt. Im Gegensatz zum Zwei-Lager-System verformt sich die Rotorwelle mit kleinen Auslenkungswinkeln an den Lagern. Die Biegemittelinie für ein Drei-Lager-System ist in Abb. 2.2 dargestellt. Da das System statisch überbestimmt ist, wird die Berechnung der Kraftverteilung auf die Lager unter Berücksichtigung der deformierten Rotorwelle deutlich komplizierter als beim Zwei-Lager-System.

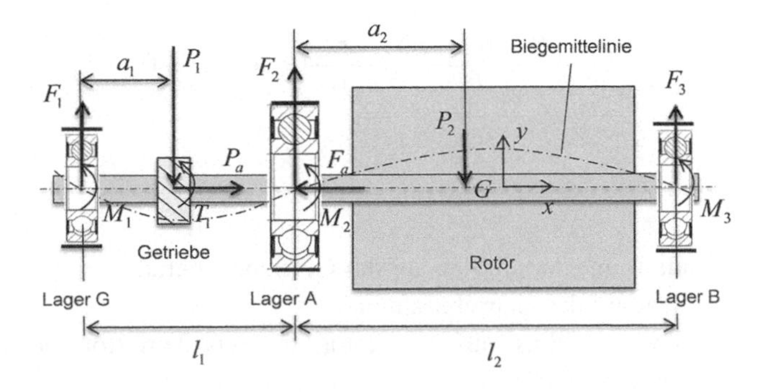

Abb. 2.2 Flexibler Rotor mit Getriebe, gestützt durch drei Wälzlager

Aus der Kraft- und Momentenbilanz für die von drei Lagern gestützte Rotorwelle ergeben sich im Falle relativ kleiner Auslenkungswinkel die modifizierten linearen Gleichungen [2]:

- *Für das Loslager G*

$$F_1 - \frac{P_1(l_1 - a_1)^2(l_1 + 2a_1)}{l_1^3} + \frac{6T_1 a_1(l_1 - a_1)}{l_1^3} + \frac{6EI_1(\theta_1 + \theta_2)}{l_1^2} = 0$$
$$M_1 - \frac{P_1 a_1(l_1 - a_1)^2}{l_1^2} - \frac{T_1(l_1 - a_1)(l_1 - 3a_1)}{l_1^2} + \frac{2EI_1(2\theta_1 + \theta_2)}{l_1} = 0. \quad (2.4a)$$

- *Für das Festlager A*

$$P_a - F_a = 0$$
$$F_2 - \frac{P_1 a_1^2(3l_1 - 2a_1)}{l_1^3} - \frac{P_2(l_2 - a_2)^2(l_2 + 2a_2)}{l_2^3} - \frac{6T_1 a_1(l_1 - a_1)}{l_1^3}$$
$$- 6E\left[\frac{I_1}{l_1^2}(\theta_1 + \theta_2) - \frac{I_2}{l_2^2}(\theta_2 + \theta_3)\right] = 0 \quad (2.4b)$$
$$M_2 - \frac{P_1 a_1^2(l_1 - a_1)}{l_1^2} + \frac{P_2 a_2(l_2 - a_2)^2}{l_2^2} - \frac{T_1 a_1(2l_1 - 3a_1)}{l_1^2}$$
$$- 2E\left[\frac{I_1}{l_1}(\theta_1 + 2\theta_2) + \frac{I_2}{l_2}(2\theta_2 + \theta_3)\right] = 0.$$

- *Für das Loslager B*

$$F_3 - \frac{P_2 a_2^2(3l_2 - 2a_2)}{l_2^3} - \frac{6EI_2}{l_2^2}(\theta_2 + \theta_3) = 0$$
$$M_3 - \frac{P_2 a_2^2(l_2 - a_2)}{l_2^2} - \frac{2EI_2}{l_2}(\theta_2 + 2\theta_3) = 0, \quad (2.4c)$$

wobei

P_1 und P_a die Radial- und Axiallasten auf das Getriebezahnrad,
T_1 das Biegemoment auf das Getriebezahnrad,
P_2 die resultierende Radiallast auf den Rotor, die aus dem Rotorgewicht und der Unwuchtkraft bestehen,
θ_i der Auslenkungswinkel am Lager i sowie
F_i und M_i die Radialkraft bzw. das Biegemoment am Lager i darstellen.

Im Falle von vernachlässigbar kleinen Biegemomenten an den Lagern (alle $M_i \approx 0$) sind bei den vorgegebenen Belastungen und Biegemomenten am Ritzel und Rotor die sieben Unbekannten F_1, F_2, F_3, F_a, θ_1, θ_2 und θ_3 aus den Gl. 2.4a–2.4c zu ermitteln.

Zur weiteren Vereinfachung wird angenommen, dass das Biegemoment am Ritzel vernachlässigbar ($T_1 \approx 0$) und die Kraft $P_2 \ll P_1$ seien. Unter diesen Annahmen ergibt sich aus den Gl. 2.4a–2.4c für die Lagerkräfte auf die Wälzlager zu

$$\begin{aligned}
F_a &= P_a \\
F_1 &\approx \frac{P_1(l_1 - a_1)\,[2l_1(l_1 + l_2) - a_1(l_1 + a_1)]}{2l_1^2(l_1 + l_2)} \\
F_2 &\approx \frac{P_1 a_1\left[(l_1 + l_2)^2 - (a_1^2 + l_2^2)\right]}{2l_1^2 l_2} + \frac{P_2(l_2 - a_2)^2(l_2 + 2a_2)}{l_2^3} \\
F_3 &\approx -\frac{P_1 a_1(l_1^2 - a_1^2)}{2l_1 l_2(l_1 + l_2)} + \frac{P_2 a_2^2(3l_2 - 2a_2)}{l_2^3}.
\end{aligned} \tag{2.5}$$

Die Lagerkräfte aus Gl. 2.5 erfüllen die Kräftebilanzen auf die Rotorwelle in die beiden Raumrichtungen x und y.

$$\begin{aligned}
\sum F_x &= -F_a + P_a = 0 \\
\sum F_y &= F_1 + F_2 + F_3 - P_1 - P_2 = 0.
\end{aligned}$$

Für kompliziertere betriebliche Belastungen können kommerzielle Programme wie z. B. KISSsoft [7] zur Berechnung der Lagerkräfte eines Drei-Lager-Systems mit flexibler Rotorwelle unter Berücksichtigung von größeren Biegemomenten und Auslenkungswinkeln verwendet werden.

2.3 Statische Tragzahl

Die statische Basistragzahl eines Kugellagers ist als diejenige statische Belastung auf das Lager definiert, die unter den folgenden Standardbedingungen eine plastische Deformation an der Hertzschen Kontaktfläche von 10^{-4} des Kugeldurchmessers D_w verursacht:

- nichtrotierende Kugeln/Wälzelemente,
- sporadische Aufpralllasten,
- sehr langsame Rotordrehzahlen,
- innere Schmiegung $\kappa_i = 52\,\%$, äußere Schmiegung $\kappa_o = 53\,\%$ und
- Null-Lagerspiel ($e = 0$).

Es ist anzumerken, dass die in den Herstellerkatalogen angegebenen statischen Tragzahlwerte C_o nur für diese Standardbedingungen gelten. Tatsächlich verändert sich die statische Tragzahl mit den tatsächlichen Betriebsbedingungen, d. h. mit den Belastungen auf die Lager, der inneren und äußeren Schmiegung.

Nach der Norm DIN ISO 76: 1994 [5] wird die statische Tragzahl C_o in N für *Radialkugellager* empirisch berechnet zu

$$C_o = i f_{0,\min} Z D_w^2 \cos \alpha_0, \tag{2.6}$$

wobei

i die Kugelreihe,
$f_{0,\min}$ den dimensionslosen geometrischen Faktor,
Z die Anzahl von Kugeln in einer Reihe,
D_w den Kugeldurchmesser (mm) und
α_0 den nominellen Kontaktwinkel (°), auch Druckwinkel genannt, darstellen.

Der dimensionslose geometrische Faktor wird empirisch berechnet zu

$$f_{0,\min} = 2{,}072 \times \left(\frac{\sigma_{\max}}{4000}\right)^3 \left(\frac{1}{t}\right) \cdot \frac{E^2(t)}{\left(2 \pm \dfrac{\gamma}{1 \mp \gamma} - \dfrac{1}{2\kappa_{i,o}}\right)^2}, \tag{2.7a}$$

wobei

$\sigma_{\max}$ die maximale Spannung zwischen 4000 und 4200 MPa und
γ den dimensionslosen geometrischen Faktor in Gl. 2.7d bezeichnen.

Das obere Vorzeichen für den Term γ in Gl. 2.7a ist für die innere Laufbahn vorgesehen; das untere Vorzeichen für die äußere Laufbahn.

Das elliptische Integral zweiter Art ist definiert als

$$E(t) = \int_0^{\pi/2} \sqrt{1 - (1 - t^2) \sin^2 \varphi}\, d\varphi. \tag{2.7b}$$

Mithilfe der Simpsonschen Regel (vgl. Anhang C) oder der MATLAB-Toolbox Feval in dem Programm COMRABE [8] wird dieses elliptische Integral berechnet.

Die Elliptizitätsratio t der elliptischen Kontaktfläche wird definiert als (vgl. Kap. 3)

$$t = \frac{b}{a} \leq 1, \tag{2.7c}$$

wobei a und b die große bzw. kleine Halbachse der elliptischen Kontaktfläche sind.

Der Lagerfaktor γ wird durch den Kugeldurchmesser D_w, den Teilkreisdurchmesser D_{pw} und den Kontaktwinkel α_0 definiert als

$$\gamma = \frac{D_w \cos \alpha_0}{D_{pw}}. \tag{2.7d}$$

Die statische Tragzahl ist von der Betriebsbedingung abhängig, die aus den inneren und äußeren Schmiegungen und der Elliptizitätsratio der Hertzschen Kontaktfläche zwischen den Kugeln und Laufbahnen besteht.

In ähnlicher Weise wird die statische Tragzahl C_0 in N für *radiale Zylinderrollenlager* nach der Norm DIN ISO 76: 1994 [5] empirisch berechnet zu

$$C_o = 44{,}195 \times \left(\frac{\sigma_{\max}}{4000}\right)^2 \cdot (1-\gamma) \cdot iZLD_w \cos \alpha_0, \tag{2.8}$$

wobei

i die Zylinderreihe,
γ den dimensionslosen geometrischen Faktor nach Gl. 2.7d,
Z die Anzahl von Zylinderrollen in einer Reihe,
L die Zylinderlänge (mm),
D_w den Zylinderdurchmesser (mm),
α_0 den nominellen Kontaktwinkel (auch Druckwinkel genannt) und
$\sigma_{\max}$ die maximale Spannung zwischen 4000 und 4200 MPa darstellen.

Der Sicherheitskoeffizient für die Wälzlager ist als das Verhältnis der statischen Basistragzahl C_o laut Herstellerkatalogen zu der äquivalenten statischen Last P_o definiert:

$$f_s \equiv \frac{C_o}{P_o}.$$

Die äquivalente statische Last berechnet sich für die Kugellager als

$$\begin{aligned} P_o &= 0{,}6F_r + 0{,}5F_a \text{ wenn } P_o \geq F_r; \\ &= F_r \text{ wenn } P_o < F_r \end{aligned}$$

und für die Zylinderrollenlager:

$$P_o = F_r.$$

Tab. 2.1 zeigt eine Übersicht über minimale Sicherheitskoeffizienten für Wälzlager für verschiedene Anwendungen. Im Normalbetrieb variieren die Werte für f_s zwischen 1 und 1,5; d. h. die statische Basistragzahl sollte ca. 1- bis 1,5-fach größer als die auf das

Tab. 2.1 Minimale Sicherheitskoeffizienten f_s für Wälzlager

Betriebsbedingungen		Kugellager	Zylinderlager
Rotation	• Hohe Genauigkeit	2,0	3,0
	• Normalbedingung	1,0	1,5
	• Aufpralllast	1,5	3,0
Sporadische Oszillation	• Normalbedingung	0,5	1,0
	• Aufpralllast	1,0	2,0

Lager wirkende maximale äquivalente statische Last sein. Im Falle von Aufpralllasten (Schockbelastungen) und Anwendungen mit höheren Genauigkeiten sollten die minimalen Sicherheitskoeffizienten mindestens 1,5 bis 2 für Kugellager und 3 für Zylinderrollenlager betragen. Bei sporadisch oszillierenden Anwendungen können die Sicherheitskoeffizienten zwischen 0,5 und 1 für Normalbedingungen und zwischen 1 und 2 für Aufprallfälle liegen.

2.4 Dynamische Tragzahl

Die dynamische Tragzahl C eines Wälzlagers wird zur Berechnung der Lagerlebensdauer benötigt. Ähnlich wie die statische Tragzahl ändert sich die dynamische Tragzahl mit den Betriebsbedingungen. Es ist anzumerken, dass die Werte der dynamischen Tragzahlen in den Herstellerkatalogen nur für die Standardwerte für die innere Schmiegung $\kappa_i = 0{,}52$, die äußere Schmiegung $\kappa_o = 0{,}53$ und ein Null-Lagerspiel ($e = 0$) gelten.

Nach der Norm DIN ISO 281: 2010-10 [5] wird die dynamische Tragzahl C in N von *radialen Kugellagern* empirisch berechnet zu

$$\begin{aligned} C &= b_m f_c (i \cos \alpha_0)^{0.7} Z^{2/3} D_w^{1,8} \text{ für } D_w \leq 25{,}4\,mm; \\ &= 3{,}647 \times b_m f_c (i \cos \alpha_0)^{0,7} Z^{2/3} D_w^{1,4} \text{ für } D_w > 25{,}4\,mm, \end{aligned} \tag{2.9}$$

wobei

$b_m = 1{,}3$ den Faktor für Rillenkugellager,
i die Anzahl von Kugelreihen,
f_c den dimensionslosen geometrischen Faktor,

Z die Anzahl der Kugeln in einer Reihe,
D_w den Kugeldurchmesser (mm) und
α_0 den nominellen Kontaktwinkel (auch Druckwinkel genannt) darstellen.

Der dimensionslose geometrische Faktor f_c für die dynamische Tragzahl C von *Rillenkugellagern* wird nach der Norm DIN-SPEC 1281-1: 2010-05 [5] empirisch berechnet zu

$$f_c = 98{,}067 \times 0{,}41\lambda \times \left(\frac{2\kappa_i}{2\kappa_i - 1}\right)^{0{,}41} \times \left(\frac{\gamma^{0{,}3}(1-\gamma)^{1{,}39}}{(1+\gamma)^{1/3}}\right)$$
$$\times \left[1 + \left(1{,}04\left(\frac{1-\gamma}{1+\gamma}\right)^{1{,}72} \cdot \left(\frac{\kappa_i}{\kappa_o}\right)^{0{,}41} \cdot \left(\frac{2\kappa_o - 1}{2\kappa_i - 1}\right)^{0{,}41}\right)^{10/3}\right]^{-3/10}, \tag{2.10}$$

wobei λ der Abschlagfaktor ist (0,95 für einreihige Kugellager und 0,90 für zweireihige Kugellager).

In ähnlicher Weise wird nach der Norm DIN-SPEC 1281-1: 2010-05 [5] die dynamische Tragzahl C in N von *Zylinderrollenlagern* empirisch berechnet zu

$$C = b_m f_c (iL\cos\alpha_0)^{7/9} Z^{3/4} D_w^{29/27}, \tag{2.11}$$

wobei

$b_m = 1{,}1$ den Faktor für Zylinderrollenlager,
i die Anzahl von Zylinderreihen,
f_c den dimensionslosen geometrischen Faktor,
Z die Anzahl der Zylinderrollen in einer Reihe,
L die Zylinderlänge (mm),
D_w den Zylinderdurchmesser (mm) und
α_0 den nominellen Kontaktwinkel darstellen.

Der dimensionslose geometrische Faktor für die dynamische Tragzahl C von *radialen Zylinderrollenlager* wird nach der Norm DIN-SPEC 1281-1: 2010-05 [5] empirisch berechnet zu

$$f_c = 551{,}134 \times 0{,}377\lambda_\nu \times \left(\frac{\gamma^{2/9}(1-\gamma)^{29/27}}{(1+\gamma)^{1/4}}\right)$$
$$\times \left[1 + \left(1{,}04\left(\frac{1-\gamma}{1+\gamma}\right)^{143/108}\right)^{9/2}\right]^{-2/9}, \tag{2.12}$$

wobei λ_ν der Abschlagfaktor ist (0,83 für einreihige Zylinderrollenlager).

2.5 Äquivalente Dynamische Last auf die Wälzlager

In einigen Automobilanwendungen treten als Belastung auf die Wälzlager häufig sowohl radiale als auch axiale Kräfte gleichzeitig auf. In diesem Fall hat die Axialkraft drei Wirkungen. Erstens verursacht sie eine Deformation bzw. Verschiebung der Lagerkomponenten in axialer Richtung, die zur Erhöhung des axialen Lagerspiels führt. Zweitens verändert sich der nominelle Kontaktwinkel, und drittens wird die Lebensdauer des Lagers wegen Materialermüdung beeinträchtigt.

Die kombinierte Last aus den radialen und axialen Kräften (F_r, F_a) wird äquivalente dynamische Radiallast auf das Lager genannt. Die äquivalente dynamische Last wird berechnet zu

$$P_m = X \cdot F_r + Y \cdot F_a \neq \sqrt{F_r^2 + F_a^2}, \tag{2.13}$$

wobei X und Y die Gewichtungsfaktoren für die radiale bzw. axiale Kraft sind (vgl. Abb. 2.3).

Die Gewichtungsfaktoren X und Y können nach der Koyo-Formel für Rillenkugellager näherungsweise berechnet werden:

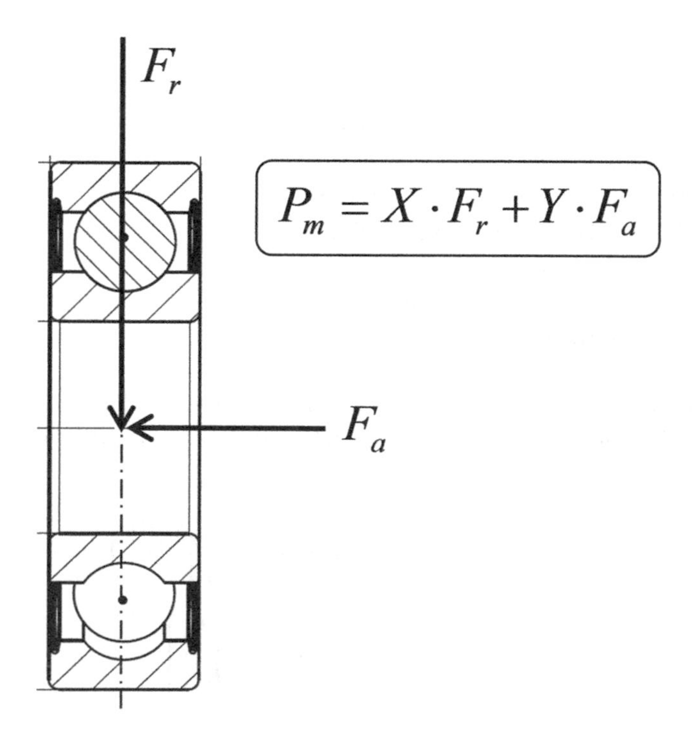

Abb. 2.3 Radial- und Axialkräfte auf einem Rillenkugellager

$$\frac{F_a}{F_r} \le e: \quad X = 1;\ Y = 0;$$
$$\frac{F_a}{F_r} > e: \quad X = 0{,}56;\ Y = \frac{0{,}84}{f_c^{0{,}24}}, \tag{2.14}$$

wobei

f_c als das Verhältnis der axialen Kraft F_a zu der statischen Tragzahl C_o im Betrieb in Gl. 2.6 und 2.8 definiert wird und
e in Abhängigkeit von f_c zu berechnen ist:

$$e = 0{,}505 f_c^{0{,}231};\ f_c = \frac{F_a}{C_o}. \tag{2.15}$$

Somit ergibt sich die äquivalente dynamische Last für *Rillenkugellager* zu

$$\frac{F_a}{F_r} \le e: \quad P_m = F_r$$
$$\frac{F_a}{F_r} > e: \quad P_m = 0{,}56 F_r + \left(\frac{0{,}84}{f_c^{0{,}24}}\right) F_a. \tag{2.16}$$

Es sei angemerkt, dass die äquivalente dynamische Radiallast P_m nach Gl. 2.16 dann für die Berechnung der Lebensdauer des Lagers benutzt wird, wenn sowohl radiale als auch axiale Kräfte gleichzeitig auf das Lager wirken. In diesem Fall wird die dynamische äquivalente Radiallast anstelle der Normallast auf das Lager herangezogen.

Generell nehmen Zylinderrollenlager wegen ihres geometrischen Aufbaus keine axialen Belastungen auf. Daher ergibt sich die äquivalente dynamische Last für *Zylinderrollenlager*:

$$P_m = F_r.$$

Der folgende MATLAB-Code kann zur Berechnung der äquivalenten dynamischen Radiallast für Rillenkugellager verwendet werden.

```
% ----------------------------------------------------------------
% MATLAB code for computing the equivalent radial load on
  the bearing P_m
% ----------------------------------------------------------------
fc = Fa/Co_r;      % Co_r is the static load rating of the bearing.
e = 0.505 *fc^0.231;
fafr = Fa/Fr;
if fafr <= e
 X = 1.0;
 Y = 0.0;
else
```

```
 X = 0.56;
 Y = 0.84/fc^0.24;
end
% Dynamic equivalent radial load on the bearing P_m:
Pm = X*Fr + Y*Fa;
```

2.6 Lasten auf die Wälzelemente unter einer äquivalenten Last

Zur Berechnung der Hertzschen Pressung in der Kontaktzone der Wälzlager sind die individuellen Belastungen Q_i auf die einzelnen Kugeln notwendig, die sich letztlich aus der dynamischen äquivalenten Last auf das Lager ergeben. Darüber hinaus wird zur Berechnung der Schmierfilmdicke in der Kontaktzone die maximal auftretende Belastung Q_0 auf die Kugeln benötigt.

Die Belastung Q_i auf die Kugel i bei dem Winkel $i\gamma$ ist von der radialen Deformation abhängig [9]:

$$Q_i = C_\delta \delta_i^{3/2}, \tag{2.17}$$

wobei C_δ den Deformationsfaktor der Kugel i in der Kontaktzone bezeichnet.

Die elastische Gesamtdeformation der Kugel i ergibt sich aus den Deformationen δ_{iJ} und δ_{iA} an den Kontaktflächen zwischen der Kugel i und der inneren und äußeren Laufbahn zu

$$\delta_i = \delta_{iJ} + \delta_{iA} \text{ für } i = 0,1,...,Z-1, \tag{2.18}$$

wobei Z die Anzahl von Wälzelementen pro Reihe darstellt.

Die elastischen Deformationen der Kontaktflächen zwischen der Kugel i und der inneren und äußeren Laufbahn wird nach [9] berechnet zu

$$\begin{aligned} \delta_{iJ} &= C_{\delta J} D_w \left(\frac{Q_i}{D_w^2}\right)^{2/3}; \\ \delta_{iA} &= C_{\delta A} D_w \left(\frac{Q_i}{D_w^2}\right)^{2/3}. \end{aligned} \tag{2.19}$$

Durch Einsetzen von Gl. 2.19 in Gl. 2.18 erhält man die individuelle Deformation der Kugel i und die entsprechende Belastung Q_i:

$$\begin{aligned} \delta_i &= (C_{\delta J} + C_{\delta A}) D_w \left(\frac{Q_i}{D_w^2}\right)^{2/3} \\ \Rightarrow Q_i &= \left(\frac{D_w^{1/2}}{(C_{\delta J} + C_{\delta A})^{3/2}}\right) \delta_i^{3/2} \equiv C_\delta \delta_i^{3/2}. \end{aligned}$$

Der Deformationsfaktor C_δ der Kugel i in der Kontaktzone wird definiert als

$$C_\delta \equiv \frac{D_w^{1/2}}{(C_{\delta J} + C_{\delta A})^{3/2}}. \tag{2.20}$$

Mithilfe der trigonometrischen Beziehungen für die Lagergeometrie wird die elastische Deformation der Kugel i in der Kontaktfläche berechnet zu

$$\delta_i = w \cos(i\gamma) - \frac{e}{2}$$
$$\Rightarrow \delta_0 = \delta_{0J} + \delta_{0A} = w - \frac{e}{2} \text{ für } i = 0,$$

wobei e das diametrale Lagerspiel und w die Verschiebung der Lagermitte darstellen (vgl. Abb. 2.4).

Somit ergibt sich die elastische Deformation der Kugel i in der Kontaktzone zu

$$\delta_i = \left(\delta_0 + \frac{e}{2}\right) \cos(i\gamma) - \frac{e}{2}. \tag{2.21}$$

Der innere und äußere Deformationsfaktor der Kugel in $(\text{mm}^2/\text{N})^{2/3}$ wird berechnet zu

$$\begin{aligned} C_{\delta J} &= 2{,}79 \times 10^{-4} \left(\frac{2K(t)}{\pi\xi}\right)_{IR} \cdot \left(D_w \sum \rho_{b/IR}\right)^{1/3}; \\ C_{\delta A} &= 2{,}79 \times 10^{-4} \left(\frac{2K(t)}{\pi\xi}\right)_{OR} \cdot \left(D_w \sum \rho_{b/OR}\right)^{1/3}, \end{aligned} \tag{2.22}$$

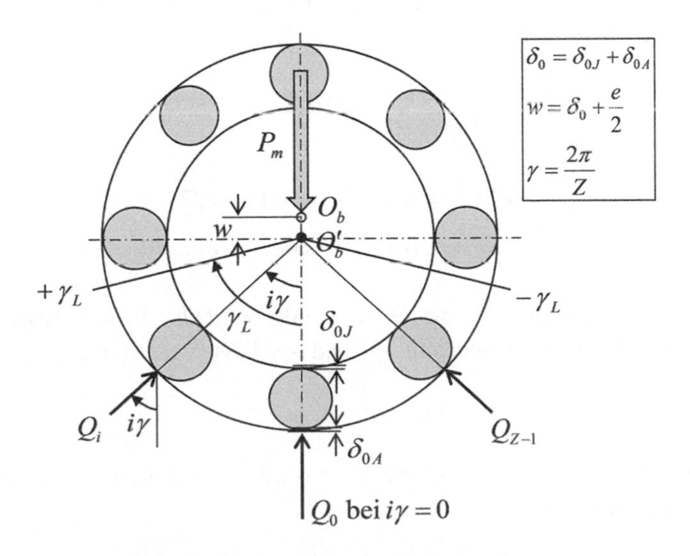

Abb. 2.4 Verteilung der Normalbelastungen Q_i auf Z Wälzelementen

wobei ξ die dimensionslose große Halbachse der elliptischen Kontaktfläche bedeutet (vgl. Kap. 3).

Das elliptische Integral erster Art ist definiert als

$$K(t) = \int_0^{\pi/2} \frac{d\varphi}{\sqrt{1-(1-t^2)\sin^2\varphi}}. \tag{2.23}$$

Dieses Integral kann entweder numerisch mithilfe der Simpsonschen Regel (vgl. Anhang C) oder iterativ mithilfe der MATLAB-Toolbox Feval im Programm COMRABE [8] berechnet werden.

Die Elliptizitätsratio t der Hertzschen Kontaktfläche wird definiert als (vgl. Kap. 3)

$$t = \frac{b}{a} = \frac{\eta}{\xi} \leq 1.$$

Als Startwert für die iterative Berechnung der Elliptizitätsratio wird der Term auf der rechten Seite von Gl. 2.22 näherungsweise berechnet zu [10]

$$\frac{2K(t)}{\pi\xi} \approx \frac{1-1{,}1419366F(\rho)-0{,}41126766F^2(\rho)+0{,}55517131F^3(\rho)}{1-1{,}1335601F(\rho)-0{,}23480198F^2(\rho)+0{,}37695522F^3(\rho)}.$$

Hierbei stellt $F(\rho)$ die Krümmungsdifferenz zwischen den Wälzelementen und Laufbahnen nach den Gl. 1.23 und 1.24 dar.

Die äquivalente Radiallast P_m auf das Lager ist gleich der Summe aller Belastungen auf alle Z Kugeln in der Lastrichtung. Somit kann die Kräftebilanz auf das Lager in Lastrichtung berechnet werden:

$$P_m = \sum_{i=0}^{Z-1} Q_i \cos(i\gamma) \text{ mit}$$

$$Q_i \neq 0 \text{ für } \delta_i = (\delta_0 + e/2)\cos i\gamma - e/2 > 0;$$

$$Q_i = 0 \text{ für } \delta_i = (\delta_0 + e/2)\cos i\gamma - e/2 \leq 0.$$

Die sog. Lastzone im Lager, für die $Q_i \neq 0$ gilt, wird durch den Lastwinkelbereich begrenzt, der zwischen den Lastwinkeln $+\gamma_L$ und $-\gamma_L$ liegt (vgl. Abb. 2.4).

$$Q_i \neq 0 \text{ für } -\gamma_L < i\gamma < +\gamma_L.$$

Die sog. freie Lastzone im Lager, für die $Q_i = 0$ gilt, liegt außerhalb der Lastzone und wird wie folgt beschrieben:

$$Q_i = 0 \text{ für } +\gamma_L \leq i\gamma \leq (2\pi - \gamma_L).$$

Der Grenzlastwinkel γ_L ergibt sich aus der Lagergeometrie zu

$$\delta_L = (\delta_0 + e/2)\cos\gamma_L - e/2 = 0$$

$$\Rightarrow \gamma_L = \cos^{-1}\left(\frac{e}{2\delta_0 + e}\right) = \arccos\left(\frac{e}{2\delta_0 + e}\right).$$

Dieses Ergebnis zeigt, dass die Lastzone von dem diametralen Lagerspiel e und der maximalen elastischen Deformation δ_0 der Kugel an der niedrigsten Stelle ($i = 0$) abhängig ist.

Bei einem Null-Lagerspiel ($e = 0$) wird die Lastzone auf dem unteren Halbteil begrenzt, und dabei liegt die freie Lastzone auf dem oberen Halbteil:

$$Q_i \neq 0 \text{ für } -\frac{\pi}{2} < i\gamma < +\frac{\pi}{2} \text{ mit } \delta_i > 0;$$

$$Q_i = 0 \text{ für } +\frac{\pi}{2} \leq i\gamma \leq +\frac{3\pi}{2} \text{ mit } \delta_i \leq 0.$$

Aufgrund der achsensymmetrischen Verteilung der Last auf die Kugeln in Bezug auf die Belastungsachse (d. h. Wirkrichtung von Q_0) wird die Bilanz der verteilten Belastungen auf den Kugeln in den Kugeldeformationen nach Gl. 2.17 beschrieben.

$$\begin{aligned} P_m &= \sum_{i=0}^{Z-1} C_\delta \delta_i^{3/2} \cos(i\gamma) = C_\delta \delta_0^{3/2} + 2 \sum_{i\gamma \neq 0}^{<\gamma_L} C_\delta \delta_i^{3/2} \cos(i\gamma) \\ &= C_\delta \delta_0^{3/2} + 2C_\delta \left[(\delta_0 + e/2)\cos\gamma - e/2\right]^{3/2} \cos\gamma \\ &\quad + 2C_\delta \left[(\delta_0 + e/2)\cos 2\gamma - e/2\right]^{3/2} \cos 2\gamma \\ &\quad + 2C_\delta \left[(\delta_0 + e/2)\cos 3\gamma - e/2\right]^{3/2} \cos 3\gamma + \cdots \end{aligned} \tag{2.24}$$

Gl. 2.24 ist die Grundgleichung zur Berechnung der Lastverteilung auf die Kugeln in einem Wälzlager, das mit der dynamischen äquivalenten Last P_m belastet wird.

Die einzige Unbekannte in Gl. 2.24 ist die elastische Deformation δ_0 der Kugel 0 an der niedrigsten Stelle ($i = 0$) im Lager (d. h. 6-Uhr-Position). Aufgrund der Nichtlinearität der Gl. 2.24 muss die Unbekannte δ_0 iterativ berechnet werden. Das iterative Rechenschema ist in Abb. 2.5 mit dem Startwert $\delta_{0,1} = 0$ für den ersten Iterationsschritt $\nu = 1$ dargestellt.

Bei den weiteren Iterationsschritten $\nu + 1$ wird die Deformation δ_0 in der Kontaktzone nach dem folgenden Schema iterativ berechnet:

Im Falle von $P_{m,\nu+1} > P_m$, zu

$$\delta_{0,\nu+1} = \delta_{0,\nu} - \Delta\delta;$$

sonst, wenn $P_{m,\nu+1} \leq P_m$, zu

$$\delta_{0,\nu+1} = \delta_{0,\nu} + \Delta\delta.$$

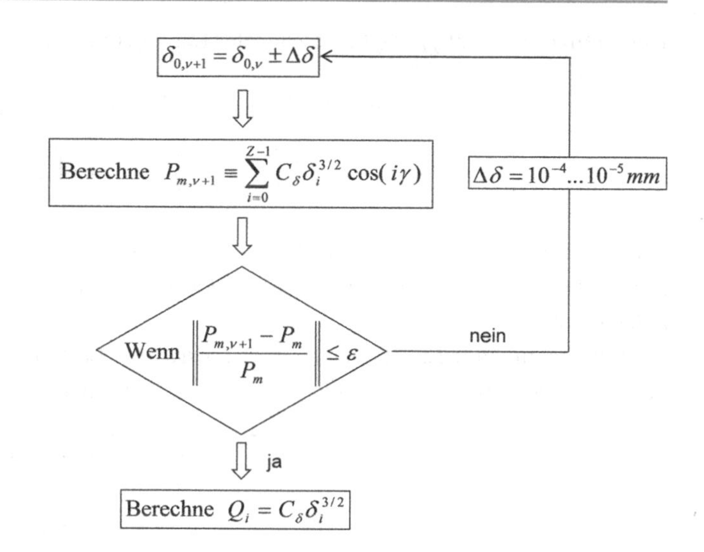

Abb. 2.5 Schema für die iterative Bestimmung der Lastverteilung auf die Kugeln

Die iterative Berechnung wird so lange wiederholt, bis die Lösung der verteilten Belastungen auf die Kugeln ein relatives Konvergenzkriterium von $\varepsilon = 10^{-6}$ erreicht bzw. unterschreitet.

Anhand der Gl. 2.17 und 2.21 ergibt sich die Lastverteilung auf die Kugeln zu

$$Q_i = C_\delta \delta_i^{3/2} = C_\delta \cdot \left[\left(\delta_0 + \frac{e}{2}\right) \cos i\gamma - \frac{e}{2}\right]^{\frac{3}{2}}. \tag{2.25}$$

Selbstverständlich ergibt sich aus der elastischen Deformation δ_0 die maximale Belastung Q_0 auf der Kugel 0 für $i = 0$ zu

$$Q_{\max} \equiv Q_0 = C_\delta \delta_0^{3/2}. \tag{2.26}$$

Normalerweise werden die radialen und axialen Lagersteifigkeiten mit der radialen bzw. axialen Kraft auf das Lager separat berechnet. Für kleinere Deformationen wird generell angenommen, dass sich die radiale Belastung F_r auf das Lager proportional zur maximalen elastischen Deformation δ_0 in der Kontaktfläche mit der radialen Lagersteifigkeit verhält:

$$F_r = K_r \delta_0, \tag{2.27}$$

wobei K_r als die radiale Lagersteifigkeit definiert wird, die in nichtlinearer Weise von der Lagerlast und der maximalen Deformation abhängig ist (vgl. Abb. 2.6):

$$K_r = f(F_r, \delta_0). \tag{2.28}$$

Rechenbeispiel
Ein Rillenkugellager vom Lagertyp 6305 hat die folgenden Eigenschaften:

- Anzahl der Kugeln $Z = 8$;
- Kugeldurchmesser $D_w = 10{,}32$ mm;
- Teilkreisdurchmesser $D_{pw} = 44{,}60$ mm;
- Diametrales Lagerspiel $e = 0{,}006$ mm;
- Innere Schmiegung $\kappa_i = 0{,}506$;
- Äußere Schmiegung $\kappa_o = 0{,}527$;
- Elastizitätsmodul der Kugel $E_1 = 208$ GPa;
- Elastizitätsmodul der Laufbahnen $E_2 = 208$ GPa;
- Radiallast $F_r = 5500$ N;
- Axiallast $F_a = 2600$ N.

Unter Verwendung des Programms COMRABE [8] ergeben sich die folgenden Rechenergebnisse:

- Statische Betriebstragzahl $C_0 = 17.602$ N;
- Dynamische Betriebstragzahl $C = 29.582$ N;
- Nomineller Kontaktwinkel $\alpha_0 = 7{,}61°$;
- Betriebskontaktwinkel $\alpha = 17{,}42°$;
- Äquivalente dynamische Last $P_m = X \cdot F_r + Y \cdot F_a = 6536$ N;
- Maximale elastische Deformation $\delta_0 = 0{,}0297$ mm;
- Maximale axiale Verschiebung $\delta_a = 0{,}0608$ mm;
- Deformationsfaktor $C_\delta = 7{,}14 \times 10^5$ N/mm$^{3/2}$;
- Grenzlastwinkel $\gamma_L = 84{,}7°$;
- Belastungen Q_i auf die Kugeln mit $\gamma = 360°/8$ Kugeln $= 45°$:

$$Q_0 = 3654 \text{ N};$$

$$Q_1 = Q_7 = 2038 \text{ N};$$

$$Q_2 = Q_3 = Q_4 = Q_5 = Q_6 = 0 \text{ N}.$$

In den Abb. 2.6 und 2.9 sind die Verläufe der radialen und axialen Lagersteifigkeiten jeweils in Abhängigkeit von der radialen bzw. axialen Belastung dargestellt. Die Ergebnisse zeigen, dass die Lagersteifigkeiten sich nichtlinear mit den Belastungen ändern, die ihrerseits wiederum von der Rotordrehzahl und dem zu übertragenden Drehmoment abhängen. Gesamt betrachtet sind die Steifigkeiten der Wälzlager also nichtlinear von den Belastungen, der Drehzahl und dem Drehmoment abhängig.

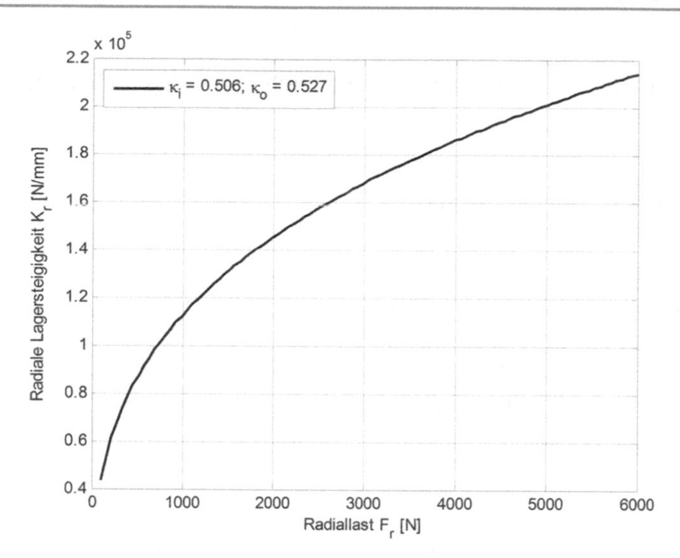

Abb. 2.6 Radiale Lagersteifigkeiten in Abhängigkeit der Radiallast auf das Lager

2.7 Betriebskontaktwinkel unter einer Axiallast

Der Betriebskontaktwinkel α ändert sich bei Anwesenheit einer Axiallast auf das Lager aufgrund der resultierenden axialen Verschiebung durch elastische Deformation an den Kontaktzonen. Die axiale Belastung F_a auf das Lager wirkt gleichmäßig auf alle Z Kugeln. Somit ergibt sich eine identische Belastung P_a auf jede einzelne Kugel. Die normale Komponente $P_{0,a}$ auf die Kugel wird berechnet (vgl. Abb. 2.7):

$$\begin{aligned} F_a &= Z \cdot P_a = Z \cdot (P_{0,a} \sin \alpha) \\ \Rightarrow P_{0,a} &= \frac{F_a}{Z \sin \alpha}. \end{aligned} \tag{2.29}$$

Die normale Belastung $P_{0,a}$ auf die Kugel verursacht an den Kontaktflächen zwischen der Kugel und der inneren bzw. äußeren Laufbahn eine elastische Deformation in Lastrichtung. Die gesamte elastische Deformation an den Kontaktflächen berechnet sich aus den Deformationen der inneren und äußeren Laufbahn als

$$\delta = \delta_i + \delta_o. \tag{2.30}$$

Vor der elastischen Deformation gilt für die Lagergeometrie die Beziehung:

$$r_i + r_o - \rho_0 = D_w. \tag{2.31}$$

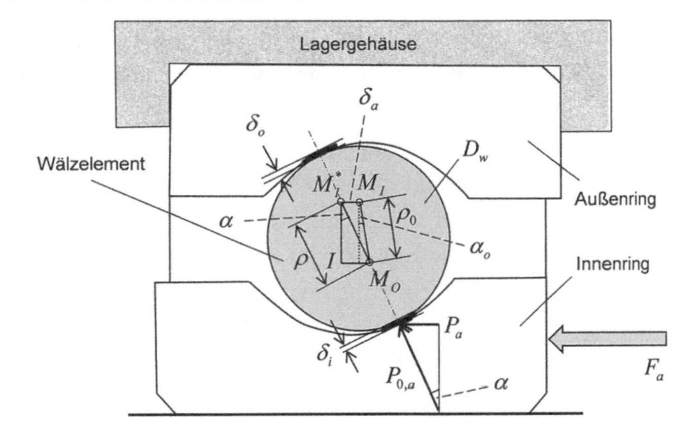

Abb. 2.7 Betriebskontaktwinkel α unter einer Axiallast F_a auf das Lager

Nach der elastischen Deformation δ gilt für die Lagergeometrie die neue Beziehung:

$$r_i + r_o - \rho = D_w - (\delta_i + \delta_o) = D_w - \delta. \tag{2.32}$$

Subtrahiert man Gl. 2.31 von Gl. 2.32, erhält man mithilfe der Gl. 1.8 die elastische Deformation

$$\delta = \rho - \rho_0 = \rho - (\kappa_i + \kappa_o - 1) \cdot D_w. \tag{2.33}$$

Zur Bestimmung des aufgrund der Axiallast veränderten Abstands der Laufbahnmitten werden geometrische Beziehungen im Lager nach Abb. 2.7 verwendet. Aus dem Satz von Pythagoras für das Dreieck $IM_OM_I^*$ in Abb. 2.7 erhält man die geometrische Beziehung für $\alpha_0 \neq 0$

$$\rho^2 = (\rho_0 \cos \alpha_0)^2 + (\rho_0 \sin \alpha_0 + \delta_a)^2.$$

Der Abstand zwischen den Mitten der inneren und äußeren Laufbahn aufgrund der axialen Verschiebung δ_a ergibt sich somit zu

$$\begin{aligned}\rho &= \sqrt{(\rho_0 \cos \alpha_0)^2 + (\rho_0 \sin \alpha_0 + \delta_a)^2} \\ &= \rho_0 \sqrt{\cos^2 \alpha_0 + (\sin \alpha_0 + \rho_a)^2}.\end{aligned} \tag{2.34}$$

Die dimensionslose axiale Verschiebung ρ_a des Lagers wird definiert als

$$\rho_a \equiv \frac{\delta_a}{\rho_0} \Rightarrow \delta_a = \rho_0 \rho_a. \tag{2.35}$$

Mithilfe der Gl. 2.33 und 2.34 ergibt sich der Zusammenhang zwischen der elastischen Deformation δ in der normalen Richtung und der dimensionslosen Verschiebung ρ_a in axialer Richtung:

$$\delta = \rho_0 \left[\sqrt{\cos^2 \alpha_0 + (\sin \alpha_0 + \rho_a)^2} - 1 \right]. \tag{2.36}$$

Aus Gl. 1.11 ergibt sich der nominelle Kontaktwinkel zu

$$\alpha_0 = \cos^{-1} \left(1 - \frac{e}{2\rho_0} \right) = \arccos \left(1 - \frac{e}{2\rho_0} \right).$$

Anhand der Gl. 2.17 und 2.20 wird die Belastung $P_{0,a}$ auf das Lager in normaler Richtung berechnet zu

$$\begin{aligned} P_{0,a} &= C_\delta \delta^{3/2}; \\ C_\delta &= \frac{D_w^{1/2}}{(C_{\delta,i} + C_{\delta,o})^{3/2}}. \end{aligned} \tag{2.37}$$

Durch Einsetzen von Gl. 2.36 in Gl. 2.37 erhält man

$$P_{0,a} = C_\delta \rho_0^{3/2} \cdot \left[\sqrt{\cos^2 \alpha_0 + (\sin \alpha_0 + \rho_a)^2} - 1 \right]^{3/2}. \tag{2.38}$$

Der Betriebskontaktwinkel ergibt sich aus der Geometrie des Dreiecks $IM_OM_I^*$ zu

$$\sin \alpha = \frac{\rho_0 \sin \alpha_0 + \delta_a}{\rho} = \frac{\sin \alpha_0 + \rho_a}{\sqrt{\cos^2 \alpha_0 + (\sin \alpha_0 + \rho_a)^2}}. \tag{2.39}$$

Durch Einsetzen der Gl. 2.29 und 2.39 in Gl. 2.38 erhält man schließlich die nichtlineare Gleichung für die dimensionslose axiale Verschiebung ρ_a:

$$\begin{aligned} \frac{F_a}{ZC_\delta \rho_0^{3/2}} = & \frac{\sin \alpha_0 + \rho_a}{\sqrt{\cos^2 \alpha_0 + (\sin \alpha_0 + \rho_a)^2}} \\ & \times \left[\sqrt{\cos^2 \alpha_0 + (\sin \alpha_0 + \rho_a)^2} - 1 \right]^{3/2}. \end{aligned} \tag{2.40}$$

Die Unbekannte ρ_a in Gl. 2.40 wird iterativ ermittelt, wie in Abb. 2.8 dargestellt. Für die Nullstellenbestimmung kommt hierbei entweder ein Newton-Raphson-Verfahren oder die MATLAB-Toolbox fzero in Programm COMRABE [8] zum Einsatz. Für den ersten Iterationsschritt $\nu = 1$ wird der Startwert $\rho_{a,1} = 0$ gewählt. Die Iteration wird so lange durchgeführt, bis die Lösung ein relatives Konvergenzkriterium von $\varepsilon = 10^{-6}$ erreicht bzw. unterschreitet.

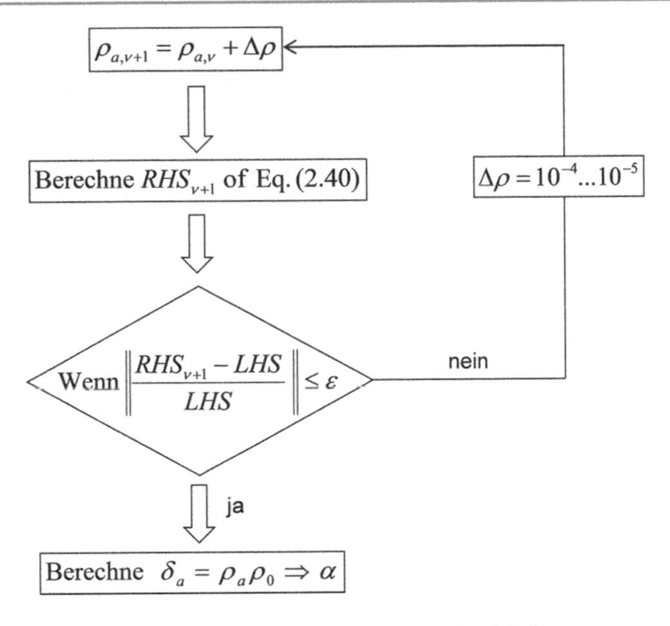

Abb. 2.8 Rechenschema zur Bestimmung des Betriebskontaktwinkels α

Der Betriebskontaktwinkel berechnet sich schließlich aus der dimensionslosen axialen Verschiebung ρ_a zu

$$\alpha = \sin^{-1}\left(\frac{\sin\alpha_0 + \rho_a}{\sqrt{\cos^2\alpha_0 + (\sin\alpha_0 + \rho_a)^2}}\right) = \arcsin\left[\cdot/\cdot\right]. \tag{2.41}$$

Exemplarisch ergibt sich aus Gl. 2.41 der Betriebskontaktwinkel α für ein Lager vom Typ 6305 einen Wert von 17,42° bei einer axialen Verschiebung δ_a von 0,0608 mm im Vergleich zum nominellen Kontaktwinkel $\alpha_0 = 7{,}61°$, vgl. Abs. 2.6.

Für kleinere axiale Verschiebungen aufgrund der elastischen Deformation wird die axiale Kraft proportional zur axialen Verschiebung definiert als

$$F_a = K_{ax}\delta_a, \tag{2.42}$$

wobei K_{ax} die axiale Lagersteifigkeit darstellt, die in nichtlinearer Weise von der axialen Kraft und der elastischen Deformation abhängt, wie in Abb. 2.9 gezeigt.

$$K_{ax} = f(F_a, \delta_a). \tag{2.43}$$

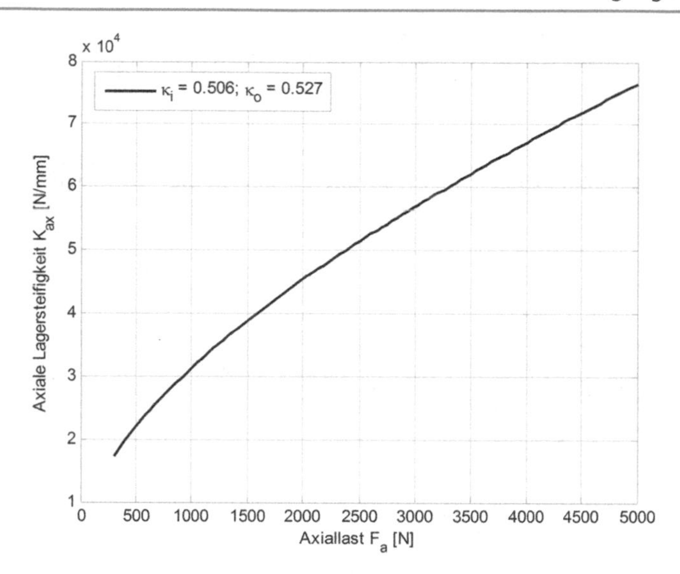

Abb. 2.9 Axiale Lagersteifigkeiten in Abhängigkeit der Axiallast auf das Lager

2.8 Lasten auf die Wälzelemente unter einer kombinierten Last

Zur Vereinfachung der Bestimmung der Lasten auf die Wälzelemente unter einer kombinierten Last, bestehend aus einer radialen und einer axialen Kraft (F_r und F_a), wird die kombinierte Last als äquivalente dynamische Last P_m auf das Lager modelliert, wie in Abb. 2.6 beschrieben. Jedoch verändert sich der Betriebskontaktwinkel aufgrund der elastischen Deformationen in radialer und axialer Richtung.

Ähnlich wie in Gl. 2.39 wird der Betriebskontaktwinkel unter einer kombinierten Last berechnet nach [1], wobei $i\gamma$ die Winkelposition der Kugel i ist:

$$\sin\alpha = \frac{\sin\alpha_0 + \dfrac{\delta_a}{\rho_0}}{\sqrt{\left(\cos\alpha_0 + \dfrac{\delta_r \cos i\gamma}{\rho_0}\right)^2 + \left(\sin\alpha_0 + \dfrac{\delta_a}{\rho_0}\right)^2}} \equiv \frac{\sin\alpha_0 + \rho_a}{\sqrt{(\cos\alpha_0 + \rho_r \cos i\gamma)^2 + (\sin\alpha_0 + \rho_a)^2}}. \tag{2.44}$$

Zur Vereinfachung wird angenommen, dass der Betriebskontaktwinkel aller Kugeln gleich dem Betriebskontaktwinkel der Kugel an der niedrigsten Stelle im Lager ($i\gamma = 0$) ist.

Im Weiteren wird die dimensionslose elastische Deformation in radialer Richtung definiert als das Verhältnis der radialen elastischen Deformation δ_r zum Abstand ρ_0 der Laufbahnmitten vor der axialen Verschiebung (vgl. Abb. 2.7):

$$\rho_r \equiv \frac{\delta_r}{\rho_0} \Rightarrow \delta_r = \rho_0 \rho_r.$$

Die elastische Deformation δ_r in radialer Richtung durch die Radialkraft F_r auf das Lager wird nach Gl. 2.24 berechnet. Somit ergibt sich die nichtlineare Gl. 2.40 zur Berechnung der dimensionslosen axialen Verschiebung ρ_a zu

$$\frac{F_a}{ZC_\delta \rho_0^{3/2}} = \frac{\sin\alpha_0 + \rho_a}{\sqrt{(\cos\alpha_0 + \rho_r)^2 + (\sin\alpha_0 + \rho_a)^2}} \times \left[\sqrt{(\cos\alpha_0 + \rho_r)^2 + (\sin\alpha_0 + \rho_a)^2} - 1\right]^{3/2}. \tag{2.45}$$

Die dimensionslose elastische Deformation ρ_r in radialer Richtung wird nach dem Rechenschema in Abb. 2.5 berechnet. Dann ergibt sich der Betriebskontaktwinkel α aus Gl. 2.44 unter Verwendung der dimensionslosen Verschiebung ρ_a in axialer Richtung, die aus Gl. 2.45 nach dem Rechenschema in Abb. 2.8 bestimmt wird.

Die Berechnungen der Belastungen auf die Wälzelemente unter einer kombinierten Last auf das Lager, die nicht als äquivalente Last modelliert wird, sind deutlich komplizierter und wird im Folgenden behandelt [1]. Zuerst wird nach Gl. 2.44 der Betriebskontaktwinkel α aus den radialen und axialen Deformationen δ_r and δ_a berechnet. Damit kann der Parameter ε nach Gl. 2.49 berechnet werden. Daraufhin werden nach Gl. 2.48 die radialen und axialen Lastintegrale berechnet. Schließlich wird nach Gl. 2.51 die maximale Belastung Q_0 auf die Kugel an der niedrigsten Stelle im Lager bestimmt.

Die Kräftebilanz auf das Wälzlager in radialer und axialer Richtung lautet

$$\begin{aligned} F_r &= \sum_{i\gamma=-\gamma_L}^{+\gamma_L} Q_i \cos(i\gamma) \cdot \cos\alpha \equiv Z Q_0 J_r(\varepsilon) \cos\alpha; \\ F_a &= \sum_{i\gamma=-\gamma_L}^{+\gamma_L} Q_i \sin\alpha \equiv Z Q_0 J_a(\varepsilon) \sin\alpha, \end{aligned} \tag{2.46}$$

wobei α den Betriebskontaktwinkel nach Gl. 2.44, Z die Anzahl von Wälzelementen, und Q_0 die maximale Belastung auf die Wälzelemente an der niedrigsten Stelle im Lager darstellen.

Der Grenzlastwinkel γ_L in Gl. 2.46 wird im Falle der kombinierten Last wie folgt berechnet zu

$$\gamma_L = \cos^{-1}\left(\frac{-\delta_a \tan\alpha}{\delta_r}\right) = \arccos(\cdot/\cdot). \tag{2.47}$$

Die radialen und axialen Lastintegrale in Gl. 2.46 sind definiert als

$$J_r(\varepsilon) = \frac{1}{2\pi} \int_{-\gamma_L}^{+\gamma_L} \left[1 - \left(\frac{1 - \cos\gamma}{2\varepsilon}\right)\right]^n \cos\gamma \, d\gamma;$$
$$J_a(\varepsilon) = \frac{1}{2\pi} \int_{-\gamma_L}^{+\gamma_L} \left[1 - \left(\frac{1 - \cos\gamma}{2\varepsilon}\right)\right]^n d\gamma, \tag{2.48}$$

wobei für den Exponenten n ein Wert von $n = 3/2$ für Kugellager und $n = 10/9$ für Zylinderrollenlager angesetzt werden und γ die Winkelposition der Wälzelemente ist.

Aus der Lagergeometrie ergibt sich der Parameter ε in den Lastintegralen zu

$$\varepsilon = \frac{1}{2}\left(1 + \frac{\delta_a \tan\alpha}{\delta_r}\right). \tag{2.49}$$

Durch Einsetzen von Gl. 2.47 in Gl. 2.49 erhält man

$$\gamma_L = \cos^{-1}(1 - 2\varepsilon) = \arccos(1 - 2\varepsilon). \tag{2.50}$$

Der Verlauf des Grenzlastwinkels γ_L in Abhängigkeit des Parameters ε ist in Abb. 2.10 gezeigt und wird im Anhang C berechnet.

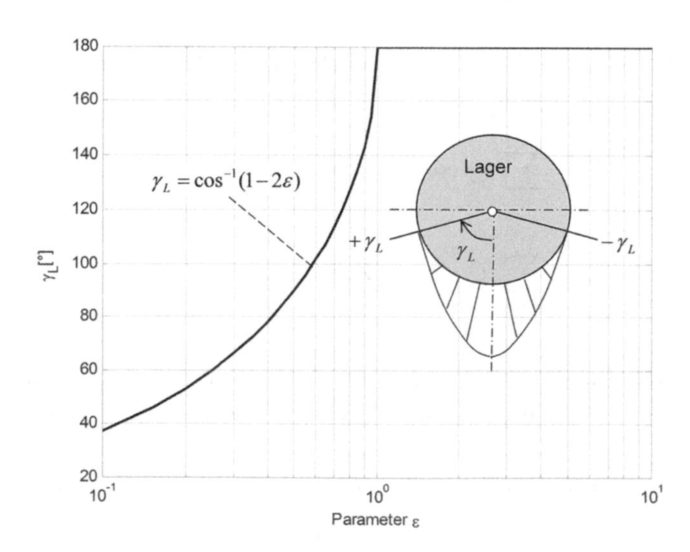

Abb. 2.10 Grenzlastwinkel γ_L in Abhängigkeit des Parameters ε

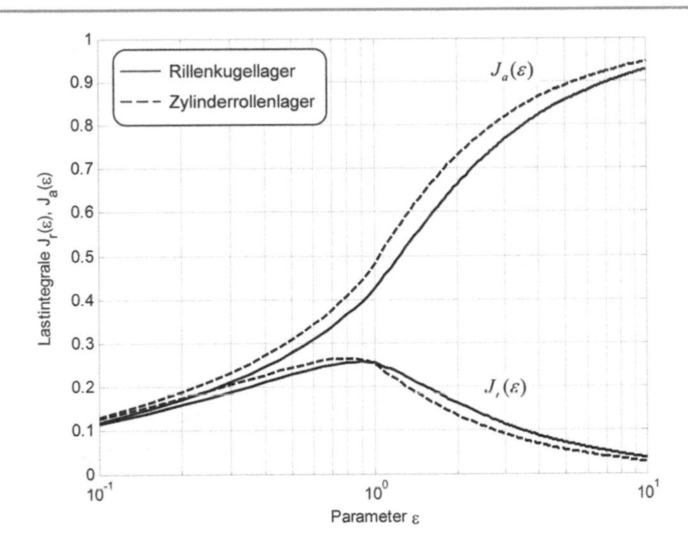

Abb. 2.11 Lastintegrale $J_r(\varepsilon)$ und $J_a(\varepsilon)$ in Abhängigkeit des Parameters ε

Mithilfe von Gl. 2.46 ergibt sich die maximale Last auf die Kugel an der niedrigsten Stelle im Lager zu

$$Q_0 = \frac{F_r}{ZJ_r(\varepsilon)\cos\alpha} = \frac{F_a}{ZJ_a(\varepsilon)\sin\alpha}. \tag{2.51}$$

Mithilfe des Programms Simpson_JrJa in Anhang C werden die radialen und axialen Lastintegrale $J_r(\varepsilon)$ and $J_a(\varepsilon)$ in Gl. 2.48 berechnet, ihre Verläufe in Abhängigkeit des Parameters ε sind in Abb. 2.11 dargestellt.

Folgender Zusammenhang zwischen den Lastintegralen ergibt sich aus Gl. 2.51 zu

$$\frac{J_r(\varepsilon)}{J_a(\varepsilon)} = \frac{F_r\tan\alpha}{F_a}. \tag{2.52}$$

Der Verlauf des Lastverhältnisses von F_r zu F_a in Gl. 2.52 in Abhängigkeit des Parameters ε ist in Abb. 2.12 dargestellt. Der Verlauf der Lastintegrale in Abhängigkeit des Lastverhältnisses in Abb. 2.13 wurde durch eine Koordinatentransformation des Parameters ε in das Lastverhältnis $F_r\tan\alpha/F_a$ mithilfe des Programms Simpson_JrJa (vgl. Anhang C) ermittelt. Es ist anzumerken, dass das Lastverhältnis von 0 (bei $\varepsilon \to \infty$) bis 1 (bei $\varepsilon = 0$) variiert, vgl. Abb. 2.12.

Das folgende MATLAB-Programm dient zur grafischen Darstellung der berechneten Ergebnisse in den Abb. 2.10–2.13.

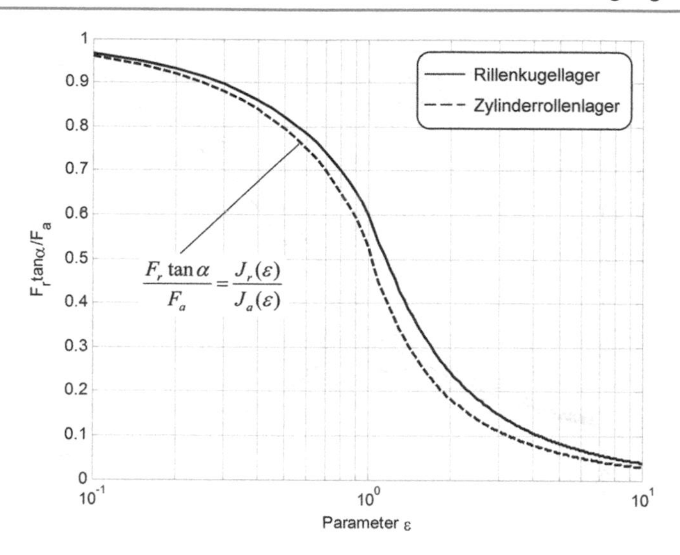

Abb. 2.12 Lastverhältnis in Abhängigkeit des Parameters ε

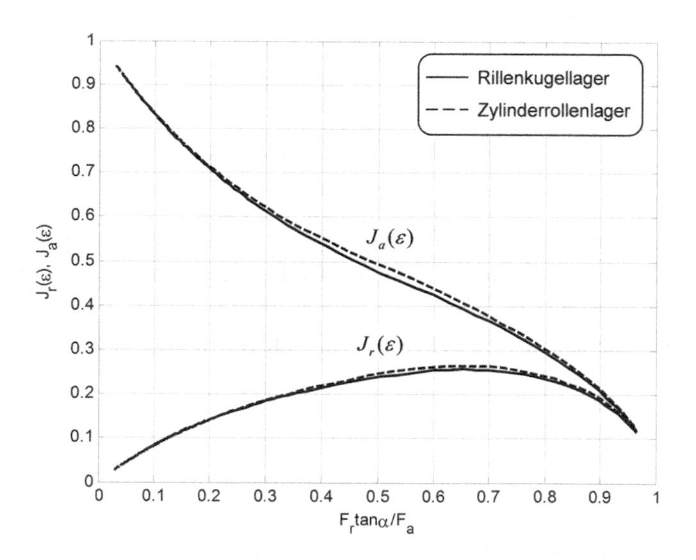

Abb. 2.13 Lastintegrale $J_r(\varepsilon)$ und $J_a(\varepsilon)$ in Abhängigkeit des Lastverhältnisses

```
%============================================================
%        MATLAB Plots of Jr, Ja, Fr*tan (alpha)/Fa
%============================================================
Figure (1)     % s.Figure 2.10
 if (n == 3/2)
  semilogx (e, gamma_Ld, 'k-','LineWidth',2);
```

```
 elseif (n == 10/9)
  semilogx (e, gamma_Ld,' k--','LineWidth',2);
 end
 hold on;
 grid on
 title('');
 xlabel ('Parameter \epsilon')
 ylabel ('\gamma_L [°]')
Figure (2)     % s.Figure 2.11
 if (n == 3/2)
  semilogx (e, Jrab, 'k-','LineWidth',2);
 elseif (n == 10/9)
  semilogx (e, Jrab, 'k--','LineWidth',2);
 end
 hold on;
 grid on
 title('');
 if (n == 3/2)
  semilogx (e, Jaab, 'k-','LineWidth',2);
 elseif (n == 10/9)
  semilogx (e, Jaab, 'k--','LineWidth',2);
 end
 xlabel ('Parameter \epsilon')
 ylabel ('Load integrals J_{r}(\epsilon), J_{a}(\epsilon)')
Figure (3)     % s.Figure 2.12
 if (n == 3/2)
  semilogx (e, FrFa,'k-','LineWidth',2);
 elseif (n == 10/9)
  semilogx (e, FrFa, 'k--','LineWidth',2);
 end
 hold on;
 grid on
 title('');
 xlabel ('Parameter \epsilon')
 ylabel ('F_{r}tan\alpha/F_{a}')
Figure (4)     % s.Figure 2.13
 if (n == 3/2)
  plot (FrFa, Jrab,'k-','LineWidth',2);
 elseif (n == 10/9)
  plot (FrFa, Jrab, 'k--','LineWidth',2);
 end
 hold on;
 grid on
 title('');
 if (n == 3/2)
  plot (FrFa,Jaab,'k-','LineWidth',2);
 elseif (n == 10/9)
  plot (FrFa, Jaab, 'k--','LineWidth',2);
 end
 xlabel ('F_{r}tan\alpha/F_{a}')
 ylabel ('J_{r}(\epsilon), J_{a}(\epsilon)')
return
end
```

Literatur

1. Harris, T.A., Kotzalas, M.N.: Essential Concepts of Bearing Technology 4. Aufl.CRC Taylor & Francis Inc., Boca Raton (2006)
2. Harris, T.A., Kotzalas, M.N.: Advanced Concepts of Bearing Technology 4. Aufl.CRC Taylor & Francis Inc., Boca Raton (2006)
3. Hamrock, B., Schmid, S.R., Jacobson, B.O.: Fundamentals of Fluid Film Lubrication 2. Aufl.Marcel Dekker Inc., New York (2004)
4. Khonsari, M., Booser, E.: Applied Tribology and Bearing Design and Lubrication 2. Aufl.Wiley, New York (2008)
5. Nguyen-Schäfer, H.: Aero and Vibroacoustics of Automotive Turbochargers. Springer, Berlin (2013)
6. KISSsoft Program: Computing Program for Mechanical Engineering. KISSsoft AG, Switzerland (2015)
7. DIN-Taschenbuch 24 (in German): Wälzlager, 9. Aufl.. Beuth, Germany (2012)
8. Nguyen-Schäfer, H.: Program COMRABE for Computing Radial Bearings. EM-motive, Germany (2014)
9. Eschmann, P.: Das Leistungsvermögen der Wälzlager (in German). Springer-Verlag, Berlin (1964)
10. Wu, Z.: persönliche Mitteilung. (2014)

Kontaktspannungen in Wälzlagern 3

3.1 Hertzsche Pressungen in der Kontaktzone

Die Hertzsche Pressung (Normalspannung) in der Kontaktzone zwischen den Wälzelementen und Laufbahnen verursacht eine elastische Deformation der Kontur des Wälzelements in der Hertzschen Kontaktzone (vgl. Abb. 3.1).

Die Schmierfilmdicke in der Kontaktzone hat eine konstante Höhe h_c und wird kurz vor dem Ölablauf aus der Kontaktzone auf h_{min} reduziert (vgl. Kap. 4). Die Hertzsche Pressung p_H des Schmierfilms in der Kontaktzone wird in den folgenden Abschnitten berechnet.

Der Verlauf der Hertzschen Pressung in Rollrichtung der Laufbahn entspricht dem Verlauf des Öldrucks im Schmierfilm. Der Öldruck steigt mit Eintritt in den Zulaufbereich der Kontaktzone stark an, bis ein maximaler Druck in der Mitte der Kontaktzone erreicht ist. Auf dem weiteren Weg sinkt der Öldruck wieder bis auf den Wert im Auslaufbereich ab (vgl. Abb. 3.1). Die maximale Hertzsche Pressung erreicht je nach maximaler Belastung des Lagers Werte von 1,5 GPa (15.000 bar) bis zu 3,2 GPa (32.000 bar). Das Profil der Hertzschen Pressung hat eine parabolische Form mit einem maximalen Druck $p_{H,\max}$ in der Mitte der Hertzschen Kontaktzone.

Für Kugellager ist die kleine Achse $2b$ der elliptischen Kontaktzone in der Rollenrichtung (auch Abrollrichtung genannt) x viel kleiner als die große Achse $2a$ in axialer Richtung y. Für Zylinderrollenlager ist die Länge $2b$ der rechteckigen Kontaktzone in der Rollenrichtung (auch Abrollrichtung genannt) x ebenfalls viel kleiner als die Länge L des Wälzelements in axialer Richtung y(vgl. Abb. 3.5).

Die Kontur des Wälzelements wird bei Erreichen des kritischen Werts von 4,2 GPa (42.000 bar) plastisch deformiert. Es ist anzumerken, dass ein Druck von 1 bar 10^5 N/m^2 (1 N/m^2 $\equiv$ 1 Pa) entspricht. Sobald eine plastische Deformation des Wälzelements auftritt,

H. Nguyen-Schäfer, *Numerische Auslegung von Wälzlagern*,
DOI 10.1007/978-3-662-54989-6_3

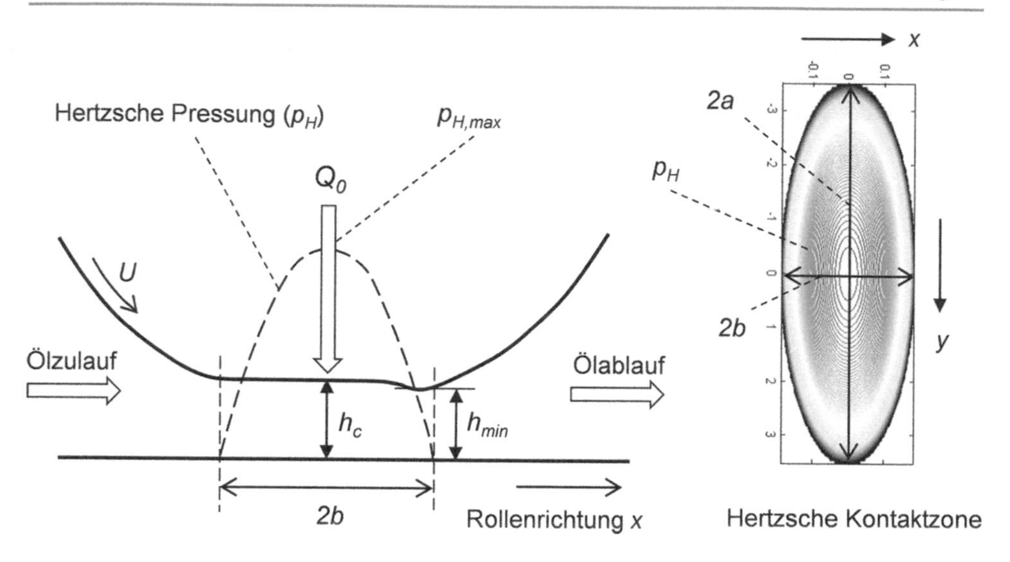

Abb. 3.1 Hertzsche Pressung in der Kontaktzone

ist das Lager beschädigt. Dies führt zunächst zu einer Geräuschentwicklung im Lager, dann zu einer deutlichen Reduzierung der Lebensdauer und schließlich zum Lagerausfall.

Die Elliptizitätsratio t der Hertzschen Kontaktzone wird als das Verhältnis der kleinen Halbachse b zur großen Halbachse a definiert:

$$t \equiv \frac{b}{a} \leq 1. \tag{3.1}$$

3.2 Numerische Rechenverfahren zur Bestimmung der Hertzschen Pressung

Die Hertzsche Pressung ist von vielen Parametern abhängig. Diese sind die Belastung auf das Lager, die maximale Last auf den Wälzelementen an der niedrigsten Stelle im Lager, die strukturmechanischen Eigenschaften der für die Wälzelemente und Laufbahnen verwendeten Werkstoffe, die geometrischen Abmessungen der Kontaktzone, die innere und äußere Schmiegung der Laufbahnen sowie die Krümmungssumme und Krümmungsdifferenz an den Kontaktstellen zwischen den Wälzelementen und Laufbahnen. Die genaue Berechnung der Hertzschen Pressung ist ziemlich kompliziert und aufwendig, da sie von vielen Unbekannten in Form von nichtlinearen gekoppelten Gleichungen abhängt. Das numerische Rechenverfahren, das zur Lösung der nichtlinearen Gleichungen geeignet ist, wird in Abb. 3.2 dargestellt.

Zuerst muss die äquivalente dynamische Radialast P_m auf das Lager aus den radialen und axialen Kräften nach Gl. 2.13 berechnet werden:

$$P_m = X \cdot F_r + Y \cdot F_a. \tag{3.2}$$

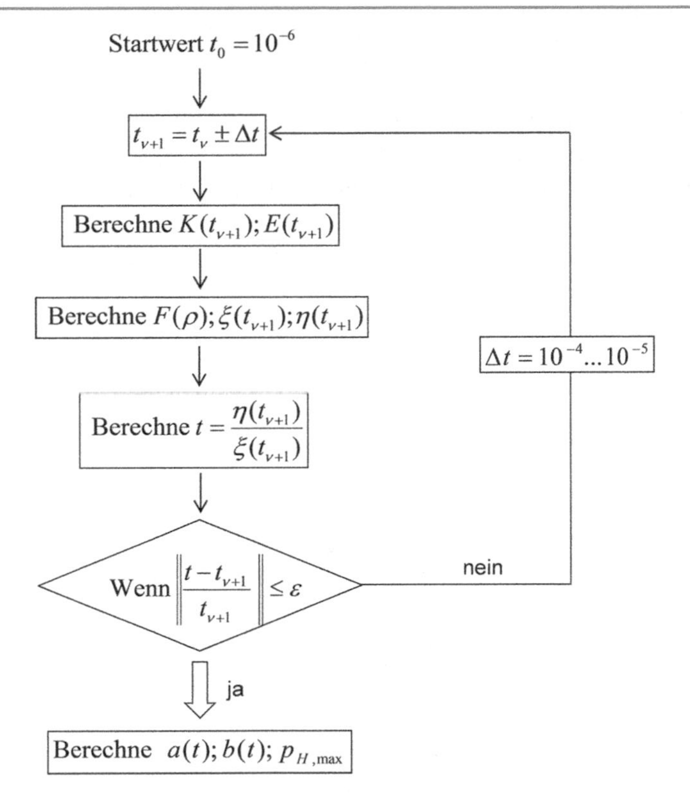

Abb. 3.2 Numerisches Rechenverfahren zur Bestimmung der Hertzschen Pressung

Mithilfe der Gl. 2.24, 2.25 und 2.26 wird die maximale Belastung Q_0 auf die Kugeln aus der äquivalenten dynamischen Radialast P_m iterativ berechnet:

$$Q_0 = C_\delta \delta_0^{3/2}. \tag{3.3}$$

Die dimensionslose kleine bzw. große Halbachse η bzw. ξ der elliptischen Kontaktfläche für Kugellager in x- und y-Richtung werden nach [1, 3] in Abhängigkeit der Elliptizitätsratio t bestimmt:

$$\begin{aligned} \eta(t) &= \left(\frac{tE(t) - t^3 K(t)}{\frac{\pi}{4}(1 - t^2) \cdot (1 + F(\rho))} \right)^{1/3}; \\ \xi(t) &= \left(\frac{K(t) - E(t)}{\frac{\pi}{4}(1 - t^2) \cdot (1 - F(\rho))} \right)^{1/3}, \end{aligned} \tag{3.4}$$

wobei

$K(t)$ das elliptische Integral erster Art,
$E(t)$ das elliptische Integral zweiter Art und
$F(\rho)$ die Krümmungsdifferenz an der Kontaktstelle Kugel/Laufbahn darstellen.

Bei jedem Iterationsschritt $\nu + 1$ wird die Elliptizitätsratio t an der Hertzschen Kontaktfläche nach folgendem Schema aktualisiert:

Im Falle von $t < t_\nu$

$$t_{\nu+1} = t_\nu + \Delta t$$

sonst, wenn $t \geq t_\nu$

$$t_{\nu+1} = t_\nu - \Delta t.$$

Die Krümmungsdifferenzen für Kugellager ergeben sich aus den Gl. 1.23a und 1.23b zu

$$\begin{aligned} F_{b/IR}(\rho) &= \frac{A + 2\kappa_i - 1}{A(4\kappa_i - 1) - 2\kappa_i + 1}; \\ F_{b/OR}(\rho) &= \frac{A - 2\kappa_o + 1}{A(4\kappa_o - 1) + 2\kappa_o - 1}, \end{aligned} \tag{3.5}$$

wobei der Rechenfaktor A nach Gl. 1.20 definiert wird als

$$A \equiv \frac{D_{pw}}{D_w \cos\alpha}.$$

Für das elliptische Integral erster Art gilt mit der Elliptizitätsratio t:

$$K(t) = \int_0^{\pi/2} \frac{d\varphi}{\sqrt{1 - (1 - t^2)\sin^2\varphi}}. \tag{3.6}$$

Für das elliptische Integral zweiter Art gilt:

$$E(t) = \int_0^{\pi/2} \sqrt{1 - (1 - t^2)\sin^2\varphi}\, d\varphi. \tag{3.7}$$

Durch die Substitution von $(1 - t^2) = m$ in Gl. 3.6 und 3.7 werden die elliptischen Integrale umformuliert in

$$\begin{aligned} K(m) &= \int_0^{\pi/2} \frac{d\varphi}{\sqrt{1 - m\sin^2\varphi}}; \\ E(m) &= \int_0^{\pi/2} \sqrt{1 - m\sin^2\varphi}\, d\varphi. \end{aligned} \tag{3.8}$$

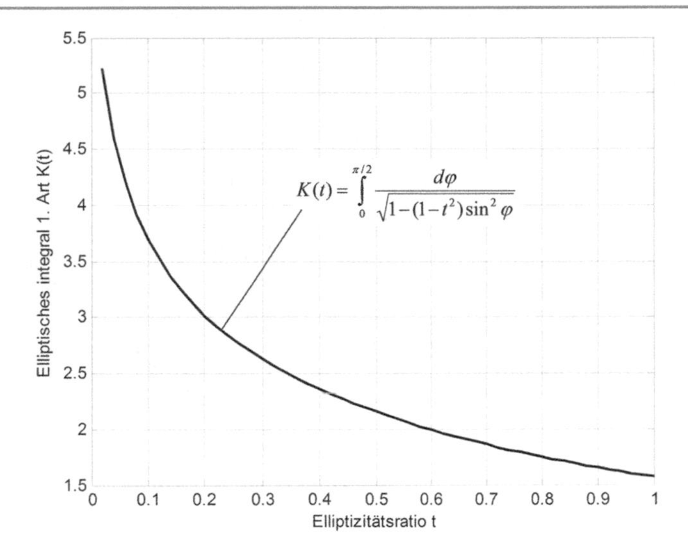

Abb. 3.3 Elliptisches Integral erster Art $K(t)$ in Abhängigkeit der Elliptizitätsratio t

Die elliptischen Integrale werden mithilfe der MATLAB-Funktionen ellipticK(m) und ellipticE(m) numerisch berechnet. Alternativ kann die Simpsonsche Regel verwendet werden, vgl. Anhang C. Die berechneten Ergebnisse beider Methoden sind identisch und in den Abb. 3.3 und 3.4 dargestellt.

Das MATLAB-Unterprogramm F_elliptic (m) wird zur Berechnung der elliptischen Integrale $K(t)$ und $E(t)$ verwendet.

```
% ------------------------------------------------------------
                  Function [Kt, Et] = F_elliptic (m)
% ------------------------------------------------------------
% Calculating the elliptic integrals of first and second kind using
the symbolic
% Math Toolbox Matlab
m_i = double (m);
% Computing Kt (Elliptic integral of first kind):
K_t = feval (symengine, 'ellipticK', m_i);
Kt = double (K_t);
% Computing Et (Elliptic integral of second kind):
E_t = feval (symengine, 'ellipticE', m_i);
Et = double (E_t);
return
end
```

Die großen und kleinen Halbachsen des elliptischen Fußabdrucks der Kontaktfläche werden mithilfe ihrer dimensionslosen Halbachsen berechnet [1, 2]:

$$a = \xi \cdot \left(\frac{3Q_0}{E' \sum \rho_{IR;OR}}\right)^{1/3};$$
$$b = \eta \cdot \left(\frac{3Q_0}{E' \sum \rho_{IR;OR}}\right)^{1/3}, \tag{3.9}$$

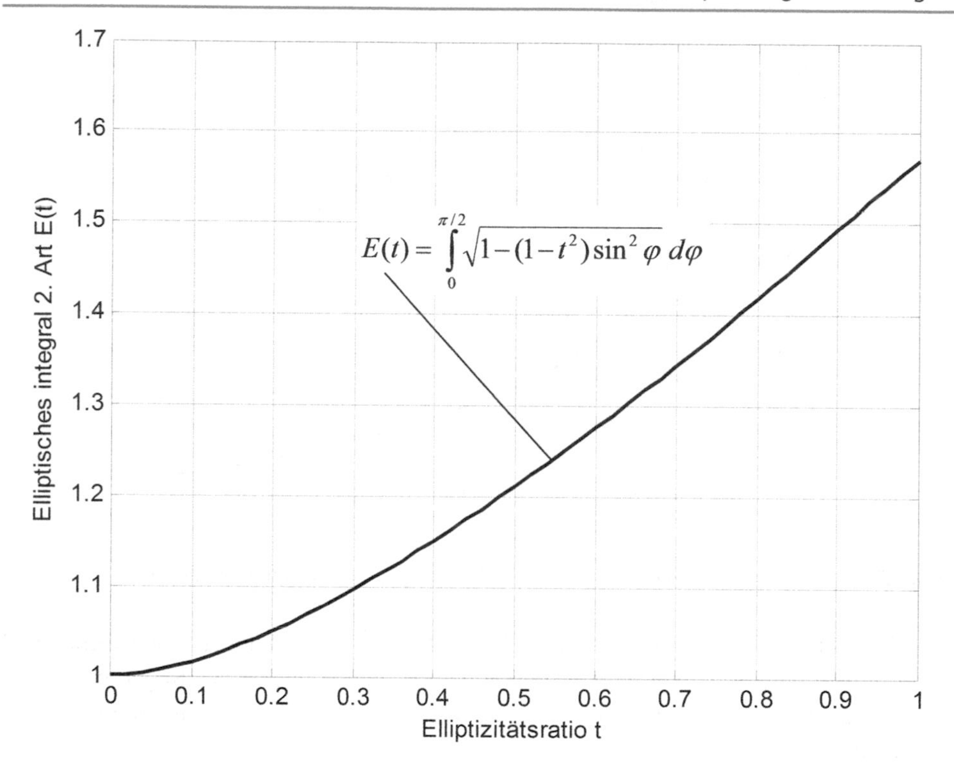

Abb. 3.4 Elliptisches Integral zweiter Art $E(t)$ in Abhängigkeit der Elliptizitätsratio t

wobei E' das effektive Elastizitätsmodul von Kugeln und Laufbahnen bezeichnet.

Das effektive Elastizitätsmodul E' ist definiert als

$$\begin{aligned} \frac{1}{E'} &\equiv \frac{1}{2}\left(\frac{1-\nu_1^2}{E_1} + \frac{1-\nu_2^2}{E_2}\right) \\ \Rightarrow E' &= \frac{2}{\left(\frac{1-\nu_1^2}{E_1} + \frac{1-\nu_2^2}{E_2}\right)}, \end{aligned} \tag{3.10}$$

wobei der Index 1 für die Kugeln, der Index 2 für die Laufbahnen und ν für die Poissonzahl der jeweiligen Werkstoffe stehen ($\nu \approx 0{,}30$).

Die Krümmungssummen der Kugeln und Laufbahnen ergeben sich aus den Gl. 1.19a, 1.19b, 1.21a und 1.21b:

$$\begin{aligned} \sum \rho_{IR} &= \frac{2}{D_w}\left(2 + \frac{1}{A-1} - \frac{1}{2\kappa_i}\right); \\ \sum \rho_{OR} &= \frac{2}{D_w}\left(2 - \frac{1}{A+1} - \frac{1}{2\kappa_o}\right). \end{aligned} \tag{3.11}$$

Die Elliptizitätsratio t ist mit den dimensionslosen elliptischen Halbachsen nach Gl. 3.9 definiert als

$$t \equiv \frac{b}{a} = \frac{\eta}{\xi} \leq 1. \tag{3.12}$$

Die Elliptizitätsratio wird anhand des in Abb. 3.2 beschriebenen Rechenverfahrens iterativ aus den nichtlinearen Gl. 3.4, 3.6, 3.7 und 3.12 berechnet. Hierbei wird zunächst ein Startwert $t_0 = 10^{-6}$ für die Unbekannte t gewählt. Anhand der Gl. 3.6 und 3.7 werden die elliptischen Integrale numerisch berechnet. Dann werden die Krümmungsdifferenzen und dimensionslosen Halbachsen anhand der Gl. 3.5 bzw. Gl. 3.4 bestimmt. Anschließend wird nach Gl. 3.12 der nächste Iterationsschritt $t_{\nu+1}$ durchgeführt, wenn das Konvergenzkriterium noch nicht erreicht wird.

Die Iteration mit dem Iterationsintervall Δt wird so lange durchgeführt, bis die Lösung für die Elliptizitätsratio t ein Konvergenzkriterium $\varepsilon = 10^{-6}$ erreicht [4]. Nach Erreichen der konvergierten Lösung für die Elliptizitätsratio t erhält man die große und kleine elliptische Halbachse sowie die Hertzsche Pressung in der elliptischen Kontaktzone.

Die maximale Hertzsche Pressung auf die elliptische Kontaktfläche wird berechnet zu

$$p_{H,\max} = \frac{3}{2}\left(\frac{Q_0^{1/3}}{\pi\xi\eta}\right)\cdot\left(\frac{E'}{3}\cdot\sum\rho_{IR;OR}\right)^{2/3}, \tag{3.13}$$

wobei Q_0 die maximale Belastung auf der Kugel an der niedrigsten Stelle im Lager ist, die nach Gl. 2.26 berechnet wird:

$$Q_0 = C_\delta \delta_0^{3/2}.$$

Anhand der Gl. 3.9 und 3.13 ergibt sich die maximale Hertzsche Pressung in der Kontaktzone:

$$p_{H,\max} = \frac{3Q_0}{2\pi ab}. \tag{3.14a}$$

Die örtliche Verteilung der Hertzschen Pressung [1] in der Kontaktzone von Kugellagern in Abroll- und axialer Richtung x bzw. y (vgl. Abb. 3.5) wird durch Gl. 3.14b beschrieben in

$$p_H(x,y) = \frac{3Q_0}{2\pi ab}\sqrt{1-\left(\frac{x}{b}\right)^2-\left(\frac{y}{a}\right)^2}. \tag{3.14b}$$

Offensichtlich tritt die maximale Hertzsche Pressung in der Mitte der Kontaktzone bei $x = y = 0$ auf.

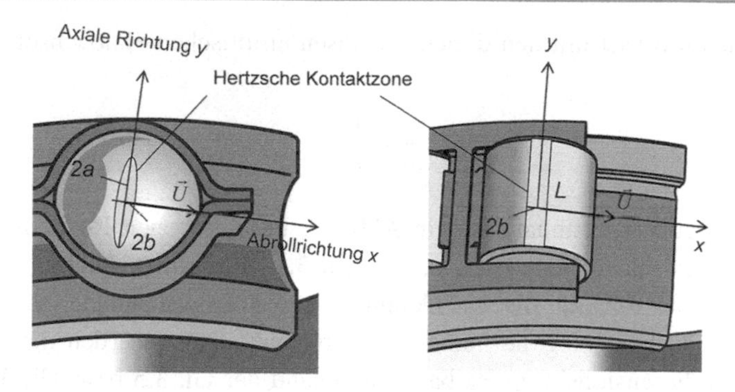

Abb. 3.5 Abroll- und axiale Richtung bei Wälzlagern

In ähnlicher Weise wird die Verteilung der Hertzschen Pressung [1, 3] in der Abrollrichtung x für eine rechteckige Kontaktzone von Zylinderrollenlagern mit der Wälzelementlänge L durch Gl. 3.15a beschrieben:

$$p_H(x) = \frac{2Q_0}{\pi Lb}\sqrt{1-\left(\frac{x}{b}\right)^2};$$
$$b = 2\left(\frac{2Q_0}{\pi LE' \sum \rho_{IR;OR}}\right)^{1/2}. \tag{3.15a}$$

Auch hier ist direkt ersichtlich, dass sich die maximale Hertzsche Pressung in der rechteckigen Kontaktfläche an der Stelle $x = 0$ befindet. Die maximale Hertzsche Pressung ergibt sich somit aus Gl. 3.15a:

$$p_{H,\max} = \frac{2Q_0}{\pi Lb}. \tag{3.15b}$$

3.3 Fallstudie zur Hertzschen Pressung

Im Folgenden wird eine Fallstudie zur Berechnung der Hertzschen Pressung für Kugellager demonstriert. Ein Rillenkugellager des Typs 6305 wird dafür ausgewählt; dieses hat die folgenden Eigenschaften:

- Anzahl von Kugeln $Z = 8$;
- Kugeldurchmesser $D_w = 10{,}32$ mm;
- Teilkreisdurchmesser $D_{pw} = 44{,}60$ mm;
- Diametrales Lagerspiel $e = 0{,}006$ mm;
- Innere Schmiegung $\kappa_i = 0{,}506$;
- Äußere Schmiegung $\kappa_o = 0{,}527$;
- Elastizitätsmodul der Kugel $E_1 = 208$ GPa;

- Elastizitätsmodul der Laufbahnen E_2 = 208 GPa;
- Radiale Lagerbelastung F_r = 5500 N;
- Axiale Lagerbelastung F_a = 2600 N.

Mithilfe des Programms COMRABE [4] ergeben sich die folgenden Ergebnisse:

- Betriebskontaktwinkel α = 17,42°;
- Maximale Belastung auf der Kugel: Q_0 = 3654 N;
- Krümmungsdifferenz der Kugel/inneren Laufbahn $F_{b/IR}(\rho)$ = 0,982;
- Halbachsen der inneren Kontaktzone: a = 3,542 mm; b = 0,186 mm;
- Elliptizitätsratio der inneren Kontaktzone t = 0,0525;
- Maximale Hertzsche Pressung in der inneren Kontaktzone $p_{H,IR}$ = 2,65 GPa;
- Krümmungsdifferenz der Kugel/äußeren Laufbahn $F_{b/OR}(\rho)$ = 0,882;
- Halbachsen der äußeren Kontaktzone: a = 1,898 mm; b = 0,314 mm;
- Elliptizitätsratio der äußeren Kontaktzone t = 0,1654;
- Maximale Hertzsche Pressung in der äußeren Kontaktzone $p_{H,OR}$ = 2,92 GPa.

Die berechneten Verteilungen der Hertzschen Pressungen in der inneren und äußeren Kontaktzone sind in Abb. 3.6 bzw. 3.7 dargestellt.

Zur Vermeidung einer Vorschädigung des Wälzlagers wird die maximale Hertzsche Pressung in der Kontaktzone für verschiedene Anwendungen begrenzt.

- $p_{H,max}$ = 4,0 GPa ohne Aufpralllast;
- $p_{H,max}$ = 3,0 GPa bei sporadischer Aufpralllast;
- $p_{H,max}$ = 2,6 GPa bei häufiger Aufpralllast, d. h. bei Start-Stopp-Fahrzyklen.

Beim Start-Stopp-Fahrzyklus in Hybridfahrzeugen treten Aufpralllasten durch den Betrieb des Verbrennungsmotors häufig auf. Diese Aufprallbelastungen wirken auf die Lager des

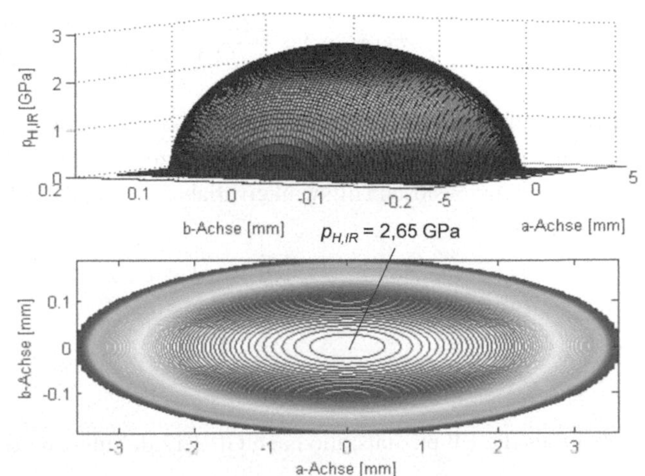

Abb. 3.6 Hertzsche Pressung in der Kontaktzone *IR* (Kugel/innere Laufbahn)

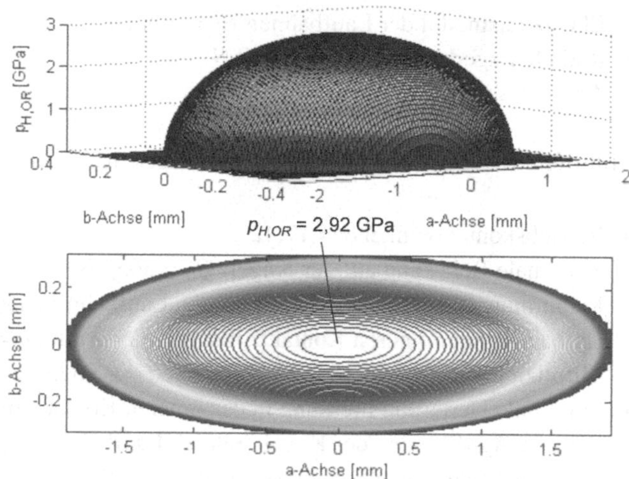

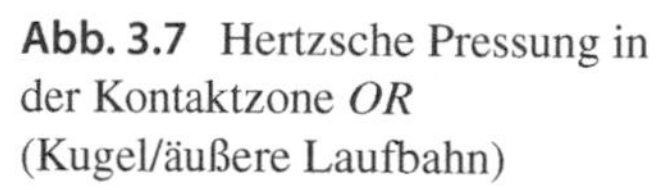
Abb. 3.7 Hertzsche Pressung in der Kontaktzone *OR* (Kugel/äußere Laufbahn)

Elektromotors sowohl in radialer und als auch in axialer Richtung, während der Elektromotor erst langsam zu laufen beginnt. Während dieser Anlaufphase ist der Ölfilm in der Kontaktzone noch nicht vollständig aufgebaut, gleichzeitig sind die Aufprallbelastungen jedoch sehr hoch. Infolgedessen tritt eine Vorschädigung in den Lagern auf, die zur Verkürzung der Lagerlebensdauer führt (vgl. Kap. 6 und 9).

3.4 Scherspannungen in der Unterfläche der Hertzschen Kontaktzone

Die Lundberg-Palmgren-Theorie [5] erlaubt, die Scherspannungen in der Unterfläche der elliptischen Kontaktzone entlang der Mittellinie in Abrollrichtung x bei $y = 0$ zu berechnen:

$$\tau_{zx}(\phi_a, \gamma_a) = \frac{3Q_0}{2\pi b^2}\left(\frac{\cos^2\phi_a \cdot \sin\phi_a \cdot \sin\gamma_a}{k^2\tan^2\gamma_a + \cos^2\phi_a}\right). \tag{3.16}$$

Hierbei stellen ϕ_a and γ_a die dimensionslosen Hilfswinkelvariablen in x- bzw. z-Richtung und k den Elliptizitätsparameter der Kontaktzone dar, vgl. Abb. 3.8.

Die dimensionslosen Hilfswinkelvariablen x, z und der Elliptizitätsparameter k werden definiert als

$$\begin{aligned} x &= b \cdot \sin\phi_a\sqrt{1 + k^2\tan^2\gamma_a}; \\ z &= a \cdot \cos\phi_a \tan\gamma_a; \\ k &= \frac{a}{b} = \frac{1}{t} \geq 1, \end{aligned} \tag{3.17}$$

wobei t als die Elliptizitätsratio nach Gl. 3.12 definiert wird.

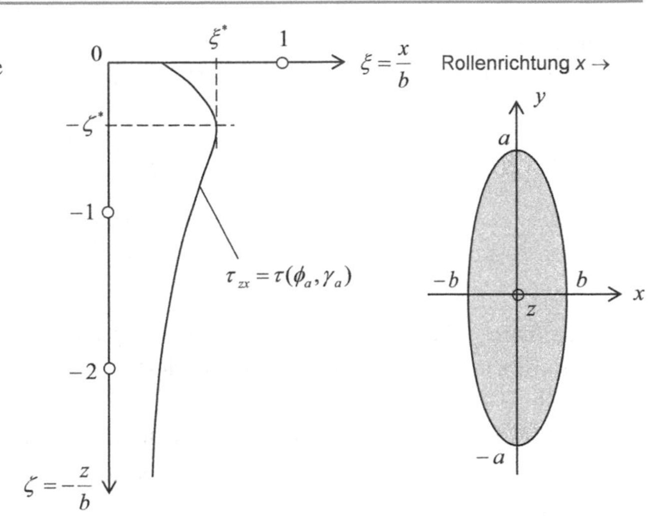

Abb. 3.8 Scherspannungen in der Unterfläche der Kontaktzone

Für die Ermittlung der maximalen Scherspannung sind zwei notwendige Bedingungen zu erfüllen:

$$\frac{\partial \tau_{zx}}{\partial \phi_a} = 0 \text{ und } \frac{\partial \tau_{zx}}{\partial \gamma_a} = 0.$$

Nach einigen Zwischenrechnungen ergibt sich der Elliptizitätsparameter aus den Gl. 3.16 und 3.17 zu

$$k = \frac{1}{\sqrt{(t^{*2} - 1)(2t^* - 1)}}, \tag{3.18}$$

wobei die dimensionslose Hilfswinkelvariable t^* definiert wird als

$$\begin{aligned} t^* &= \tan^2 \phi_a; \\ t^* - 1 &= \tan^2 \gamma_a. \end{aligned} \tag{3.19}$$

Durch Quadrieren beider Seiten der Gl. 3.18 erhält man die nichtlineare Gleichung für die Unbekannte t^*:

$$2t^{*3} - t^{*2} - 2t^* + \left(\frac{k^2 - 1}{k^2} \right) = 0. \tag{3.20}$$

Die nichtlineare Gl. 3.20 wird iterativ z. B. mithilfe des Newton-Verfahrens oder des Programms MATLAB aufgelöst. Die Position der maximalen Scherspannung in der Unterfläche der Kontaktzone wird nach Gl. 3.17 berechnet zu

$$\begin{aligned} \xi^* &\equiv \frac{x^*}{b} = \frac{t^*}{t^* + 1} \sqrt{\frac{2t^* + 1}{2t^* - 1}}; \\ \zeta^* &\equiv \frac{z^*}{b} = \frac{1}{(t^* + 1)\sqrt{2t^* - 1}}. \end{aligned} \tag{3.21}$$

Die maximale orthogonale Scherspannung in der Unterfläche der Hertzschen Kontaktzone ergibt sich aus der dimensionslosen Hilfswinkelvariable t^* zu [1, 2]

$$\begin{aligned} \tau^* &\equiv \frac{\tau_{zx,\max}}{p_{H,\max}} = \frac{\sqrt{2t^*-1}}{2t^*(t^*+1)} \\ \Rightarrow \tau_{zx,\max} &= \frac{\sqrt{2t^*-1}}{2t^*(t^*+1)} p_{H,\max}. \end{aligned} \tag{3.22}$$

Die maximale orthogonale Scherspannung τ^* spielt bei der Wälzkontakttheorie [1, 2] eine signifikante Rolle für den Ermüdungsausfall und die Mikrorissausbereitung in der Unterfläche der Kontaktzone.

Das iterative Newton-Verfahren zur Berechnung der maximalen orthogonalen Scherspannung in der Unterfläche der Kontaktzone ist im Folgenden als MATLAB-Code programmiert.

```
========================================================================
% Program ShearStress to compute the maximum orthogonal shear stress
under the contact surface
% Author: Hung Nguyen-Schäfer
% Book: Computational Design of Rolling Bearings
% Nov. 2016
%=======================================================================
function ShearStress
clear all;
fid1 = fopen('ShearStress_Output.mat','w');
%
% Data Input:
Nk = 101;
Nint = 10000;
eps = 1.E-6;
%
% Variables:
array_k = 1:1:Nk;
k_array = zeros (size(array_k)); % generating zero vector
kv = k_array;
tk = k_array;
xi = k_array;
zeta = k_array;
tau = k_array;
%
for i = 1:1:Nk
 kv(i) = (i-1)/(Nk-1);          % Ellipticity ratio kv = 1/k = b/a <= 1
 poly = [2 -1 -2 (1.- kv(i)^ 2)]; % Function f(kv)
 x = max (roots(poly));
 nstep = 0; res = 1.E0;
 while (res > eps && nstep <= Nint)
  [fx] = Funct (x,kv(i));
  [dev_fx] = Deriv (x);
  x_n = x;
  x = x_n - fx/dev_fx;
```

```
  res = abs ((x -x_n)/x_n);
  nstep = nstep + 1;
 end
 tk(i) = x_n;
 xi(i) = tk(i)/(tk(i)+1.) *((2*tk(i)+1.)/(2*tk(i)-1.))^0.5;
 zeta(i) = 1./((tk(i)+1.) *(2*tk(i)-1.)^0.5);
 tau(i) = (2*tk(i)-1.)^0.5/(2*tk(i) *(tk(i)+1.));
 if (nstep > Nint)
  fprintf (fid1,'Solution is not converged in %5.0f \nsteps', nstep);
 end
 [fx] = Funct (x_ n, kv(i));
 fprintf ('i =%3.0f; Residue f(x) = %7.3e\n', i, abs (fx));
end
% Printing
fprintf (fid1,'Results:\n');
for i = 1:1:Nk
 fprintf (fid1,'i =%3.0f; k(i) = %5.2f\n', i, kv(i));
 fprintf (fid1,' tk(i) = %6.4f; tau(i) = %6.4f; psi(i) = %6.4f;
 zeta(i) = %6.4f\n',...
          tk(i), tau(i), xi(i), zeta(i));
end
% Result File
copyfile ('ShearStress_Output.mat','Resultfile.mat','f')
edit Resultfile.mat
return
end
% ---------------------------------------------------------
function [fx] = Funct (x, kv)
% ---------------------------------------------------------
% Function of f(x)
% Ellipticity ratio kv = 1/k = b/a <= 1
fx = 2.*x^3 - x^2. - 2.*x + (1.- kv^2.);
return
end
% ---------------------------------------------------------
function [dev_fx] = Deriv (x)
% ---------------------------------------------------------
% Derivative of Function f(x)
dev_fx = 6.*x^2 - 2.*x - 2.;
return
end
```

Für den Lagertyp 6305 beträgt der Fallstudie in Abs. 3.3 die Elliptizitätsratio der äußeren Laufbahn $t = 1/k = 0{,}165$ ($k = 6{,}05$). Die in Abb. 3.9 berechneten Verläufe ergeben hiermit für den Parameter $t^* = 1{,}013$, die dimensionslose maximale Scherspannung $\tau^* = 0{,}248$, die dimensionslose Position in Abrollrichtung $\xi^* = 0{,}864$ und die dimensionslose Tiefe $\zeta^* = 0{,}490$ in der Unterfläche.

Unter üblichen Betriebsbedingungen liegen die Werte der maximalen Scherspannung bei ungefähr 0,34 $p_{H,max}$ für Kugellager (elliptische Kontaktfläche) und ca. 0,30 $p_{H,max}$ für Zylinderrollenlager (rechteckige Kontaktfläche) und die Scherspannungen zwischen 150 und 200 μm tief unter der Oberfläche unterhalb der Kontaktzone bei $y = 0$.

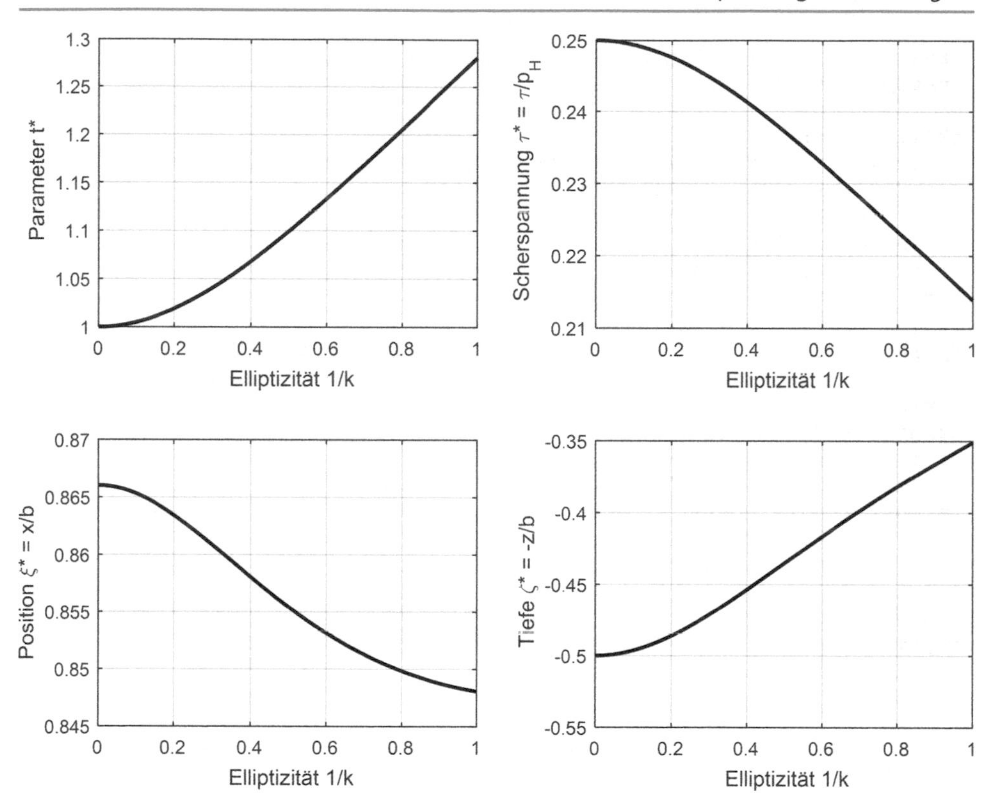

Abb. 3.9 Verläufe der maximalen Scherspannungen in Abhängigkeit der Elliptizitätsratio

3.5 Einflussparameter der Hertzschen Pressung

Im folgenden Abschnitt werden mithilfe des Programms COMRABE [4] einige wichtige Einflussparameter auf die maximale Hertzsche Pressung auf der Basis der Hertzschen Kontakttheorie für verschiedene Lagerbelastungen analysiert.

Gemäß den Gl. 3.13 und 3.14b steigt die Hertzsche Pressung mit der äquivalenten Lagerbelastung. Deshalb hängt die maximale Hertzsche Pressung von der dynamischen äquivalenten Last ab, wie in Abb. 3.10 dargestellt. Die berechneten Ergebnisse für das Kugellager des Typs 6305 zeigen, dass sich die Verläufe der Hertzschen Pressung an der inneren und äußeren Laufbahn bis zu einer dynamischen äquivalenten Last auf das Lager von ca. 3000 N nichtlinear mit der Lagerbelastung ändern. Zwischen 3000 N und 6500 N sind die Verläufe näherungsweise linear mit der Lagerbelastung.

Die innere Schmiegung hat einen wesentlichen Einfluss auf die maximale Hertzsche Pressung. Die berechneten Ergebnisse zeigen, dass die Hertzsche Pressung an der inneren Kontaktzone mit größer werdender Schmiegung zwischen Kugel und innerer Laufbahn zunimmt. In diesem Fall steigt die Hertzsche Pressung in der inneren Kontaktzone (IR)

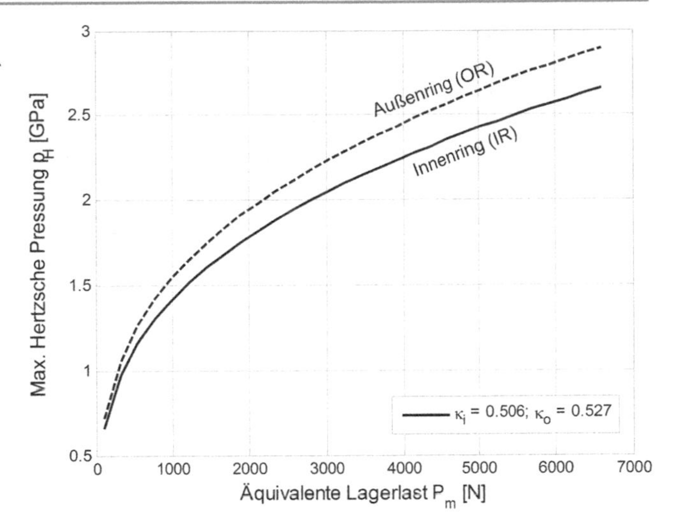

Abb. 3.10 Hertzsche Pressungen in Abhängigkeit der äquivalenten Lagerlasten

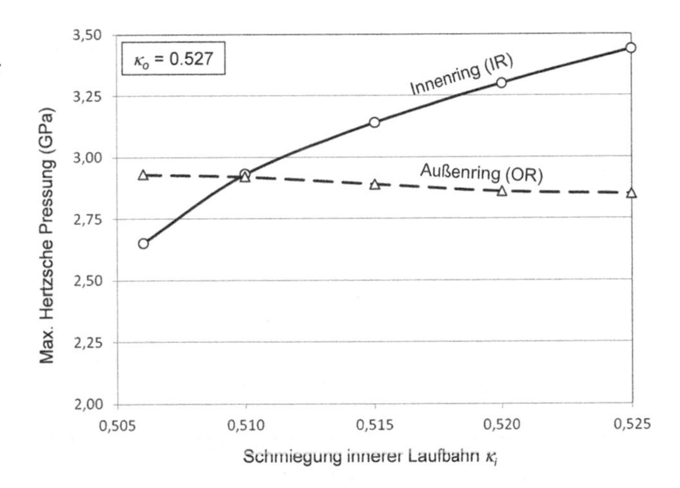

Abb. 3.11 Hertzsche Pressungen in Abhängigkeit der inneren Schmiegung

von 2,65 auf 3,44 GPa. Dagegen nimmt die Hertzsche Pressung in der äußeren Kontaktzone (OR) leicht von 2,92 auf 2,85 GPa ab, wie Abb. 3.11 zeigt. Schließlich hat noch das Elastizitätsmodul E_1 der Kugel einen starken Einfluss auf die Hertzsche Pressung an der inneren und äußeren Laufbahn. Die berechneten Ergebnisse zeigen, dass die Hertzschen Pressungen mit dem Elastizitätsmodul der Kugel quasi linear ansteigen. Je höher das Elastizitätsmodul ist, desto weniger deformiert die Kugeloberfläche. Infolgedessen sind die Kontaktzonen zwischen den Kugeln und Laufbahnen kleiner, da die Kugeln steifer sind. Dies führt zu den höheren Hertzschen Pressungen an den Laufbahnen, wie in Abb. 3.12 gezeigt.

Für den Fall eines Keramikkugellagers mit E_1 = 300 GPa im Vergleich zu 208 GPa für Stahlkugeln steigen die Hertzschen Pressungen an der inneren Laufbahn um rund 11 %

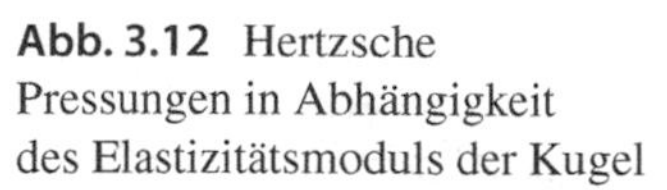

Abb. 3.12 Hertzsche Pressungen in Abhängigkeit des Elastizitätsmoduls der Kugel

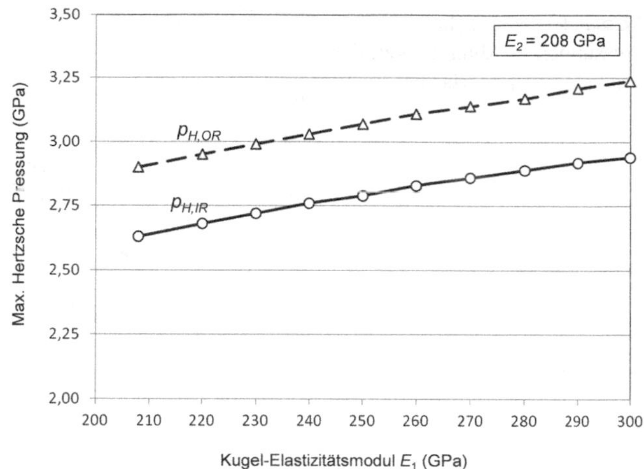

von 2,65 GPa (Stahlkugeln) auf 2,94 GPa (Keramikkugeln) und ebenfalls um rund 11 % von 2,92 GPa (Stahlkugeln) auf 3,24 GPa (Keramikkugeln) an der äußeren Laufbahn.

Literatur

1. Harris, T.A. Kotzalas, M.N.: Advanced Concepts of Bearing Technology 5. Aufl. CRC Taylor & Francis Inc., Boca Raton (2006)
2. Harris, T.A., Kotzalas, M.N.: Essential Concepts of Bearing Technology 5. Aufl.CRC Taylor & Francis Inc., Boca Raton (2006)
3. Gohar, R.: Elastohydrodynamics 2. Aufl. Imperial College Press, London (2001)
4. Nguyen-Schäfer, H.: Program COMRABE for Computing Radial Bearings. EM-motive GmbH, Germany (2014)
5. Hamrock, B., Schmid, S.R., Jacobson, B.O.: Fundamentals of Fluid Film Lubrication 2. Aufl. Marcel Dekker Inc., New York (2004)

Schmierfilmdicken in Wälzlagern

4

4.1 Einführung

Zur Schmierung von Wälzlagern wird entweder Öl oder Fett verwendet. Schmierfett besteht aus einer schwammartigen Matrix aus Seife, in der das zur Schmierung benötigte Öl eingelagert ist. Durch die Zentrifugalkraft (Fliehkraft) beim Abrollen wird das eingeschlossene Basisöl aus dem Schmierfett herausgetrieben. Die Menge des ausgetriebenen Öls ist u. a. von der Öltemperatur und der Rotordrehzahl abhängig. Bei einer Fettschmierung wird also nicht das Fett selbst, sondern das herausgetriebene Öl zur Schmierung des Lagers benutzt (vgl. Kap. 5). Hydrodynamische Effekte in der Hertzschen Kontaktzone sorgen dafür, dass der Ölschmierfilm dort mit hohem Druck aufgebaut wird und den Rotor im Betrieb gegen die wirkenden Kräfte stabilisiert.

Die Ölfilmdicke spielt unter anderem eine wichtige Rolle für die Lebensdauer, den Ermüdungsverschleiß und das Reibungsverhalten der Wälzlager. Die Schmierfilmdicke hängt von vielen Parametern ab, besonders von der Ölviskosität, der Öltemperatur, der Oberflächenrauheit der Wälzelemente und Laufbahnen sowie von den Schmierungszuständen des Ölfilms. Zur Analyse des Schmierverhaltens wird die sog. Stribeck-Kurve herangezogen, die auch für die Bewertung des Schmierungsverhaltens sowohl von Gleitlagern als auch von Wälzlagern zum Einsatz kommt.

4.2 Hydrodynamische und elastohydrodynamische Schmierungen

Im folgenden Abschnitt werden anhand der Stribeck-Kurve (auch Stribeck-Diagramm genannt) die Schmierungszustände des Ölfilms in Wälzlagern untersucht. Darüber hinaus lassen sich mithilfe von empirischen Gleichungen die Schmierfilmdicken in der Hertzschen Kontaktzone berechnen. Die Schmierfilmdicke wird von dem

H. Nguyen-Schäfer, *Numerische Auslegung von Wälzlagern*,
DOI 10.1007/978-3-662-54989-6_4

rotordynamischen Verhalten des Rotors, den Oberflächeneigenschaften, Lagerbelastungen, Rotordrehzahlen, Öltemperaturen und daraus resultierenden Ölviskositäten sowie Lagereigenschaften beeinflusst.

Ist die Ölfilmdicke größer als die erforderliche Grenzölfilmdicke, reduziert sich aufgrund der dadurch stark verringerten Kontaktreibung der Lagerverschleiß. Dabei ist die viskose Reibung im Lager ebenfalls relativ gering. In diesem Fall wird der Schmierungszustand als vollständige hydrodynamische Schmierung bezeichnet.

Zur Untersuchung des Schmierverhaltens des Wälzlagers wird der Kennwert λ als das Verhältnis der minimalen Ölfilmdicke zum kombinierten Mittelrauwert der geschmierten Oberflächen 1 und 2 definiert [1–4]:

$$\lambda \equiv \frac{h_{\min}}{R_q} = \frac{h_{\min}}{\sqrt{R_{q1}^2 + R_{q2}^2}}, \tag{4.1}$$

wobei $h_{\min}$ die minimale Ölfilmdicke und R_{q1} und R_{q2} die Mittelrauwerte der Oberflächen der Wälzelemente bzw. Laufbahnen sind.

Unter Annahme der Gaußschen Verteilung der Oberflächenrauheit berechnet sich der kombinierte Mittelrauwert (rms-Rauheit) R_q durch Multiplikation des arithmetischen Rauheitsmittelwerts R_a mit dem Faktor 1,25:

$$R_q = 1{,}25 R_a. \tag{4.2}$$

Nach Gl. 4.2 ergibt sich der kombinierte Mittelrauwert aus den arithmetischen Mittelwerten der in Kontakt stehenden Oberflächen zu

$$R_q = 1{,}25\sqrt{R_{a1}^2 + R_{a2}^2}, \tag{4.3}$$

wobei R_{a1} und R_{a2} die arithmetischen Mittelwerte der Wälzelemente bzw. Laufbahnen sind.

Das Stribeck-Diagramm stellt den Verlauf des Reibkoeffizienten μ über dem Kennwert λ dar. Die Schmierung wird nach [1–3, 5] in vier Zustände klassifiziert, die im Stribeck-Diagramm wie folgt zu finden sind:

• $\lambda \leq 1$:	Grenzschmierungszustand (BL: boundary lubrication)
• $1 < \lambda \leq 5$:	Partieller Grenzschmierungszustand (PBL: partial boundary lubrication)
• $3 < \lambda < 10$:	Mischschmierungszustand (ML: mixed lubrication) und elastohydrodynamischer Schmierungszustand (EHL: $5 \leq \lambda \leq 8$, elasto-hydrodynamic lubrication)
• $\lambda \geq 10$:	Vollständiger hydrodynamischer Schmierungszustand (HL: $\lambda \geq 8$ bis 10, hydrodynamic lubrication)

Im Falle von $\lambda \leq 1$ tritt der Grenzschmierungszustand zwischen zwei geschmierten Oberflächen auf, wobei die Ölfilmdicke extrem dünn in der Größenordnung von einigen

Nanometern ist. Bei dieser Filmdicke halten die Molekülketten der im Schmierstoff enthaltenen Kohlenwasserstoffe (HC: hydrocarbons) oder die Additive im Schmierstoff die gegenüberliegenden Oberflächen aus der Perspektive der Nanotribologie auseinander. Wegen des sehr dünnen Ölfilms nimmt der Reibungskoeffizient sehr stark zu. Dies führt bei größeren Belastungen zum Materialfressen der gegenüberliegenden bewegten Oberflächen.

Steigt der Kennwert λ von 1 auf 5, tritt der partielle Grenzschmierungszustand auf. Dieser Schmierungszustand liegt zwischen der Grenzschmierung (Nanotribologie $\sim 10^{-9}$ m) und der Mischschmierung (Mikrotribologie $\sim 10^{-6}$ m). Im Allgemeinen wird die Nanotribologie stets verwendet, um die tribologischen Effekte in der Mikrotribologie zu erklären. In der Grenzschmierung ($1 < \lambda \leq 3$) bleibt der Reibkoeffizient näherungsweise konstant; in der Mischschmierung ($3 < \lambda \leq 5$) nimmt der Reibkoeffizient mit zunehmender Schmierfilmdicke ständig ab. Allerdings sind aufgrund der adhäsiven und abrasiven Reibungen die Reibkoeffizienten immer noch relativ groß. Die adhäsiven und abrasiven Reibungen werden später diskutiert.

Der elastohydrodynamische Schmierungszustand (EHL: elastohydrodynamic lubrication) tritt im Bereich $5 \leq \lambda \leq 8$ auf, wobei sich die Rauspitzen der gegenüberliegenden Oberflächen berühren und plastisch deformieren bzw. durch die adhäsive und abrasive Reibung abgetragen werden. Sobald die Rauspitzen nicht mehr vorhanden sind bzw. sich mit zunehmender Ölfilmdicke nicht mehr berühren, sinkt der Reibkoeffizient drastisch auf einem Minimum, womit der vollständig hydrodynamische Schmierungszustand beginnt (vgl. Abb. 4.1).

Im Falle von $\lambda \geq 10$ werden die sich gegenüberliegenden Oberflächen durch einen entsprechend dicken Ölfilm derart voneinander getrennt, dass zwischen den Rauspitzen kein Kontakt mehr auftritt und dadurch keine adhäsive und abrasive Reibung existiert. Dieser Schmierungszustand wird als vollständig hydrodynamische Schmierung (HL) bezeichnet, hierbei wird die Lagerreibung ausschließlich durch die viskose Reibung des Ölfilms hervorgerufen.

Der Reibungskoeffizient im hydrodynamischen Schmierungszustand wird nach [1, 2, 6] berechnet zu

$$\mu_{HL} = \frac{F_t}{F_n} \propto h \propto \lambda, \tag{4.4}$$

wobei

h die aktuelle minimale Ölfilmdicke,
λ den Kennwert der Ölfilmdicke,
F_t die Reibungskraft proportional zum Kehrwert der Schmierfilmdicke $1/h$ und
F_n die Normalkraft proportional zum Kehrwert der quadratischen Schmierfilmdicke $1/h^2$ darstellen.

Nach Gl. 4.4 verhält sich der Reibungskoeffizient im vollständigen hydrodynamischen Schmierungszustand proportional zum Kennwert λ.

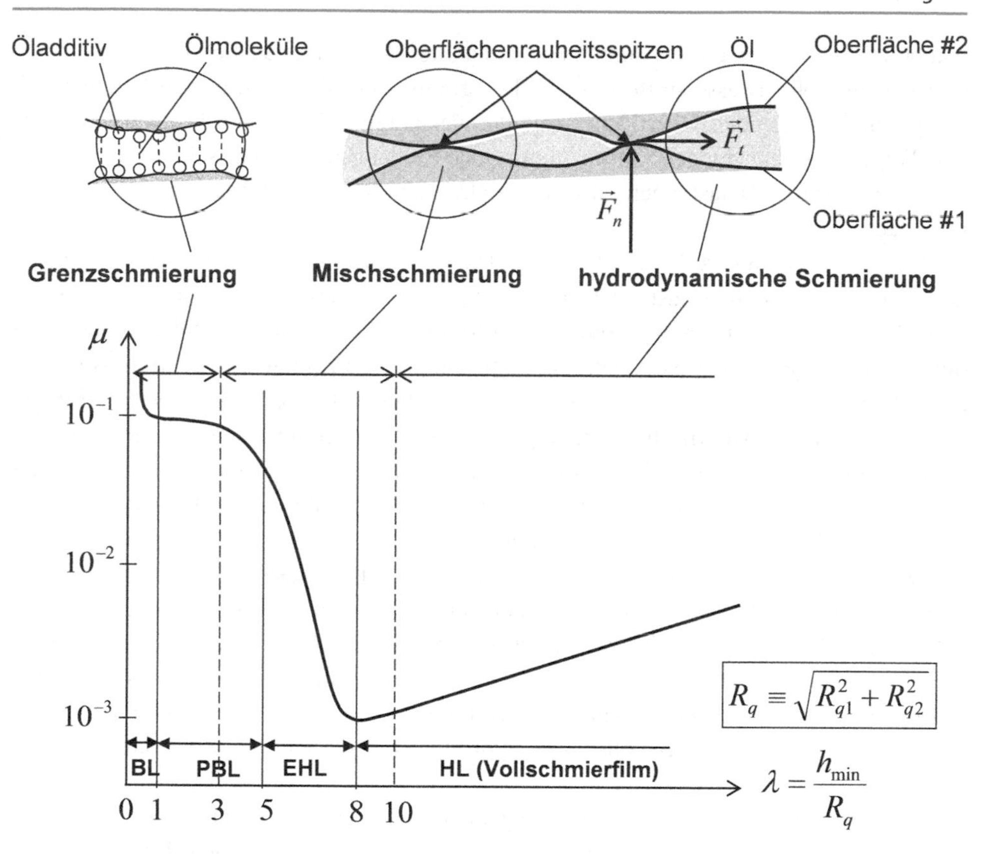

Abb. 4.1 Schmierungszustände im Stribeck-Diagramm

Wegen der Lagerreibung ist die Öltemperatur im partiellen Grenz- oder Mischschmierungszustand relativ hoch. Überschreitet die Öltemperatur die Flammpunkttemperatur des Schmieröls, nämlich 210 °C für SAE 5W30 und 250 °C für SAE 20W30, beginnt das Öl im Lagerspiel zu verkoken. Der Verkokungsprozess hinterlässt eine harte, schwarze, dünne Schicht kohlenstoffhaltigen Restöls auf den Wälzelementen und Laufbahnen [5]. Während eines längeren Betriebs in diesem Zustand nimmt die verkokte Ölschicht allmählich zu und infolgedessen reduziert sich das Lagerspiel. Hiermit ist der Teufelskreis geschlossen: Die Öltemperatur wird ständig weiter erhöht, der Verkokungsprozess verstärkt sich bis schließlich Materialfressen an der Kontaktfläche zwischen den Kugeln und Laufbahnen auftritt und dadurch das Lager ausfällt.

Der Schmierfilm im EHL-Zustand bei *höheren Belastungen* induziert einen hohen Schmierfilmdruck in der Hertzschen Kontaktzone, der dort zur elastischen Deformation führt. Für *Rillenkugellager* entsteht ein elliptischer Fußabdruck in der Kontaktzone, deren kleine Achse $2b$ in Abrollrichtung x wesentlich kleiner als die große Achse $2a$ in axialer Richtung y ist ($2b < 2a$). In ähnlicher Weise ist für *Zylinderrollenlager* die Breite $2b$

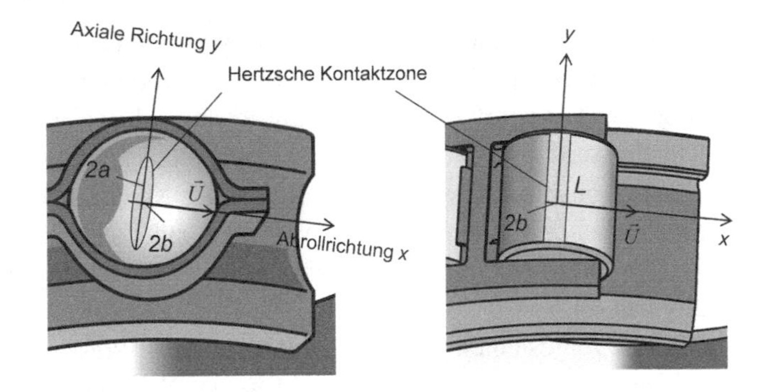

Abb. 4.2 Hertzsche Kontaktzone in Wälzlagern

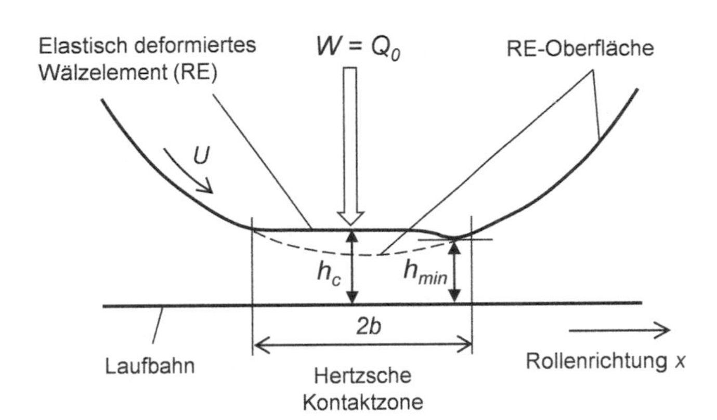

Abb. 4.3 EHL-Region in der Hertzschen Kontaktzone

der rechteckigen Kontaktzone in abrollender Richtung viel kleiner als die Länge L des zylindrischen Wälzkörpers in axialer Richtung ($2b < L$), vgl. Abb. 4.2.

Bei *mittleren und niedrigen Belastungen* im HL-Schmierungszustand werden die Wälzelemente leicht bzw. nicht elastisch deformiert. Jedoch werden unter höheren Belastungen die Oberflächen der Kontaktzone stark elastisch deformiert, wie in Abb. 4.3 gezeigt.

4.3 Schmierfilmdrücke in der Hertzschen Kontaktzone

Unter höheren Belastungen auf das Lager stellt sich normalerweise der EHL-Schmierzustand in der Kontaktzone zwischen den Wälzelementen und Laufbahnen ein. Die Kontur des Wälzelements wird durch die Hertzsche Pressung in der relativ kleinen Kontaktzone elastisch deformiert. Aufgrund dieser elastischen Deformation ist die Schmierfilmdicke h_c über fast die gesamte Länge der Kontaktzone konstant, lediglich kurz vor dem Ölaustritt aus der Kontaktzone sinkt sie auf eine minimale Filmdicke h_{min}.

Die Hertzsche Pressung p_H in der Kontaktzone wurde bereits in dem vorherigen Kap. 3 behandelt. Zusammenfassend hat die Hertzsche Pressung am Ölzulauf der Kontaktzone den Zulauföldruck und steigt bis zu einem Maximum der Hertzschen Pressung in der Mitte der Kontaktzone an. Die maximale Hertzsche Pressung kann von 1,5 GPa bis zu 3,2 GPa betragen und ist von der Lagerbelastung abhängig. Es ist anzumerken, dass bei einer Hertzschen Pressung von ca. 4,2 GPa die Kugelkontur plastisch deformiert wird. In diesem Fall wird ein plastischer Fußabdruck auf der Kontaktfläche hinterlassen, der zunächst die Geräuschentwicklung (NVH) verstärkt und die Lagerlebensdauer stark reduziert. Schließlich führt die plastische Deformation zum Lagerausfall durch Materialermüdung (vgl.. Kap. 6).

In der vorgestellten Theorie hat die Hertzsche Pressung einen parabolischen Verlauf mit einem Maximum $p_{H,max}$ in der Mitte der Kontaktzone (vgl. Kap. 3). Nachdem sie das Maximum $p_{H,max}$ durchlaufen hat, nimmt der Druck kontinuierlich bis zum Austritt aus der Kontaktzone ab. Abb. 4.4 zeigt ein gemessenes Profil der Hertzschen Pressung in der elliptischen Kontaktzone für Rillenkugellager. Dieses weicht vom theoretischen Verlauf ab.

Aufgrund der elastischen Deformation der Kugel und der Laufbahnen in der Kontaktzone ergibt sich der gemessene elastohydrodynamische Öldruck p_{EHD}, der ein im Vergleich zur Theorie der Hertzschen Pressung geändertes Druckprofil aufweist, wie in Abb. 4.4 dargestellt.

Zur Untersuchung des elastohydrodynamischen Öldrucks wird anhand der *Reynolds-Schmiergleichung* 4.23 der Druck p_{EHD} in der Kontaktzone numerisch berechnet. Hier finden starke Wechselwirkungen zwischen dem EHD-Druck und der Kontur der Kontaktzone statt [2].

Die Profile beider Druckverläufe p_H und p_{EHD} des Ölfilms sind über weite Bereiche der Kontaktzone fast gleich. Jedoch ändert sich im Vergleich zur Hertzschen

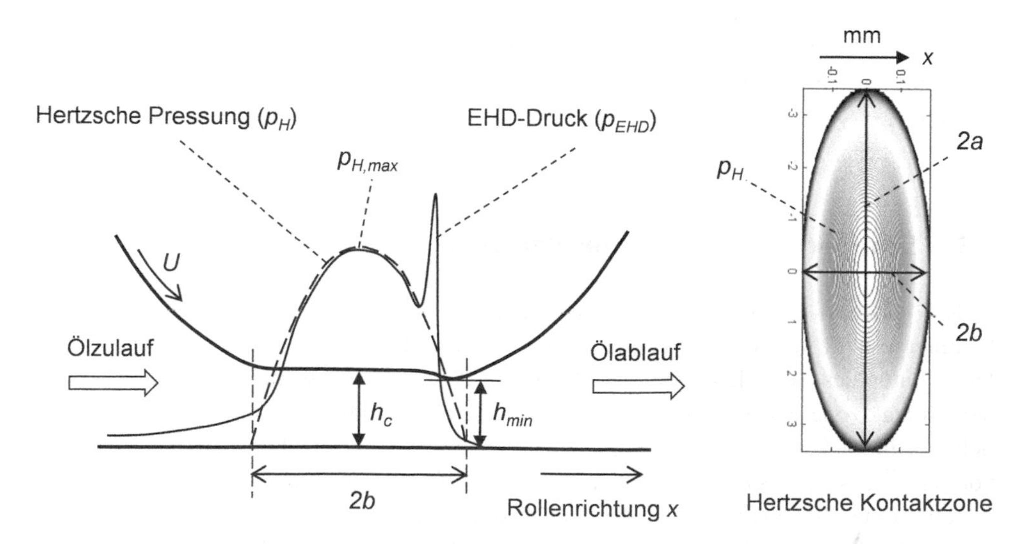

Abb. 4.4 Ölfilmdrücke in der Hertzschen Kontaktzone

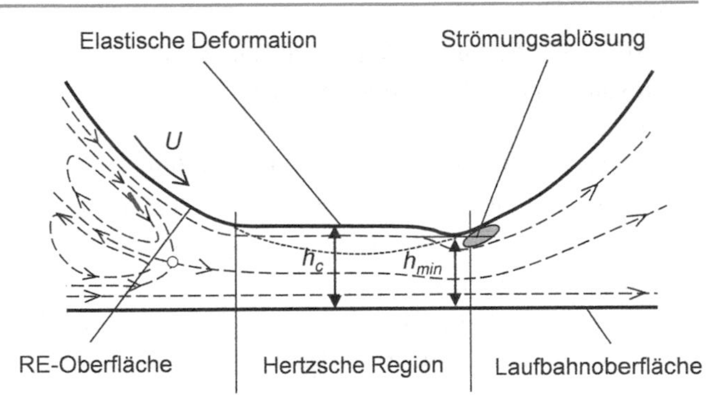

Abb. 4.5 Ölströmung in der Hertzschen Kontaktzone

Pressung das elastohydrodynamische Öldruckprofil am Zulauf und kurz vor dem Ablauf aus der Kontaktzone. Im Folgenden wird der elastohydrodynamische Druckverlauf p_{EHD} diskutiert.

Im Ölfilm herrscht vor dem Zulauf in die Kontaktzone zunächst der vollständig hydrodynamische Schmierungszustand. Aufgrund des keilförmigen Verlaufs der Kontur zwischen Kugel und Laufbahn wird durch das Abrollen der Kugel das Schmieröl in die Kontaktzone hinein beschleunigt (vgl. Abb. 4.5). Daher nimmt der EHD-Druck kurz vor dem Zulauf etwas zu und ist dort etwas höher als die Hertzsche Pressung. Innerhalb der Kontaktzone sind die beiden Druckverläufe fast identisch und weisen ein Druckmaximum von p_H in der Mitte des Kontaktbereichs auf. Der EHD-Druckverlauf zeigt im Gegensatz zum Verlauf der Hertzschen Pressung eine Druckspitze kurz vor dem Ablauf aus der Kontaktzone, wie in Abb. 4.4 dargestellt.

In Wirklichkeit bleibt die Ölfilmdicke nicht konstant über die gesamte Länge der Kontaktzone, dies gilt besonders unter höheren Belastungen. Kurz vor dem Ablauf aus der Kontaktzone ist die Kugelkontur nicht mehr deformiert, da der Druck dort nicht groß genug für die elastische Deformation ist. Als Folge wird die Kontur der Kontaktzone auf die minimale Höhe h_{min} kurz vor dem Ölablauf reduziert, vgl. Abb. 4.5. Infolgedessen springt der Druck im Ölfilm bis auf den Wert der EHD-Druckspitze, die wesentlich höher als die maximale Hertzsche Pressung p_H liegt, vgl. Abb. 4.4. Beim Durchlaufen der Engstelle fällt der EHD-Druck aufgrund der Beschleunigung steiler als die Hertzsche Pressung ab.

Um den Verlauf des EHD-Drucks besser zu verstehen, wird die Ölströmung in der Kontaktzone des Wälzlagers analysiert, vgl. Abb. 4.5. Die minimale Ölfilmdicke h_{min} innerhalb der Kontaktfläche wird von der Kontur des Wälzelements und der Strömungsablösung am Ölablaufbereich beeinflusst. Kurz vor dem Ablauf aus der Kontaktzone wird an der Stelle des geringsten Querschnitts der EHD-Staudruck aufgebaut. Analog zum Strömungsverhalten in einer Düse wird das Öl beim Durchtritt durch die engste Stelle mit der Höhe h_{min} beschleunigt. Als Folge springt der Staudruck bis auf den Wert der EHD-Druckspitze, um anschließend steil abzufallen, vgl. Abb. 4.4. Nach dem Durchlaufen der engsten Stelle mit einer hohen Ausströmgeschwindigkeit sinkt wegen der Bernoulli-Gleichung der EHD-Druck schnell auf dem Umgebungsdruck ab.

Allerdings tritt an der Ausströmkante der Kugelkontur eine lokale Strömungsablösung mit resultierendem Unterdruck auf. Dieser Unterdruck könnte so groß werden, dass Luft- und Dampfblasen durch Luftausgasung bzw. Strömungskavitation entstehen. Die gebildeten Gasblasen verengen den Ausströmquerschnitt der Kontaktzone zusätzlich, was zu einer weiteren Erhöhung der EHD-Druckspitze führt. Es sei angemerkt, dass sich die Position der EHD-Druckspitze mit steigender Lagerdrehzahl nach links in Richtung der Mitte der Kontaktzone verschiebt.

Die zusätzliche Erhöhung Δp des EHD-Druckprofils kurz vor der Ausströmöffnung kann vereinfacht berechnet werden als

$$\Delta p = \zeta \frac{\rho}{2} w^2,$$

wobei

ζ den Widerstandsbeiwert in Abhängigkeit von $h_{\min}$ und $h_c/h_{\min}$ [7],
ρ die Öldichte und
w die maximale Ölausströmgeschwindigkeit an der engsten Stelle h_{min} darstellen.

Somit ergibt sich die EHD-Druckspitze aus der Addition von Hertzscher Pressung p_H und Druckerhöhung Δp:

$$\begin{aligned} p_{EHD,sp} &\approx p_H(x) + \Delta p \\ &= p_H + \zeta\left(h_{\min}, \frac{h_c}{h_{\min}}\right)\frac{\rho}{2}w^2. \end{aligned} \tag{4.5}$$

Anhand der Gl. 4.5 erkennt man, dass die Druckspitze proportional zum Quadrat der Ausströmgeschwindigkeit w steigt. Die Ausströmgeschwindigkeit selbst hängt wiederum von der minimalen Ölfilmdicke $h_{\min}$ und der Umfangsgeschwindigkeit U des Wälzelements in Abrollrichtung x ab. Darüber hinaus ist die EHD-Druckspitze von der Lage und Größe der Strömungsablösungszone sowie dem Volumenanteil der entstandenen Blasen im Öl abhängig. Generell steigt der Wert der EHD-Druckspitze mit höherer Blasendichte an. In diesem Fall nimmt gleichzeitig wegen der Verengung der Ausströmöffnung die Ausströmgeschwindigkeit zu, was nach Gl. 4.5 wiederum zu einer weiteren Erhöhung der Druckspitze führt.

Abb. 4.6 stellt schematisch die Verteilung der Ölfilmdicke in einer Draufsicht auf die Hertzsche Kontaktzone dar. Die Ölfilmdicke liegt im mittleren Bereich der Kontaktzone nahezu konstant bei der Höhe h_c. Kurz vor den seitlichen und stromabwärts gelegenen Ausströmbereichen aus der Kontaktzone sinkt die Ölfilmdicke auf ihren minimalen Wert h_{min}. Außerdem treten aufgrund der Strömungsablösung analog zur Kármanschen Wirbelstraße bei der Zylinderumströmung sog. Ölwirbelschleppen hinter der Kontaktzone in Abrollrichtung x auf. Diese Ölwirbelschleppen können die stromabwärts befindlichen

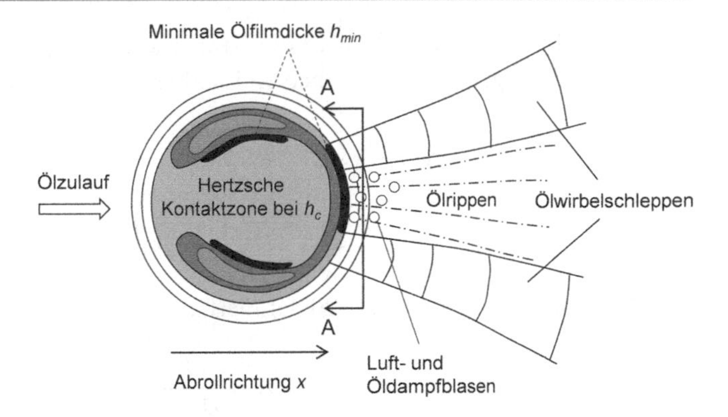

Abb. 4.6 Interferenzringe der Ölfilmdicke um die Hertzsche Kontaktzone

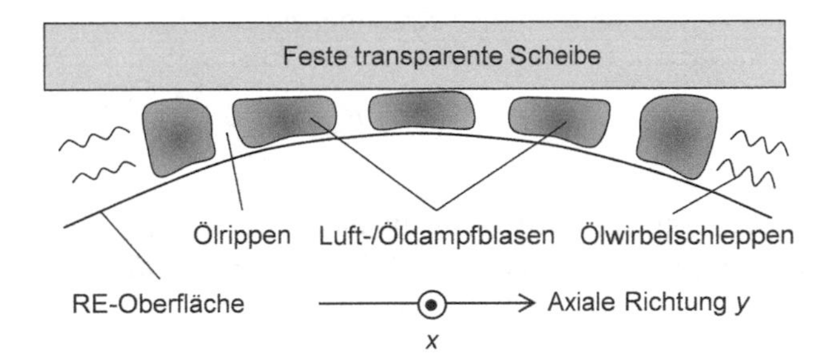

Abb. 4.7 Zweiphasige Ausströmung im Querschnitt A-A

Wälzelemente zu Schwingungen in radialer und axialer Richtung anregen. Zwischen den Ölwirbelschleppen bildet sich eine Zweiphasenströmung mit Ölrippen, Luft- und Dampfblasen aus. Abb. 4.7 zeigt die zweiphasige Ölströmung im Querschnitt A-A.

4.4 Numerische Rechenverfahren zur Bestimmung der Schmierfilmdicken

Die Berechnungen der Ölfilmdicken in der Hertzschen Kontaktzone erfolgt auf Basis der Theorie von Hamrock und Dowson [3], die im Programm COMRABE [8] umgesetzt ist. Hierzu werden zwei Ölfilmdicken h_c und h_{min} in der Mitte bzw. am Ölablaufbereich der Hertzschen Kontaktzone betrachtet, vgl. Abb. 4.3 und 4.4. Zur Berechnung der Ölfilmdicken anhand der semiempirischen Gleichungen werden Drehzahl-, Last-, Elliptizitäts- und Materialkennwerte der Kontaktzone benötigt. Diese werden im Folgenden vorgestellt und berechnet.

Der Krümmungsradius $R_{IR,x}$ an der Kontaktstelle zwischen der Kugel (b) und der inneren Laufbahn (IR) in *Abrollrichtung x* ist definiert als

$$R_{IR,x} = \frac{1}{\rho_{b/IR,x}}. \tag{4.6}$$

Nach den Gl. 1.14 und 1.19a wird die Krümmung $\rho_{b/IR,x}$ in Gl. 4.6 an der Kontaktstelle zwischen der Kugel (b) und der inneren Laufbahn (IR) berechnet zu

$$\begin{aligned}\rho_{b/IR,x} &= (\rho_{11} + \rho_{21})_{IR} \\ &= \frac{2}{D_w} + \frac{2}{D_w}\left(\frac{1}{A-1}\right) = \frac{2}{D_w}\left(\frac{A}{A-1}\right).\end{aligned} \tag{4.7}$$

Der Rechenfaktor A ist in Gl. 1.20 definiert als

$$A = \frac{D_{pw}}{D_w \cos\alpha}.$$

Somit ergibt sich der innere Krümmungsradius $R_{IR,x}$ in *Abrollrichtung* x zu

$$R_{IR,x} = \frac{D_w}{2}\left(\frac{A-1}{A}\right). \tag{4.8}$$

In ähnlicher Weise ist der Krümmungsradius $R_{OR,x}$ an der Kontaktstelle zwischen der Kugel (b) und der äußeren Laufbahn (OR) in *Abrollrichtung* x definiert als

$$R_{OR,x} = \frac{1}{\rho_{b/OR,x}}. \tag{4.9}$$

Nach den Gl. 1.14 und 1.19b wird die Krümmung $\rho_{b/OR,x}$ in Gl. 4.9 an der Kontaktstelle zwischen der Kugel (b) und der äußeren Laufbahn (OR) berechnet zu

$$\begin{aligned}\rho_{b/OR,x} &= (\rho_{11} + \rho_{21})_{OR} \\ &= \frac{2}{D_w} - \frac{2}{D_w}\left(\frac{1}{A+1}\right) = \frac{2}{D_w}\left(\frac{A}{A+1}\right).\end{aligned} \tag{4.10}$$

Folglich ergibt sich der äußere Krümmungsradius $R_{OR,x}$ in *Abrollrichtung* x zu

$$R_{OR,x} = \frac{D_w}{2}\left(\frac{A+1}{A}\right). \tag{4.11}$$

In gleicher Weise werden die innere und äußere Krümmungsradien $R_{IR,y}$ bzw. $R_{OR,y}$ an den Kontaktstellen zwischen den Kugeln und Laufbahnen in *axialer Richtung* y berechnet zu

$$\begin{aligned}R_{IR,y} &= D_w\left(\frac{\kappa_i}{2\kappa_i - 1}\right); \\ R_{OR,y} &= D_w\left(\frac{\kappa_o}{2\kappa_o - 1}\right),\end{aligned} \tag{4.12}$$

wobei κ_i und κ_o die innere bzw. äußere Schmiegung des Kugellagers sind (vgl. Kap. 1).

Die dimensionslose Ölfilmdicke H für die inneren und äußeren Laufbahnen wird definiert als

$$H_{IR,OR} \equiv \frac{h_{IR,OR}}{R_x};\; R_x \equiv R_{IR;OR,x}. \tag{4.13}$$

Das effektive Elastizitätsmodul E' an der Kontaktstelle zwischen den Kugeln und Laufbahnen berechnet sich zu

$$\begin{aligned} \frac{1}{E'} &\equiv \frac{1}{2}\left[\left(\frac{1-\nu_1^2}{E_1}\right)+\left(\frac{1-\nu_2^2}{E_2}\right)\right] \\ \Rightarrow E' &= \frac{2}{\left(\frac{1-\nu_1^2}{E_1}\right)+\left(\frac{1-\nu_2^2}{E_2}\right)}, \end{aligned} \tag{4.14}$$

wobei

E_1 und E_2 die Elastizitätsmoduln der Kugel (1) bzw. Laufbahn (2) und
ν_1 und ν_2 die Poissonzahlen (Querkontraktionszahlen genannt) der Kugel (1) bzw. Laufbahn (2) bezeichnen.

Der *Drehzahlkennwert* U^* für die Kontaktstelle zwischen Kugel und innerer bzw. äußerer Laufbahn wird definiert als

$$U^* = \frac{\mu_0 U}{E' R_x};\; R_x \equiv R_{IR;OR,x}, \tag{4.15}$$

wobei μ_0 die dynamische Ölviskosität bei Umgebungsdruck von 1 bar Überdruck ist.

Die mittlere relative Umfangsgeschwindigkeit U (m/s) an der Kontaktstelle zwischen den Kugeln und Laufbahnen berechnet sich nach Gl. D.15 in Anhang D als

$$U = \frac{\pi N D_{pw}}{120} \times \left(1-\left(\frac{D_w}{D_{pw}}\cos\alpha\right)^2\right) \times 10^{-3}, \tag{4.16}$$

wobei N die Rotordrehzahl in U/min, D_{pw} der Teilkreisdurchmesser in mm und D_w der Kugeldurchmesser in mm sind.

Die *Lastkennwerte* W^* für die innere und äußere Laufbahn werden definiert als

$$\begin{aligned} W^*_{IR,OR} &= \frac{W}{E' R_x^2};\; R_x \equiv R_{IR;OR,x} \text{ für Kugellager;} \\ W^*_{IR,OR} &= \frac{W}{E' L R_x};\; R_x \equiv R_{IR;OR,x} \text{ für Zylinderrollenlager,} \end{aligned} \tag{4.17}$$

wobei W die maximale äquivalente Normalbelastung auf die Kontaktzone (vgl. Abb. 4.3) und L die Länge des zylindrischen Wälzelements sind.

Der *Elliptizitätskennwert* k der Kontaktzone wird definiert als (vgl. Abb. 4.2)

$$k = \frac{a}{b} \geq 1, \tag{4.18}$$

wobei a und b die große bzw. kleine Halbachse der Kontaktfläche bezeichnen.

Der Elliptizitätskennwert kann nach [3] näherungsweise berechnet werden:

$$\begin{aligned} k_{IR;OR} &= 1{,}0339 \times \left(\frac{R_y}{R_x}\right)^{2/\pi} \approx 1{,}0339 \times \left(\frac{R_y}{R_x}\right)^{0{,}636}; \\ R_x &\equiv R_{IR;OR,x}; \\ R_y &\equiv R_{IR;OR,y}. \end{aligned} \tag{4.19}$$

Die Abweichung zwischen den exakten Werten nach Gl. 4.18 und den Näherungswerten nach Gl. 4.19 liegt bei ca. 3 %.

Der *Materialkennwert* G^* ist definiert als

$$G^* = \alpha_{EHL} E', \tag{4.20}$$

wobei α_{EHL} den Druckviskositätskoeffizienten (*Barus-Koeffizient*) für den elastohydrodynamischen Schmierungszustand (EHL) bezeichnet.

Der *Barus-Koeffizient* wird empirisch ermittelt nach [3, 5]:

$$\alpha_{EHL} \approx 5{,}1 \times 10^{-9} \times Z \times (\ln \mu_0 + 9{,}67), \tag{4.21}$$

wobei α_{EHL} in Pa^{-1}; μ_0 in Pa·s beim relative Umgebungsdruck ($p = 0$).

Der *Roelands-Druckviskositätsindex* Z in Gl. 4.21 wird nach [3, 5] berechnet zu

$$Z \approx [7{,}81 \times (H_{40} - H_{100})]^{1{,}5} \times F_{40} \tag{4.22}$$

mit

$$\begin{aligned} H_{40} &= \log_{10}(\log_{10} \mu_{40} + 1{,}2) \text{ bei } 40\,°\text{C}; \\ H_{100} &= \log_{10}(\log_{10} \mu_{100} + 1{,}2) \text{ bei } 100\,°\text{C}; \\ F_{40} &= 0{,}885 - 0{,}864 H_{40} \end{aligned}$$

und μ_{40} und μ_{100} in mPa·s als die dynamische Viskosität des Schmieröls bei 40 °C bzw. 100 °C bezeichnet werden.

Normalerweise liegt der Roelands-Druckviskositätsindex Z bei ca. 0,60 für Mineralöle und zwischen 0,40 und 0,80 für Synthetiköle.

In der Praxis sind die folgenden Eigenschaften dieser Kennwerte wichtig für die empirische Berechnung der Ölfilmdicken:

- Je schneller die Kugel abrollt, desto größer ist die Ölfilmdicke zwischen den Kugeln und Laufbahnen. In diesem Fall wird durch die Fliehkraft und Erhöhung der Öltemperatur mehr Öl aus dem Schmierfett herausgelöst und gelangt auf die Laufbahnen. Durch hydrodynamische Effekte wird der Ölfilm bei höheren Lagerdrehzahlen stark aufgebaut. Folglich nimmt die Ölfilmdicke mit dem *Drehzahlkennwert* zu.
- Je höher die Ölviskosität ist, desto mehr nimmt die Ölfilmdicke zu. Die Ölviskosität steigt mit dem Druckviskositätskoeffizienten exponentiell, der sich proportional zum Materialkennwert verhält. Daher nimmt die Ölfilmdicke mit dem *Materialkennwert* zu.
- Im Gegensatz dazu wird die Ölfilmdicke umso kleiner, je höher die äquivalente dynamische Belastung auf das Lager ist. Die Ölfilmdicke nimmt mit steigendem *Lastkennwert* ab.
- Ist die kleine Achse $2b$ der elliptischen Kontaktzone in Abrollrichtung x viel kleiner als die große Achse $2a$ in axialer Richtung y ($2b \ll 2a$), nimmt die Ölfilmdicke stark ab. Es kann sogar vorkommen, dass der Ölfilm bei einer sehr hohen Hertzschen Pressung zusammenbricht. Deshalb nimmt die Ölfilmdicke mit steigendem *Elliptizitätskennwert* ab.

4.4.1 Grundgleichungen für die Schmierfilmdicken

Die *Reynolds-Schmiergleichung* (RLE: Reynolds lubrication equation) für Ölfilmdicken in der Hertzschen Kontaktzone wird in kartesischen Koordinaten (x, y) nach [3, 9] formuliert, vgl. Abb. 4.2:

$$\frac{\partial}{\partial x}\left(\frac{\rho h^3}{\mu}\frac{\partial p}{\partial x}\right) + \frac{\partial}{\partial y}\left(\frac{\rho h^3}{\mu}\frac{\partial p}{\partial y}\right) = 12\left(u_m\frac{\partial(\rho h)}{\partial x} + v_m\frac{\partial(\rho h)}{\partial y}\right), \tag{4.23}$$

wobei u_m und v_m die mittlere Ölgeschwindigkeit in x- bzw. y-Richtung sind.

Anhand der Gl. 4.8 und 4.11 werden die folgenden dimensionslosen Variablen definiert als

$$\begin{aligned} x^* &= \frac{x}{b};\, y^* = \frac{y}{a}; \\ \rho^* &= \frac{\rho}{\rho_0};\mu^* = \frac{\mu}{\mu_0}; \\ U^* &= \frac{\mu_0\sqrt{u_m^2 + v_m^2}}{E'R_x}; \\ H_e &= \frac{h}{R_x};\, p_e = \frac{p}{E'}; \\ k &= \frac{a}{b};\, \theta = \tan^{-1}\left(\frac{v_m}{u_m}\right). \end{aligned} \tag{4.24}$$

Hiermit ergibt sich die Reynolds-Schmiergleichung 4.23 in dimensionsloser Form nach [3] zu

$$\begin{aligned} &\frac{\partial}{\partial x^*}\left(\frac{\rho^* H_e^3}{\mu^*}\frac{\partial p_e}{\partial x^*}\right)+\frac{1}{k^2}\frac{\partial}{\partial y^*}\left(\frac{\rho^* H_e^3}{\mu^*}\frac{\partial p_e}{\partial y^*}\right)= \\ &12U^*\cdot\left(\frac{b}{R_x}\right)\cdot\left(\cos\theta\frac{\partial(\rho^* H_e)}{\partial x^*}+\frac{\sin\theta}{k}\frac{\partial(\rho^* H_e)}{\partial y^*}\right). \end{aligned} \tag{4.25}$$

Die Ölfilmdicke berechnet sich nun aus der nichtdeformierten Kontur $S(x, y)$ des Wälzelements bzw. der Laufbahnen und der zusätzlichen elastischen Deformation $\delta(x, y)$ in der Kontaktfläche $A(x, y)$ als

$$\begin{aligned} h(x,y) &= h_0+\left(\frac{x^2}{2b}+\frac{y^2}{2a}\right)+\frac{2}{\pi}\iint\limits_{A(x,y)}\frac{p_e\left(x',y'\right)dx'dy'}{\sqrt{(x-x')^2+(y-y')^2}} \\ &\equiv h_0+S(x,y)+\delta(x,y) \end{aligned}$$

Daher ergibt sich die dimensionslose Ölfilmdicke in der Hertzschen Kontaktzone zu

$$H_e\equiv\frac{h(x,y)}{R_x}=\frac{h_0}{R_x}+\frac{S(x,y)}{R_x}+\frac{\delta(x,y)}{R_x}, \tag{4.26}$$

wobei h_0 als eine Referenzölfilmdicke (z. B. die minimale Ölfilmdicke bei der nichtdeformierten Kontur) und H_e als die dimensionslose Ölfilmdicke bezeichnet werden.

Die elastische Deformation $\delta(x, y)$ ergibt sich u. a. aus dem dimensionslosen Druck p_e auf die Wälzelemente. Die Ölfilmdicke und der Öldruck in der Kontaktzone werden iterativ aus der Reynolds-Schmiergleichung und der Elastizitätsgleichung berechnet [3].

4.4.2 Schmierfilmdicke für Rillenkugellager

Die minimale Ölfilmdicke h_{min} wird ebenfalls iterativ aus der Reynolds-Schmiergleichung und der Elastizitätsgleichung für den EHL-Schmierungszustand in der harten *elliptischen Kontaktzone* zwischen den harten Kugeln und harten Laufbahnen bestimmt.

Mithilfe der Methode der kleinsten Fehlerquadrate (Method of least squares) der berechneten Ergebnisse (vgl. Anhang E) ergeben sich aus den oben erwähnten Kennwerten die dimensionslosen minimalen Ölfilmdicken H_{min} auf der inneren und äußeren Laufbahn nach der empirischen Formel von Hamrock und Dowson [3], vgl. Abb. 4.3 und 4.4:

$$\begin{aligned} H_{\min} &\equiv \frac{h_{\min}}{R_x} \\ &= 3{,}63\times U^{*0{,}68}\times G^{*0{,}49}\times W^{*-0{,}073}\times\left[1-\exp(-0{,}68k)\right]. \end{aligned} \tag{4.27}$$

Zur Analyse der Einflussparameter auf die minimale Ölfilmdicke h_{min} wird die Gl. 4.27 umformuliert in

$$h_{\min} \propto \frac{(\mu_0 U)^{0,68} \times \alpha_{EHL}^{0,49} \times R_x^{0,466}}{E'^{0,117} \times W^{0,073}}. \tag{4.28}$$

Gl. 4.28 zeigt, dass die Parameter μ_0, U, α_{EHL} und R_x starke Einflüsse auf die minimale Ölfilmdicke h_{min} haben. Im Gegensatz dazu spielen das effektive Elastizitätsmodul E' und die Lagerlast W eine untergeordnete Rolle, da ihre Exponenten sehr klein im Vergleich zu den anderen einflussreichen Parametern sind.

Analog dazu wird die dimensionslose Ölfilmdicke H_c im mittleren Bereich der harten *elliptischen Kontaktzone* in den Abb. 4.3 und 4.4 für die innere bzw. äußere Laufbahn beim EHL-Schmierungszustand nach der empirischen Formel von Hamrock und Dowson [3] analytisch ermittelt:

$$\begin{aligned} H_c &\equiv \frac{h_c}{R_x} \\ &= 2{,}69 \times U^{*0,67} \times G^{*0,53} \times W^{*-0,067} \times \left[1 - 0{,}61 \times \exp\left(-0{,}73k\right)\right]. \end{aligned} \tag{4.29}$$

Zur Untersuchung der Einflussparameter auf die mittlere Ölfilmdicke h_c wird die Gl. 4.29 umformuliert in

$$h_c \propto \frac{(\mu_0 U)^{0,67} \times \alpha_{EHL}^{0,53} \times R_x^{0,464}}{E'^{0,073} \times W^{0,067}}. \tag{4.30}$$

Gl. 4.30 zeigt, dass die Parameter μ_0, U, α_{EHL} und R_x starke Einflüsse auf die mittlere Ölfilmdicke h_c haben. Im Gegensatz dazu spielen der effektive Elastizitätsmodul E' und die Lagerlast W eine untergeordnete Rolle, da ihre Exponenten sehr klein im Vergleich zu den anderen einflussreichen Parametern sind.

4.4.3 Schmierfilmdicke für Zylinderrollenlager

Die minimale Ölfilmdicke h_{min} wird wiederum iterativ aus der Reynolds-Schmiergleichung und der Elastizitätsgleichung für den EHL-Schmierungszustand an der harten *rechteckigen Kontaktzone* zwischen den zylindrischen Wälzelementen und Laufbahnen ermittelt.

Mithilfe der Methode der kleinsten Fehlerquadrate (Method of least squares) der berechneten Ergebnisse (vgl. Anhang E) ergeben sich aus den oben erwähnten Kennwerten die dimensionslosen minimalen Ölfilmdicken H_{min} auf der inneren und äußeren Laufbahn nach der empirischen Formel von Hamrock und Dowson [3], vgl. Abb. 4.3:

$$\begin{aligned} H_{\min} &\equiv \frac{h_{\min}}{R_x} \\ &= 1{,}714 \times U^{*0,694} \times G^{*0,568} \times W^{*-0,128}. \end{aligned} \tag{4.31}$$

Normalerweise wird der empirische Wert von $5{,}007 \times 10^3$ für den Materialkennwert G^* bei Zylinderrollenlagern verwendet [4].

Zur Analyse der Einflussparameter auf der minimalen Ölfilmdicke h_{min} wird die Gl. 4.31 umformuliert in

$$h_{\min} = \frac{1{,}806 \times (\mu_0 U)^{0{,}694} \times \alpha_{EHL}^{0{,}568} \times R_x^{0{,}434}}{E'^{(-0{,}002)} \times \left(\frac{W}{L}\right)^{0{,}128}}. \tag{4.32}$$

Gl. 4.32 zeigt, dass die Parameter μ_0, U, α_{EHL} und R_x starke Einflüsse auf die minimale Ölfilmdicke h_{min} haben. Im Gegensatz dazu spielen der effektive Elastizitätsmodul E' und die Lagerlast W eine untergeordnete Rolle, da ihre Exponenten sehr klein im Vergleich zu den anderen einflussreichen Parametern sind. Darüber hinaus ist die minimale Ölfilmdicke nahezu unabhängig vom effektiven Elastizitätsmodul E', da dessen Exponent vernachlässigbar klein ist.

Analog dazu wird die dimensionslose Ölfilmdicke H_c des mittleren Bereichs der harten *rechteckigen Kontaktzone* in Abb. 4.3 für die innere bzw. äußere Laufbahn beim EHL-Schmierungszustand nach der empirischen Formel von Hamrock und Dowson [3] analytisch ermittelt:

$$\begin{aligned} H_c &\equiv \frac{h_c}{R_x} \\ &= 2{,}922 \times U^{*0{,}692} \times G^{*0{,}470} \times W^{*-0{,}166}. \end{aligned} \tag{4.33}$$

Zur Untersuchung der Einflussparameter auf der mittleren Ölfilmdicke h_c wird die Gl. 4.33 umformuliert in

$$h_c = \frac{2{,}922 \times (\mu_0 U)^{0{,}692} \times \alpha_{EHL}^{0{,}47} \times R_x^{0{,}474}}{E'^{0{,}056} \times \left(\frac{W}{L}\right)^{0{,}166}}. \tag{4.34}$$

Gl. 4.34 zeigt, dass die Parameter μ_0, U, α_{EHL} und R_x starke Einflüsse auf die mittlere Ölfilmdicke h_c haben. Im Gegensatz dazu spielen der effektive Elastizitätsmodul E' und die Lagerlast W eine untergeordnete Rolle, da ihre Exponenten sehr klein im Vergleich zu den anderen einflussreichen Parametern sind. Darüber hinaus ist die minimale Ölfilmdicke nahezu unabhängig vom effektiven Elastizitätsmodul E', weil dessen Exponent verschwindend klein ist.

4.4.4 Druckspitze im Schmierfilm für Zylinderrollenlager

Zur Berechnung der Druckspitze in der *rechteckigen Kontaktzone* bei Zylinderrollenlagern wird aus den Kennwerten die dimensionslose Druckspitze P_{sp} empirisch ermittelt [3]:

$$\begin{aligned} P_{sp} &\equiv \frac{p_{sp}}{E'} \\ &= 0{,}648 \times U^{*0{,}275} \times G^{*0{,}391} \times W^{*0{,}185}, \end{aligned} \tag{4.35}$$

wobei der Materialkennwert $G^* = 5{,}007 \times 10^3$ für Zylinderrollenlager angenommen wird.

Die dimensionslose Position X_{sp} der Druckspitze in Abrollrichtung x wird empirisch ermittelt [3]:

$$X_{sp} \equiv \frac{x_{sp}}{R_x} = 1{,}111 \times U^{*-0{,}021} \times G^{*0{,}077} \times W^{*0{,}606}, \tag{4.36}$$

wobei $x = 0$ in der Mitte der Hertzschen Kontaktzone liegt.

4.5 Einflüsse der Schmierfilmdicke auf Verschleißmechanismen

Die minimale Ölfilmdicke hat einen starken Einfluss auf die Verschleißmechanismen der Wälzlager. Der Kennwert λ wird als das Verhältnis der Ölfilmdicke zum kombinierten Mittelrauwert der gegenüberliegenden geschmierten Oberflächen definiert:

$$\lambda \equiv \frac{h_{\min}}{R_q} = \frac{h_{\min}}{\sqrt{R_{q1}^2 + R_{q2}^2}}, \tag{4.37}$$

wobei

h_{min} die minimale Ölfilmdicke und

R_{q1} und R_{q2} die Mittelrauwerte der Oberfläche der Wälzelemente bzw. der Laufbahnen darstellen.

Die Oberflächenabschürfung (surface distress) ist eine Mikroausbruchsermüdung der Oberfläche, die meistens in Wälzlagern auftritt, die mit einer sehr kleinen Ölfilmdicke ($\lambda < 3$) betrieben werden. Die Oberflächenabschürfung verursacht die sog. Mikroausbruchskrater auf den Kontaktflächen der Wälzelemente und Laufbahnen.

Aufgrund der hohen Hertzschen Pressung (Normalspannung) und großen Scherspannung in der Kontaktzone werden bei einer extrem dünnen Ölfilmdicke mit einem Kennwert $\lambda < 1$ die Rauspitzen der Oberflächen plastisch deformiert und brechen schließlich ab. Die Bruchstücke landen auf den Oberflächen der Laufbahnen und werden von den Wälzelementen überrollt. Hierdurch entstehen die sog. Oberflächenvertiefungen (dents), vgl. Abb. 4.8.

Im Stribeck-Diagramm lassen sich drei folgende Einflussbereiche für die Oberflächeneigenschaften erkennen:

- Liegt die minimale Ölfilmdicke bei $\lambda > 3$ im EHL-Schmierungszustand, ist die Oberflächenabschürfung statistisch gesehen vernachlässigbar klein [3, 10].

Abb. 4.8 Oberflächeneigenschaften in Stribeck-Diagramm

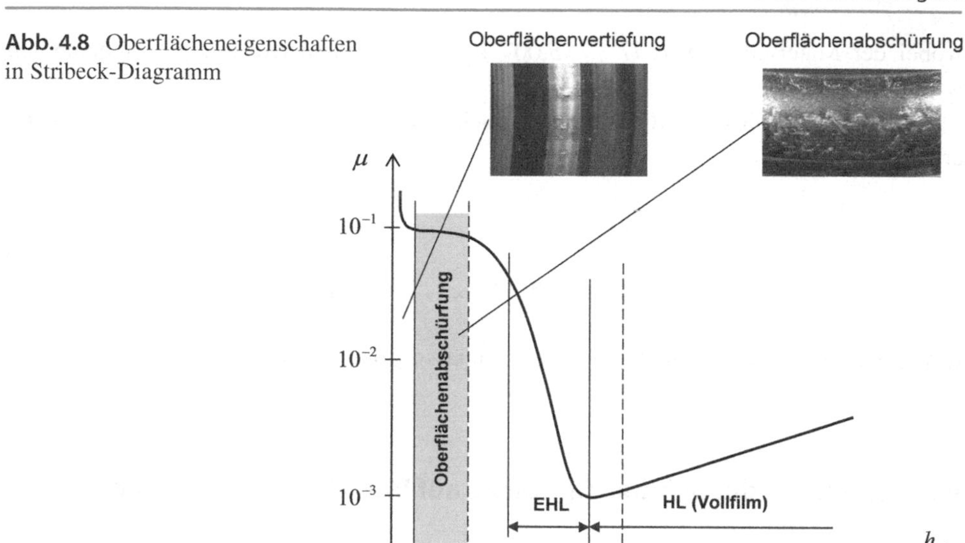

- Liegt die minimale Ölfilmdicke im Bereich $1 \leq \lambda \leq 3$ im EHL-Schmierungszustand, tritt Oberflächenabschürfung auf den Wälzelementen und Laufbahnen auf. In diesem Fall tritt ein plastisches Verhalten in den Oberflächenrauspitzen auf. Das Verhalten ist durch kumulative und abwechselnde plastische Deformationen hervorgerufen [10]. Beide Effekte hinterlassen tiefe Abdrücke und verursachen eine Änderung der Oberflächentexturen und Materialien der Unterflächen in der Hertzschen Kontaktzone [4, 10].
- Liegt ein extrem dünner Ölfilmdicke mit $\lambda < 1$ vor, berühren sich die Rauspitzen der rollenden Wälzelemente und die ihnen gegenüberliegenden Rauspitzen der Laufbahnoberflächen. Der lokale Kontakt führt zu einem Abbrechen der Rauspitzen. Die Folgen sind die sog. Mikrorissbildung und daraus resultierende Mikroausbrüche auf den Oberflächen an der Kontaktstelle [10]. Durch das Abrollen der Wälzelemente mit höheren Geschwindigkeiten rufen das Überrollen der Bruchstücke mit zusätzlichen harten Partikeln im Schmieröl abrasiven Verschleiß auf den Oberflächen hervor.

4.6 Fallstudien für die Schmierfilmdicken

Im Folgenden wird als Fallstudie wieder das Rillenkugellager vom Typ 6305 betrachtet. Das Lager hat die folgenden geometrischen Abmessungen:

- Anzahl der Kugeln $Z = 8$;
- Kugeldurchmesser $D_w = 10{,}32$ mm;

- Teilkreisdurchmesser D_{pw} = 44,60 mm;
- Diametrales Lagerspiel e = 0,006 mm;
- Innere Schmiegung κ_i = 0,506;
- Äußere Schmiegung κ_o = 0,527;
- Elastizitätsmodul der Kugel E_1 = 208 GPa;
- Elastizitätsmodul der Laufbahnen E_2 = 208 GPa;
- Radialkraft auf das Lager F_r = 5500 N;
- Axialkraft auf das Lager F_a = 2600 N;
- Mittelrauwert der Kugel $R_{q1} \approx 0{,}012$ µm;
- Mittelrauwert der Laufbahnen $R_{q2} \approx 0{,}025$ µm;
- Öltemperatur innerhalb des Lagers T_{oil} = 120 °C.

Mithilfe des Programms COMRABE [8] werden die Ölfilmdicken in den Kontaktzonen auf der inneren und äußeren Laufbahn für Lagerdrehzahlen von 1500–15.000 U/min berechnet. Die Ergebnisse sind in Abb. 4.9 dargestellt. Die entsprechenden Kennwerte λ für die Ölfilmdicken sind in Abb. 4.10 gezeigt.

Die berechneten Ergebnisse zeigen, dass sich bei niedrigen Drehzahlen $N \leq 1500$ U/min eine kleine Ölfilmdicke ($\lambda < 3$) ausbildet. Bei niedrigen Drehzahlen wird nur eine geringe Menge Öl aus dem Schmierfett ausgetrieben. Diese Menge muss genügen,

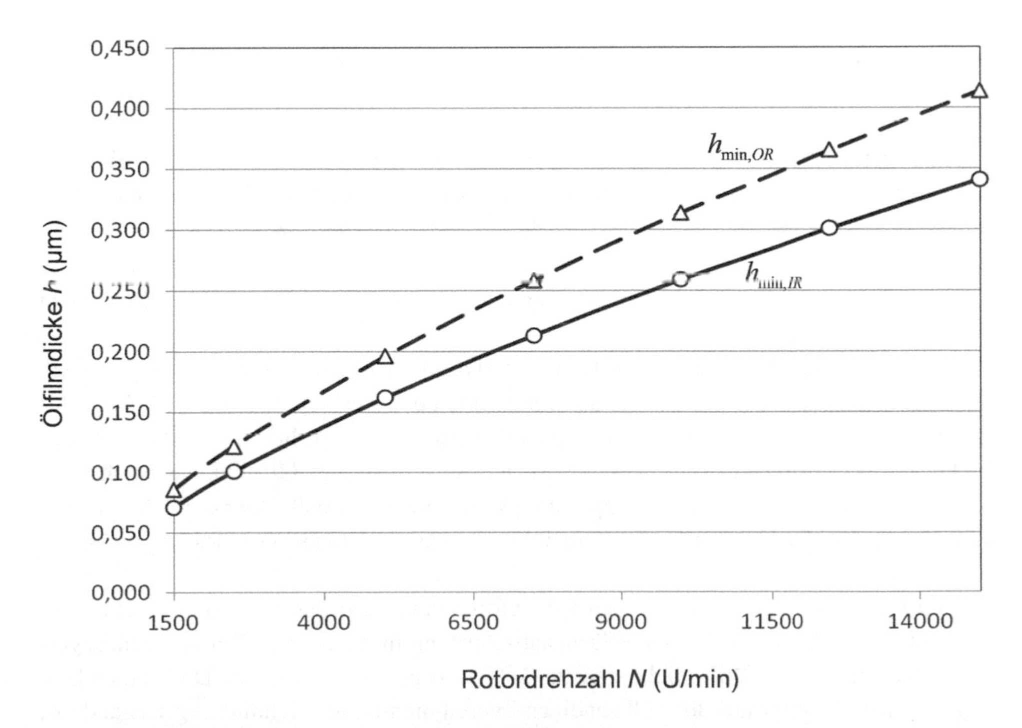

Abb. 4.9 Minimale Ölfilmdicken in Abhängigkeit der Drehzahl

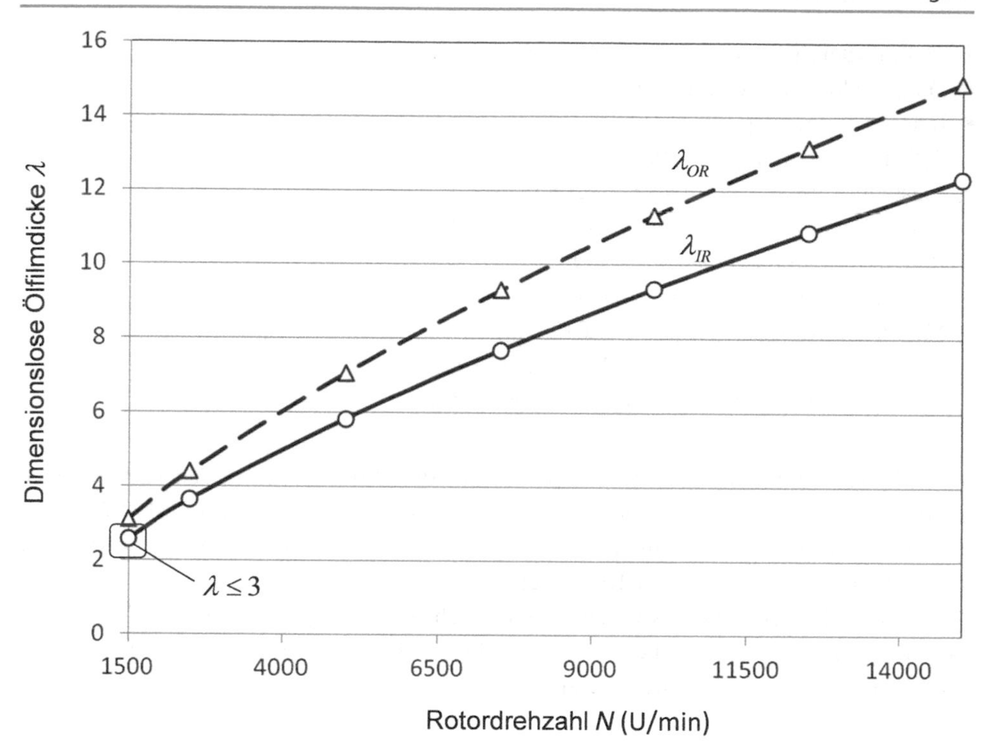

Abb. 4.10 Dimensionslose Ölfilmdicke in Abhängigkeit der Drehzahl

um das Lager unter der schweren Belastung zu schmieren und gleichzeitig abzukühlen. Die Ölfilmdicke bleibt allerdings extrem klein, was schließlich zu Oberflächenabschürfungen bzw. Oberflächenvertiefungen auf den Oberflächen in der Kontaktzone führt, vgl. Abb. 4.8.

Die minimalen Ölfilmdicken in der Kontaktzone über verschiedene Rotordrehzahlen sind in Tab. 4.1 gegenübergestellt.

Dieser Schmierungszustand tritt häufig in Hybridfahrzeugen mit Start-Stopp-Betrieb im Stadtverkehr auf. Bei der Startphase treten durch den Verbrennungsmotor höhere Belastungen sowohl in radialer als auch axialer Richtung auf, während die Drehzahl des Elektromotors noch niedrig ist. Dieses führt zu einer sehr kleinen Ölfilmdicke. Nach mehreren Wiederholungen der Start-Stopp-Fahrzyklen werden die Wälzlager durch Verschleiß und Materialermüdung vorgeschädigt und eine verkürzte Lebensdauer des Lagers ist die Folge.

Bei niedrigen Lagerdrehzahlen sind die Ölfilmdicken auf den Laufbahnen sehr klein ($\lambda < 3$) und deshalb tritt dort Oberflächenabschürfung im Lager auf. Bei höheren Lagerdrehzahlen nimmt die Ölfilmdicke stark zu ($\lambda > 3$). Daher ist bei höheren Drehzahlen kein Lagerverschleiß aufgrund des vollständigen hydrodynamischen Schmierungszustands zu erwarten.

Tab. 4.1 Minimale Ölfilmdicken in Abhängigkeit der Lagerdrehzahl

N (U/min)	1500	2500	5000	7500	10000	12500	15000
$h_{min,IR}$ (µm)	0,071	0,101	0,162	0,213	0,259	0,301	0,341
$h_{min,OR}$ (µm)	0,086	0,122	0,196	0,258	0,314	0,365	0,414
λ_{IR}	2,57	3,64	5,83	7,68	9,34	10,87	12,30
λ_{OR}	3,12	4,41	7,07	9,31	11,32	13,17	14,91
$Q_{0,max,Kugel}$	3654 N						
$R_{IR,x}$	4,02 mm						
$R_{OR,x}$	6,30 mm						

Literatur

1. Harris, T.A., Kotzalas, M.N.: Essential Concepts of Bearing Technology 4. Aufl.CRC Taylor & Francis Inc., Boca Raton (2006)
2. Gohar, R.: Elastohydrodynamics 2. Aufl.Imperial College Press, London (2001)
3. Hamrock, B., Schmid, S.R., Jacobson, B.O.: Fundamentals of Fluid Film Lubrication 2. Aufl.Marcel Dekker Inc., New York (2004)
4. Johnson, K.L.: Contact Mechanics. Cambridge University Press, Cambridge (1985)
5. Khonsari, M., Booser, E.: Applied Tribology and Bearing Design and Lubrication 2. Aufl.Wiley, New York (2008)
6. Nguyen-Schäfer, H.: Aero and Vibroacoustics of Automotive Turbochargers. Springer, Berlin (2013)
7. Idelchik, I.E.: Handbook of Hydraulic Resistance 2. Aufl.Hemisphere Publishing Corporation, New York (1986)
8. Nguyen-Schäfer, H.: Program COMRABE for Computing Radial Bearings. EM-motive GmbH, Germany (2014)
9. Nguyen-Schäfer, H.: Rotordynamics of Automotive Turbochargers 2. Aufl.Springer, Berlin (2015)
10. Tallian, T.E.: Failure Atlas for Hertz Contact Machine Elements 2. Aufl.ASME Press, New York (1999)

Tribologie in Wälzlagern

5

5.1 Einführung

Tribologie stammt von dem griechischen Wort *tribos*, das *Reibung* bedeutet. Sie befasst sich mit den tribologischen Phänomenen, nämlich Schmierung, Reibung und Verschleiß auf gegeneinander bewegten Oberflächen. Die Tribologie hat in den letzten Jahren mehr und mehr an Bedeutung in der Automobilindustrie gewonnen, vor allem wegen Themen wie synthetische Schmieröle, Reibungsreduzierung zur Verbrauchsreduzierung, adhäsiver und abrasiver Verschleiß sowie Verschleißreduzierung in Wälz- und Gleitlagern zur Erhöhung der Lebensdauer.

5.2 Eigenschaften der Schmieröle

Schmieröle, die in industriellen und Automobilanwendungen verwendet werden, basieren auf Mineral- und Synthetikölen. Mineralöle werden durch Raffinieren von Rohöl aus langen Kohlenwasserstoffketten (HC) von Paraffinen und aromatischen Kohlenwasserstoffringen hergestellt. Im Gegensatz dazu werden synthetische Öle durch Polymerisation von Olefin-Äthylen-Verbindungen produziert. Die hierzu notwendigen Polyalphaolefine, die ähnliche chemische Eigenschaften wie Paraffinöl (Mineralöl) haben, werden beim Cracking-Prozess des Rohöls gewonnen. Synthetiköle kommen unter extremen Betriebsbedingungen wie höheren Temperaturen und größeren mechanischen Belastungen zum Einsatz.

H. Nguyen-Schäfer, *Numerische Auslegung von Wälzlagern*,
DOI 10.1007/978-3-662-54989-6_5

Synthetiköle werden in zwei Gruppen eingeteilt: Die Eine basiert auf Estern, die aus einer Carbonsäure bzw. schwachen Säure (z. B. Phenol: C_6H_5OH) und einem Alkohol (z. B. Ethanol: C_2H_5OH) entstehen. Aus chemischer Betrachtung stellen die Ester eine aromatische Ringverbindung zwischen den Kohlenwasserstoffen und OH-Radikalen dar. Die andere basiert auf den Polyalphaolefinen (PAO), die durch Polymerisation von Alphaolefinen hergestellt werden. Die in Automobilanwendungen zum Einsatz kommenden Synthetiköle bestehen aus einer Mischung von PAO und ca. 15 % synthetischer Ester [1, 2]. Exemplarisch für kommerziell verfügbare Hochleistungssynthetiköle seien Castrol Edge, Castrol Magnatec, Mobil 1-5W30, SHC824 und SHC629 (Exxon-Mobil) genannt.

Die Schmieröle für Automobilanwendungen sind nach den SAE-Viskositätsgraden (Society of Automotive Engineers) und die Schmieröle für industrielle Anwendungen nach den ISO-Viskositätsgraden (International Organization for Standardization) aufgeteilt (vgl. Tab. 5.1). Die ISO-Viskositätsgrade (VG) basieren auf der mittleren kinematischen Viskosität in cSt (Centistokes) bei einer Öltemperatur von 40 °C.

Die kinematische Viskosität eines Fluides ist als das Verhältnis der dynamischen Viskosität zu seiner Dichte definiert:

$$\nu = \frac{\eta}{\rho}, \tag{5.1}$$

wobei

ν die kinematische Viskosität [m^2/s; mm^2/s; 1 cSt (Centistokes) = $1 mm^2/s$],
η die dynamische Viskosität [$N \cdot s/m^2$; Pa·s; 1 cP (Centipoise) = 1 mPa·s] und
ρ die Dichte des Fluides [kg/m^3; g/mm^3] bezeichnen.

Schmieröle nach SAE-Grad haben eine Bezeichnung der Form SAE xWy (z. B. SAE 5W30), wobei das „xW" für den Viskositätsgrad für Winteranwendungen bei −18 °C (0 °F) und das „y" für den Viskositätsgrad bei 100 °C (212 °F) für Anwendungen bei höheren Temperaturen steht. Tab. 5.1 zeigt einen Vergleich der Ölviskositäten zwischen ISO- und SAE-Viskositätsgraden mit den entsprechenden HTHS-Viskositäten (high temperature high shear) nach der Norm SAE J300.

Als Beispiel sei das Schmieröl SAE 5W30 genannt, das die Viskositäten von ISO-VG 22 für Anwendungen bei niedrigeren Temperaturen und von ISO-VG 100 für Anwendungen bei höheren Temperaturen mit einer HTHS-Viskosität von 2,9 mPa·s bei 150 °C Öltemperatur (302 °F) und einer Scherrate von 10^6 s^{-1} besitzt.

Die Ölviskosität hängt bei kleinen bis moderaten Scherraten nahezu ausschließlich von der Temperatur ab. Je höher die Öltemperatur ist, desto niedriger ist die Viskosität und umgekehrt.

Mithilfe der Cameron-Vogel-Gleichung kann die dynamische Viskosität des Schmieröls in Abhängigkeit der Öltemperatur berechnet werden zu

Tab. 5.1 ISO-/SAE-Viskositätsgrade (VG) und HTHS-Ölviskosität nach den ISO und SAE Spezifikationen (SAE J300)

ISO-VG	SAE-VG	HTHS-Viskosität (mPa·s)
-	0W	-
22	5W	-
32	10W	-
46	15W	-
68	20W/20	2,6
100	30	2,9
150	40	2,9*; 3,7**
220	50	3,7
320	60	3,7

* 0W40; 5W40; 10W40; ** 15W40; 20W40; 25W40

$$\eta(T) = a \exp\left(\frac{b}{T(K) - c}\right).$$

Hierbei müssen die Parameter a, b und c durch drei Referenzpunkte, d. h. drei Viskositäten bei drei verschiedenen Temperaturen des Schmieröls, ermittelt werden. Für einige übliche Schmieröle in Automobilanwendungen sind die Parameter a, b und c für die Cameron-Vogel-Gleichung in Tab. 5.2 aufgeführt.

Abb. 5.1 zeigt die nach der Cameron-Vogel-Gleichung berechneten dynamischen Viskositäten über der Öltemperatur für einige übliche Schmieröle in industriellen und Automobilanwendungen.

Tab. 5.2 Parameter der Cameron-Vogel-Gleichung für verschiedene Öle

ISO-VG	$\eta(T) = a \exp\left(\frac{b}{T(K) - c}\right)$		
	a (Pa·s)	b (K)	c (K)
22	12,312e-5	6,181e+2	1,906e+2
32	9,618e-5	7,391e+2	1,883e+2
46	11,387e-5	7,014e+2	1,930e+2
68	8,396e-5	8,520e+2	1,835e+2
100	7,547e-5	9,081e+2	1,844e+2
150	5,399e-5	10,747e+2	1,758e+2

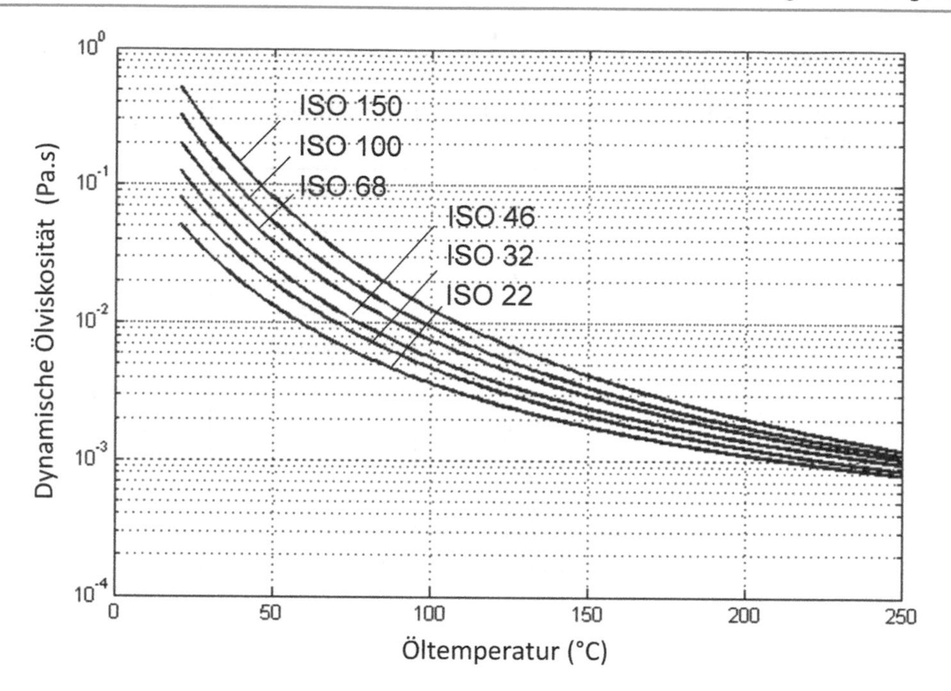

Abb. 5.1 Berechnete dynamische Ölviskositäten in Abhängigkeit der Öltemperatur

5.3 Fettschmierungen in Wälzlagern

Schmierfette bestehen aus einer Mischung aus Seife und Schmieröl. Die Seifenmatrix dient hierbei zur Speicherung von Öl ähnlich einem Schwamm. Bei der Fettschmierung werden die Wälzlager somit nicht durch die Schmierfette selbst, sondern durch das aus der Seifenmatrix herausgelöste Basisöl geschmiert. Dieses Herauslösen ist eine Mischung aus Auspressen aufgrund der Druckbeanspruchung des Fetts zwischen den Wälzelementen und Laufbahnen sowie Herausschleudern aufgrund der mit steigender Drehzahl zunehmenden Zentrifugalkräfte.

Schmierfette werden aufgrund ihrer speicherfähigen Kombination aus Basisölen und Seifeneindickern ($C_nH_{2n+1}COOH$) zur Schmierung wartungsfreier Wälzlager benutzt. Die Schmierfette bestehen aus 70–95 % Basisölen mit Additiven und ca. 5–30 % Seifeneindickern. Kristallinische Seifeneindicker sind Metallsalze langkettiger Fettsäuren, die durch Neutralisieren der chemischen Reaktionen zwischen Säuren und Basen eines Salzprodukts hergestellt werden. Gängige Schmierfette für industrielle und Automobilanwendungen sind beispielsweise GXV, GXK und GHP vom Lagerhersteller SKF sowie HAB vom Lagerhersteller NSK.

Abb. 5.2 zeigt die Gitterstruktur des Schmierfetts, in der das Gitter des Seifeneindickers das eingeschlossene Basisöl umringt, ähnlich wie ein Schwamm mit

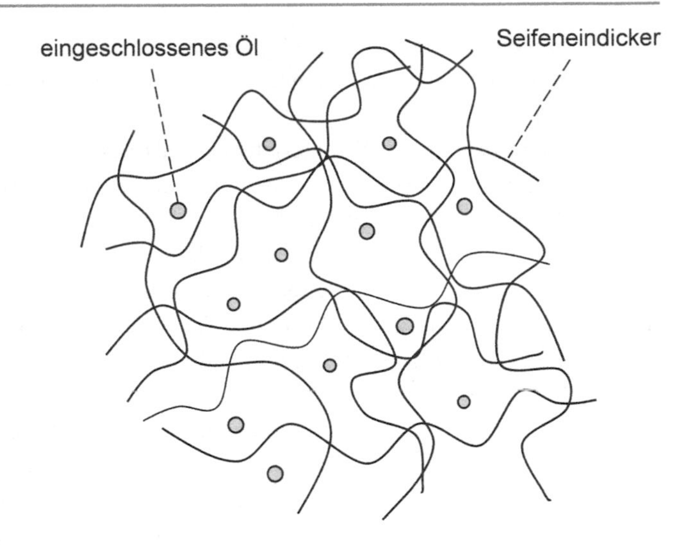

Abb. 5.2 Gitterstruktur von Schmierfett

eingeschlossenem Öl. Die Trennung des eingeschlossenen Öls aus das Fett erfolgt durch die wirkende Fliehkraft der Wälzelemente auf dem Fett und die Temperaturerhöhung durch Lagerreibung. Bei höheren Öltemperaturen nimmt die Viskosität exponentiell ab. Je niedriger die Ölviskosität ist, desto leichter ist der Trennungsprozess des Basisöls aus dem Fett. Darüber hinaus wird durch die Fliehkraft der Druck des Basisöls im Fett erhöht. Infolge dessen steigt der Druckgradient des Öls an der Fettgrenzfläche. Beide Effekte fördern den Trennungsprozess des Öls aus dem Schmierfett für die Lagerschmierung. Der Trennungsvorgang wird als *Ölausbluten* bezeichnet.

Nach dem Darcy-Gesetz wird die Ausblutungsgeschwindigkeit v_b des Fetts berechnet zu

$$\mathrm{v}_b = \frac{1}{\eta} \mathrm{K} \cdot \nabla p_f,$$

wobei

η die dynamische Ölviskosität,
K den Permeabilitätstensor des Seifeneindickers,
∇p_f den Druckgradient des eingeschlossenen Öls an der Grenzfläche und
p_f den Grenzdruck des Öls an der Grenzfläche darstellen.

Das Ausbluten wird durch Erhöhung der Lagerdrehzahl beschleunigt, da die Fliehkraft quadratisch mit der Drehzahl steigt und gleichzeitig wegen der Temperaturerhöhung die Ölviskosität im Fett abnimmt. Diese Temperaturerhöhung ist wichtig für das Aufrechterhalten des Ölausblutens. Versuche zeigen, dass das Basisöl im Fett bei Überschreiten einer kinematischen Viskosität von ca. 500 mm^2/s ab 40 °C nicht mehr vom Fett getrennt werden kann und deshalb das Ölausbluten zum Erliegen kommt. Als Folge operiert das

Wälzlager in einem durch Ölmangel gekennzeichneten Schmierungszustand. Dies führt zu Lagerverschleiß, Reibungserhöhung, dem Zusammenbruch des Ölfilms und anschließend zum Lagerausfall.

Die Lebensdauer eines Schmierfetts wird als das Zeitintervall definiert, in dem 50 % des eingeschlossenen Öls bereits verbraucht wurden. Dieses Zeitintervall wird als die *Ausblutungsdauer* bezeichnet. Die Ausblutungsrate hängt wesentlich vom Restöl im Fett ab. Je mehr Öl vom Fett getrennt wird, desto kleiner ist die Ausblutungsrate, da der Konzentrationsgradient des Öls an der Grenzfläche geringer wird. Dies führt zur Absenkung der Ausblutungsgeschwindigkeit. Die Lebensdauer des Schmierfetts ist dann erreicht, wenn nur noch 50 % der Anfangsölmenge im Fett vorhanden sind.

EP/AW-Additive (extreme pressure/antiwear) im Schmieröl kommen für Anwendungen bei höheren Belastungen mit niedrigen Lagerdrehzahlen, z. B. in Getrieben, zum Einsatz, um den Verschleiß und das Fressen an den Kontaktstellen im Falle des Ölfilmdurchschlags zu vermeiden. Jedoch können die Additive die Gitterstruktur des Seifeneindickers beschädigen. Dies führt zum Erweichen bzw. zur Verflüssigung des Schmierfetts in Wälzlagern. Aus diesem Grund ist der Einsatz von fettgeschmierten Wälzlagern in Getrieben, bei denen EP/AW-Additive im Schmieröl sind, zu vermeiden. In diesem Fall werden ölgeschmierte Wälzlager ohne Dichtlippen und Lagerschutzdeckel verwendet, um eine ausreichende Versorgung des Lagers mit Schmieröl sicherzustellen.

Generell darf additivhaltiges Getriebeöl nicht mit dem Schmierfett von Wälzlagern in Kontakt kommen, da sonst die Lagerlebensdauer stark reduziert wird. Darüber hinaus sollte das Getriebeöl ständig gefiltert werden, um die Sauberkeit des Öls zu gewährleisten.

5.4 HTHS-Viskosität der Schmieröle

Die HTHS-Viskosität (high temperature high shear) ist für Schmieröle definiert als die effektive dynamische Viskosität (meistens in mPa·s) bei einer Öltemperatur von 150 °C (302 °F) und einer Scherrate von 10^6 s^{-1}. Die Scherrate $\dot{\gamma}$ entspricht dem Geschwindigkeitsgradienten an einem Punkt auf dem Geschwindigkeitsprofil des Ölfilms (vgl. Abb. 5.3). Somit wird die Scherrate über die erste Ableitung des Geschwindigkeitsprofils nach der Ölfilmdicke berechnet zu

$$\dot{\gamma} \equiv \left| \frac{\partial U}{\partial h} \right| . \tag{5.2}$$

Abb. 5.3 zeigt das Geschwindigkeitsprofil in der Kontaktzone eines Festwälzlagers mit der Umfangsgeschwindigkeit U_0 des Wälzelements. Die Scherspannung τ des Ölfilms auf das Wälzelement an der Kontaktfläche verhält sich proportional zu der dynamischen Ölviskosität und Scherrate:

$$\tau(T, \dot{\gamma}) = \frac{F_f}{A_S} = \eta \cdot \left| \frac{\partial U}{\partial h} \right| = \eta(T, \dot{\gamma}) \cdot \dot{\gamma}, \tag{5.3}$$

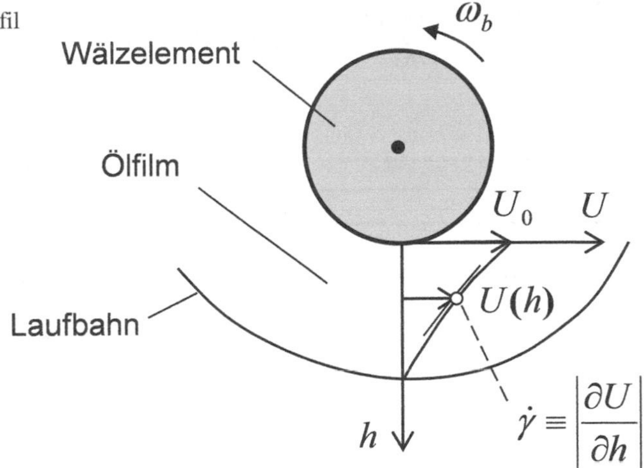

Abb. 5.3 Ölgeschwindigkeitsprofil und Scherrate des Schmierfilms

wobei

F_f die Reibkraft auf das Wälzelement,
A_S die Hertzsche Kontaktfläche des Wälzelements und
T die Öltemperatur bezeichnen.

Im Falle eines Newtonschen Fluids wie z. B. einem Einfachbasisöl ist die dynamische Viskosität nur von der Temperatur und nicht von der Scherrate abhängig, wie in Abb. 5.4a gezeigt. Daher ist die Scherspannung linear mit der Scherrate:

$$\tau = \eta(T) \cdot \dot{\gamma}. \tag{5.4}$$

Schmieröle bestehen üblicherweise aus langen Kohlenwasserstoffketten, an die Aromaten wie z. B. Benzolringe angelagert sind. Sie verhalten sich dadurch wie Nichtnewtonsche Fluide, d. h. die dynamische Ölviskosität ist nicht nur von der Temperatur, sondern auch von der Scherrate abhängig, wie in Abb. 5.4b dargestellt. Meistens verhält sich die Scherspannung nichtlinear mit der Temperatur und Scherrate:

$$\tau = \tau(T, \dot{\gamma}). \tag{5.5}$$

Abb. 5.4a zeigt den Verlauf der dynamischen Viskosität eines Newtonschen Fluids, die nur von der Temperatur und nicht von der Scherrate abhängig ist. Schmieröle sind i. d. R. Nichtnewtonsche Fluide, und ihre Abhängigkeit der Viskosität von der Scherrate ist meist wie folgt: Bei niedrigen Scherraten bis zu einer kritischen Scherrate von 10^4 s^{-1} ist die Viskosität nahezu unabhängig von der Scherrate und lediglich eine Funktion der Temperatur. In einem Übergangsbereich bis zu einer Scherrate von 10^6 s^{-1} nimmt die Viskosität dann stark mit der Scherrate ab (vgl. Abb. 5.4b). Nach Überschreiten dieser kritischen Scherrate von 10^6 s^{-1} ist die Ölviskosität wiederum fast unabhängig von der Scherrate und nur

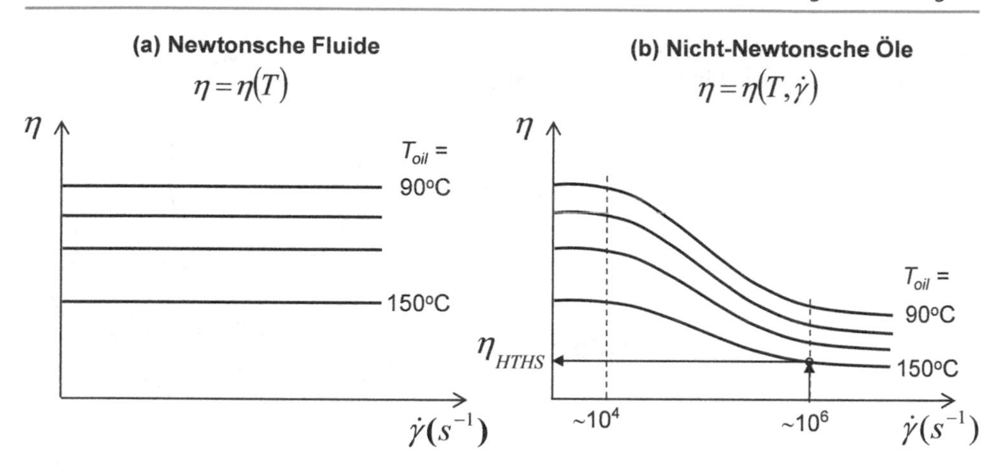

Abb. 5.4 Dynamische Ölviskosität als Funktion von Scherrate und Öltemperatur

eine Funktion der Temperatur. Der Wert für die HTHS-Viskosität ergibt sich nun für eine Scherrate von 10^6 s^{-1} und eine Öltemperatur von 150 °C. Treten sehr hohe Drehzahlen wie z. B. bei Turboladern für Automobilanwendungen auf, können die Scherraten sehr hohe Werte aufgrund der gleichzeitig geringen Ölfilmdicken annehmen.

Nach Gl. 5.2 ergibt sich die Scherrate im Ölfilm zu

$$\dot{\gamma} \equiv \left| \frac{\partial U}{\partial h} \right| \approx \frac{U_0}{h}, \tag{5.6}$$

wobei U_0 die Umfangsgeschwindigkeit des Wälzelements (m/s) und h die Ölfilmdicke (m) sind, vgl. Abb. 5.3.

Das Viskositätsverhalten der Schmieröle teilt sich in drei Bereiche auf, vgl. Abb. 5.5:

(0)–(1): *Newtonsche Fluide* ($\tau \leq \tau_c$)

In diesem Bereich verhält sich das Öl wie ein Newtonsches Fluid mit einem linearen Verhalten, dessen Viskosität nur von der Temperatur und nicht von der Scherrate abhängig ist. Im Falle einer konstanten Temperatur bleibt die dynamische Ölviskosität η bis zur kritischen Scherspannung τ_c konstant. Die Scherspannung verhält sich nach Gl. 5.4 linear mit der Scherrate bei konstanter Temperatur.

(1)–(2): *Nichtnewtonsche Öle* ($\tau_c < \tau \leq \tau_{lim}$)

Bei zunehmender Scherrate verhält sich das Öl wie ein Nichtnewtonsches Fluid, dessen Viskosität sowohl von der Temperatur als auch von der Scherrate abhängig ist. Die Scherspannung weist ein nichtlineares Verhalten über der Temperatur und Scherrate auf, wie in Abb. 5.4b dargestellt. Der Kurvenverlauf zeigt, dass der Scherspannungsgradient für diesen Fall kleiner als der eines Newtonschen Fluids ist, d. h.,

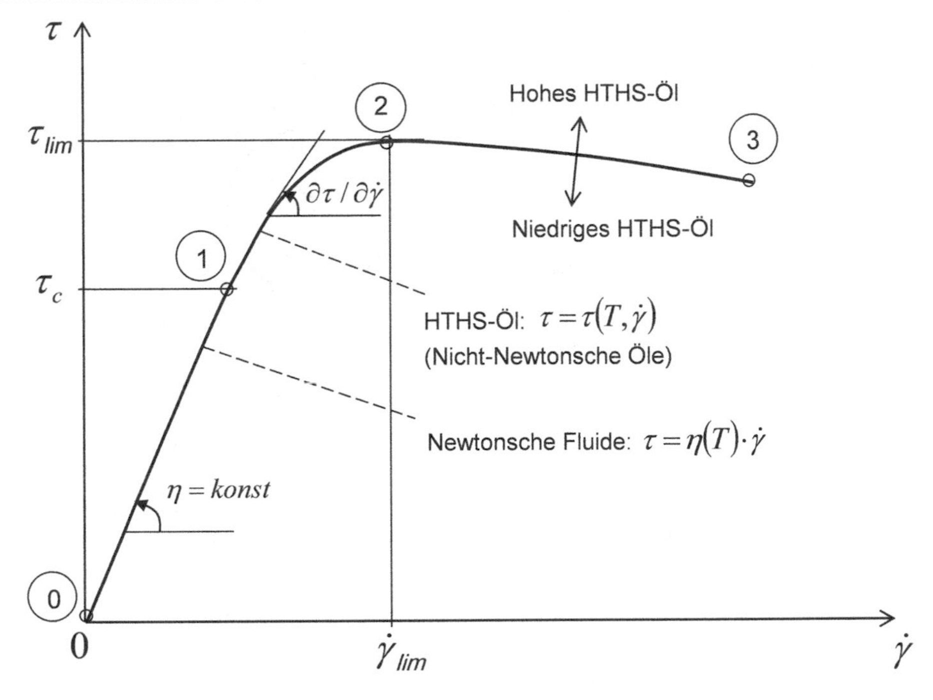

Abb. 5.5 Scherspannungen in Abhängigkeit der Scherrate des Schmieröls

die Scherspannung steigt langsamer mit der Scherrate an, vgl. Abb. 5.5. Einerseits ist die Viskosität umso niedriger, je höher die Scherrate ist. Andererseits nimmt die Scherspannung mit der Scherrate zu. Beide gegenläufigen Effekte sind für das nichtlineare Verhalten der Scherspannung in Abhängigkeit der Scherrate verantwortlich.

(2)–(3): *Nichtnewtonsche Öle* ($\tau > \tau_{\text{lim}}$)

Überschreitet die Scherrate einen kritischen Grenzwert $\dot{\gamma}_{\text{lim}}$ bei $\tau = \tau_{lim}$, beginnt die Scherspannung mit der Scherrate von (2)–(3) allmählich abzunehmen. Bei höheren Scherraten steigt gleichzeitig wegen der Lagerreibung die Öltemperatur. Dies führt zu einer temperaturbedingten Reduktion der Ölviskosität, die die Scherspannung stärker reduziert als sie aufgrund der erhöhten Scherrate zunimmt. Infolge dessen nimmt die Scherspannung mit der Scherrate in diesem Bereich ab.

In Abb. 5.5 verschiebt sich die Scherspannungskurve (0)–(1)–(2)–(3) aufwärts für höhere HTHS-Öle und abwärts für niedrigere HTHS-Öle. Es ist selbstverständlich, dass die Scherspannung bei den hohen HTHS-Ölen größer als die bei den niedrigen HTHS-Ölen ist. Als Folge wird weniger Reibung bei den niedrigen HTHS-Ölen induziert. Zur Reduzierung von Abgasemissionen sowie zur Senkung des Kraftstoffverbrauchs werden im Verbrennungsmotorenbau häufig niedrige HTHS-Schmieröle verwendet.

Generell sind Schmieröle in zwei HTHS-Klassen aufgeteilt: Niedrige HTHS-Öle mit einer dynamischen Viskosität $\eta_{\text{HTHS}} < 3{,}5$ mPa·s und hohe HTHS-Öle mit der

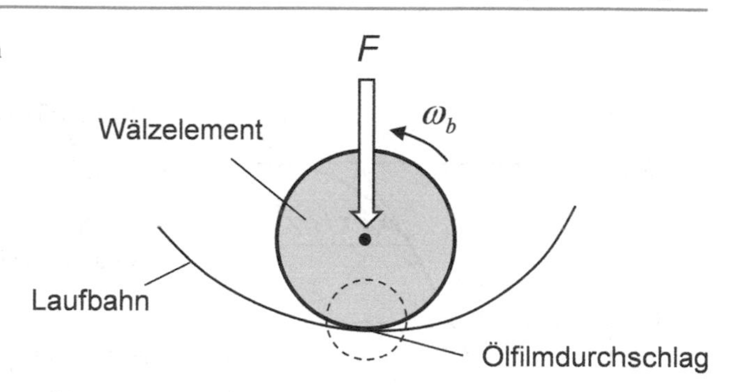

Abb. 5.6 Ölfilmdurchschlag in der Hertzschen Kontaktzone

dynamischen Viskosität $\eta_{\mathrm{HTHS}} \geq 3{,}5$ mPa·s bei den o. g. Referenzen für Temperatur und Scherrate. Die niedrigen HTHS-Öle mit der Viskosität zwischen 2,9 und 3,5 mPa·s generieren weniger Reibungsverlust in den Maschinen und bringen einige Vorteile bei der Kraftstoffeinsparung und Emissionsreduzierung mit sich. Gleichzeitig tritt höherer Verschleiß in den hochbelasteten Maschinenteilen wie Zylinder, Kolben und Lager auf. Deshalb wird die Lebensdauer der Maschinen wesentlich reduziert. Im Gegensatz dazu wird der Verschleiß bei den hohen HTHS-Ölen mit einer Viskosität $\eta_{\mathrm{HTHS}} \geq 3{,}5$ mPa·s geringer und die Lebensdauer der Maschinen sowie die Reibung und damit die Verlustleistung steigen.

Bei der Auswahl von Schmierstoffen ist also immer ein Kompromiss zwischen Reibleistung und Lebensdauer zu finden. In Zukunft muss z. B. zur Erreichung der EU-Abgasemissionsgrenzwerte für Verbrennungsmotoren ein ultradünnes Öl mit einer HTHS-Viskosität von ca. 2,6 mPa·s, z. B. SAE 0W20 verwendet werden. Zur Verminderung des hieraus resultierenden Verschleißes müssen die Oberflächeneigenschaften der Bauteile z. B. durch eine Beschichtung oder den Einsatz höherwertiger Werkstoffe verbessert werden. Dadurch steigen natürlich die Fahrzeugkosten an. Letztendlich werden diese Mehrkosten für den Umweltschutz an die Kunden weitergegeben, die wiederum von einem geringeren Kraftstoffverbrauch profitieren.

Bei Betriebsbedingungen mit höheren Drehzahlen sinkt die Ölviskosität, und deshalb wird die Ölfilmdicke im Lager reduziert. Unterschreitet die Ölfilmdicke den kritischen Grenzwert $\lambda = 3$, nehmen die Reibung und der Verschleiß im Lager bei den dann einsetzenden Grenz- und Mischschmierungszuständen zu. Bei extrem dünnen Ölfilmdicken kann es in der Kontaktzone zu einem Durchschlag des Ölfilms mit mechanischem Kontakt zwischen den Wälzelementen und Laufbahnen kommen, wie in Abb. 5.6 dargestellt.

5.5 Viskositätsindex der Schmieröle

Zur Verminderung des Verschleißes in Wälzlagern und Getrieben unter höheren Belastungen werden den Schmierölen Polymeradditive (EP/AW-Additive) beigemischt. Die Polymeradditive (*VI-Verbesserer* genannt) verbessern die Abhängigkeit der Ölviskosität von der Temperatur dahingehend, dass bei höheren Temperaturen ein schwächerer Viskositätsabfall auftritt.

Der Viskositätsindex *VI* ist definiert als die Änderungsrate der Temperatur mit der dynamischen Viskosität, ausgedrückt durch den Betrag der partiellen Ableitung der Temperatur nach der dynamischen Viskosität:

$$VI \propto \left| \frac{\partial T}{\partial \eta} \right|. \tag{5.7}$$

Nach Gl. 5.7 gilt: Je höher der Viskositätsindex *VI*, desto weniger ändert sich die Viskosität mit der Temperatur. Hochwertige Qualitätsöle haben also einen hohen Viskositätsindex *VI* und tragen damit zur Verschleißreduzierung über einen großen Betriebsbereich der Öltemperatur bei.

Die Verläufe der Viskosität über der Temperatur sind für ein Öl mit hohem und ein Öl mit niedrigem *VI* in Abb. 5.7 gegenübergestellt. Die Viskosität des hohen *VI*-Öls nimmt mit der Öltemperatur langsamer ab als die des niedrigen *VI*-Öls. Das bedeutet, der *VI*-Index des hohen *VI*-Öls ist größer als der *VI*-Index des niedrigen *VI*-Öls.

Generell gilt: Je höher der *VI* ist, desto geringer ist die Änderung der Viskosität über die Temperatur und umgekehrt. Zur Verschleißreduzierung in einem großen Betriebsbereich der Öltemperaturen sind die hohen *VI*-Öle geeigneter als die niedrigen *VI*-Öle.

Synthetische Öle (Ester und PAO) haben meistens höhere *VI* als Mineralöle, da nach dem Hydrocracking-Prozess den Schmierölen einige Polymeradditive zugeführt werden. Diese Synthetiköle werden für die spezifischen Kundenanwendungen optimiert und hergestellt. Dabei werden die molekularen Strukturen der Kohlenwasserstoffketten und aromatischen Ringe vereinfacht, um die Öleigenschaften gezielt einstellen zu können. Dies ist bei den Mineralölen aufgrund der unvorhersehbaren, komplizierten molekularen Strukturen nicht möglich. Deshalb sind Synthetiköle besser für extreme Betriebsbedingungen wie höhere Temperaturen und Belastungen geeignet.

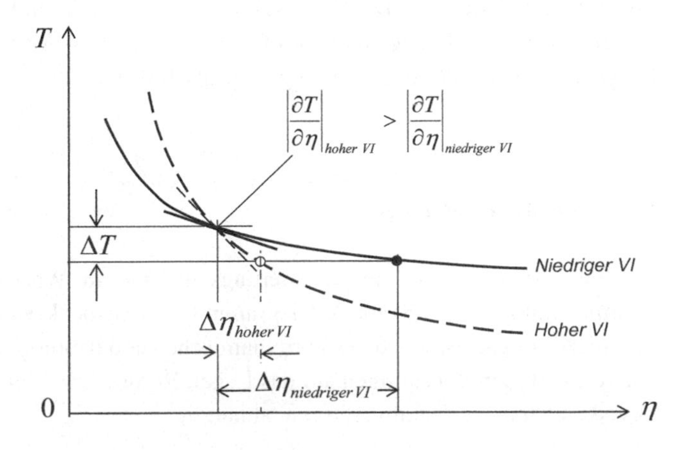

Abb. 5.7 Dynamische Ölviskosität verschiedener *VI*-Öle in Abhängigkeit der Temperatur

VI-Verbesserer beeinflussen die Ölviskositätsänderung mit der Temperatur durch zwei Effekte. Bei niedrigen Temperaturen schrumpfen die molekularen Ketten durch die Polymeradditive und geben somit den Ölmolekülen mehr Zwischenräume, um sich zu bewegen. Als Folge wird die Viskositätserhöhung bei niedrigen Temperaturen wesentlich verlangsamt. Bei hohen Temperaturen dehnen sich die molekularen Ketten aus und stellen dadurch den Ölmolekülen weniger Zwischenräume zur Verfügung. Somit wird die Viskositätsreduzierung bei höheren Temperaturen stark verlangsamt.

Der Viskositätsindex *VI* (%) wird nach der Norm *ASTM D567* (Standard Method for Calculating Viscosity Index) berechnet [1]:

$$VI(\%) = 100 \times \left(\frac{L-U}{L-H}\right), \tag{5.8}$$

wobei

U die Saybolt-Universale-Viskosität (SUV) [1] des Testöls bei 100 °F (ca. 38 °C),
L die SUV bei 38 °C eines niedrigen *VI*-Referenzöls ($VI \equiv 0$ für $L > H$) und
H die SUV bei 38 °C eines hohen *VI*-Referenzöls ($VI \equiv 100$) darstellen.

Bei dieser Methode wird vorausgesetzt, dass die SUV-Viskositäten L, H und U bei 212 °F (ca. 100 °C) den gleichen Wert haben, d. h. $L = H = U$ bei 100 °C.

Als Beispiel wird ein Testöl mit den Saybolt-Universalen-Viskositäten U von 1176 SUV bei 38 °C und 120 SUV bei 100 °C ausgewählt. Nach der Norm *ASTM D567* müssen die Referenzöle die Saybolt-Universalen-Viskositäten L von 3838 SUV und H von 1620 SUV bei 38 °C aufweisen. Nach der Gl. 5.8 ergibt sich dann der Viskositätsindex *VI* des Testöls zu

$$VI(\%) = 100 \times \left(\frac{3838-1176}{3838-1620}\right) = 120.$$

Zur Berechnung des *VI*-Indexes eines Schmieröls sind die SUV-Ölviskositäten bei 38° C und 100 °C erforderlich. Die SUV-Viskositäten L und H sind in der Norm *ASTM D567* zu finden [1]. Die *VI*-Indizes (%) sind für einige moderne Automobilschmieröle in Tab. 5.3 [3] gezeigt, deren *VI* durchgängig größer als 100 sind.

5.6 Stribeck-Kurve

Im Folgenden werden die Schmierungszustände in Wälzlagern in Abhängigkeit der Schmierfilmdicken im Stribeck-Diagramm (auch Stribeck-Kurve genannt) untersucht. Die Schmierfilmdicke ist von den rotordynamischen und tribologischen Eigenschaften der Wälzlager, z. B. den Belastungen auf das Lager, Rotordrehzahlen, Oberflächeneigenschaften, Ölviskositäten und Öltemperaturen, abhängig.

Tab. 5.3 *VI*-Indizes einiger Automobilschmieröle

Schmieröle	**Viskositätsindex (*VI*)**
Mineralöle	80...120
Hydrocraking-Öle	125...150
Synthetische Öle (PAOs)	140...160
Silikone-Öle (hydraulische Fluide)	> 200

Zur Bewertung des Schmierungszustands wird der *Kennwert* λ, der eine dimensionslose Schmierfilmdicke darstellt, als das Verhältnis der minimalen Schmierfilmdicke $h_{\min}$ zum kombinierten quadratischen Mittelrauwert R_q der Oberflächen #1 und #2 definiert [1, 4, 5]:

$$\lambda \equiv \frac{h_{\min}}{R_q}. \tag{5.9}$$

Der *kombinierte quadratische Mittelrauwert* ist definiert als

$$R_q \equiv \sqrt{R_{q1}^2 + R_{q2}^2}, \tag{5.10}$$

wobei R_{q1} und R_{q2} der quadratische Mittelrauwert (rms-Rauwerte oder effektive Rauwerte) der Oberfläche #1 bzw. #2 sind.

Unter der Annahme der Gauß-Verteilung des Oberflächenrauwerts wird der *quadratische Mittelrauwert* R_q aus dem *arithmetischen Mittelrauwert* R_a berechnet zu

$$R_q = 1{,}25 R_a.$$

Daher wird der kombinierte quadratische Rauwert in den arithmetischen Mittelrauwerten umgerechnet als

$$R_q = 1{,}25\sqrt{R_{a1}^2 + R_{a2}^2}, \tag{5.11}$$

wobei R_{a1} und R_{a2} der arithmetische Mittelrauwert der Oberfläche #1 bzw. #2 sind.

Das Schmierungsverhalten in Abhängigkeit der Schmierfilmdicke wird im Stribeck-Diagramm nach [1] in vier Schmierungszustände aufgeteilt, vgl. Abb. 5.8:

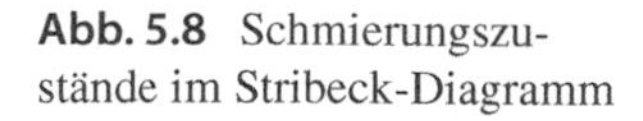

Abb. 5.8 Schmierungszustände im Stribeck-Diagramm

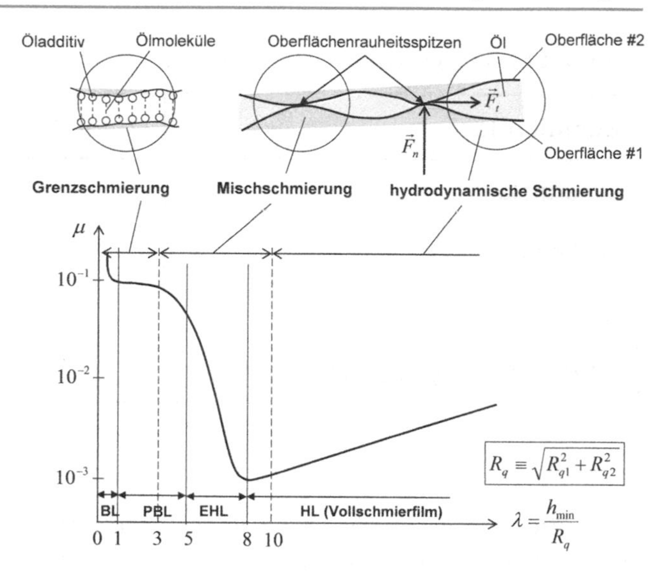

- $\lambda \leq 1$: Grenzschmierung (BL: boundary lubrication);
- $1 < \lambda \leq 5$: partielle Grenzschmierung (PBL: partial boundary lubrication);
- $3 < \lambda < 10$: Mischschmierung für $5 \leq \lambda \leq 8$ (ML: mixed lubrication) inklusive elastohydrodynamischer Schmierung (EHL: elastohydrodynamic lubrication);
- $\lambda \geq 10$: vollständig hydrodynamische Schmierung für $\lambda \geq 8$ bis 10 (HL: fully hydrodynamic lubrication).

Im Falle von $\lambda \leq 1$ herrscht in der Kontaktzone der Grenzschmierungszustand mit einer sehr kleinen Schmierfilmdicke in der Größenordnung von einigen Nanometern. In nanotribologischer Betrachtung trennen hierbei die Moleküle der Kohlenwasserstoffketten des Schmieröls bzw. die Polymeradditive die gegeneinander bewegten Flächen. Bedingt durch die sehr kleine Ölfilmdicke nimmt der Reibkoeffizient drastisch zu. Dies führt unter hohen Belastungen auf das Lager zum Materialfressen.

Nimmt die Ölfilmdicke λ einen Wert von 1 bis 5 an, tritt in der Kontaktzone die partielle Grenzschmierung auf. Dieser Schmierungszustand ist dadurch gekennzeichnet, dass sich die gegeneinander bewegten Oberflächen im Grenzschmierungszustand in der Nanotribologie ($\sim 10^{-9}$m) bzw. im Mischschmierungszustand in der Mikrotribologie ($\sim 10^{-6}$m) befinden.

Generell wird die Nanotribologie benutzt, um die tribologischen Effekte in der Mikrotribologie zu erklären. Bei $\lambda \ll 1$ und dadurch auftretendem Materialfressen steigt der Reibkoeffizient fast unendlich. Im Bereich $1 \leq \lambda < 3$ bleibt der relativ hohe Reibkoeffizient fast konstant. Anschließend nimmt der Reibkoeffizient bei $3 \leq \lambda < 5$ mit zunehmender Ölfilmdicke ab. Jedoch sind die Reibkoeffizienten relativ hoch, da im Mischschmierungszustand sowohl adhäsive als auch abrasive Reibung auftreten (vgl. Kap. 8).

Der elastohydrodynamische Schmierungszustand (EHL) tritt bei $5 \leq \lambda \leq 8$ auf und ist dadurch gekennzeichnet, dass die Rauspitzen der gegeneinander bewegten Oberflächen bereits plastisch deformiert oder sogar ganz abgetragen wurden und sich die Oberflächen dadurch sowie durch die zunehmende Ölfilmdicke nicht mehr berühren. Sobald die Rauspitzen an den Kontaktflächen verschwunden sind bzw. nicht mehr miteinander in Berührung kommen, sinkt der Reibkoeffizient auf ein Minimum. An diesem Punkt beginnt der vollständig hydrodynamische Schmierungszustand (HL).

Im Falle $\lambda \geq 10$ werden die gegeneinander bewegten Oberflächen durch die größere Ölfilmdicke vollständig voneinander getrennt, sodass kein Kontakt zwischen den Oberflächenrauspitzen stattfindet. Der Reibkoeffizient im HL-Schmierungszustand wird nun allein durch die viskose Reibung des Ölfilms bestimmt.

Der Reibkoeffizient des vollständig hydrodynamischen Schmierungszustands steigt linear mit der dimensionslosen Schmierfilmdicke λ:

$$\mu_{HL} = \frac{F_t}{F_n} \propto \frac{1/h}{1/h^2} \propto h = \lambda R_q$$
$$\Rightarrow \mu_{HL} \propto \lambda, \tag{5.12}$$

wobei

h die minimale Schmierfilmdicke,
λ die dimensionslose Schmierfilmdicke (Schmierfilmdickenkennwert),
F_t die Reibkraft proportional zum Kehrwert der Schmierfilmdicke ($\sim 1/h$) und
F_n die Normalkraft proportional zum Kehrwert der quadratischen Schmierfilmdicke ($\sim 1/h^2$) darstellen.

In den partiellen Grenz- oder Mischschmierungszuständen steigt die Öltemperatur wegen der Reibung im Betrieb auf hohe Werte an. Überschreitet die effektive Öltemperatur im Lager die Flammpunkttemperatur (flash-point temperature) des Schmieröls, wie z. B. 210 °C für SAE 5W30 und 250 °C für SAE 0W20 [3], beginnt das Öl in der Kontaktzone zu verkoken. Der Verkokungsprozess hinterlässt eine harte schwarze Ölschicht auf den Oberflächen von Wälzlagern. Die verkokte Ölschicht wächst allmählich im Laufe des Betriebs an. Als Folge wird das Lagerspiel ständig verkleinert und der Teufelskreis beginnt: In Folge des reduzierten Lagerspiels steigt die Reibung und damit die Öltemperatur immer weiter an, der Verkokungsprozess wird beschleunigt und schließlich bricht der Ölschmierfilm in der Kontaktzone zusammen, das Lager fällt aufgrund von Materialfressen aus.

5.7 Parameter der Oberflächentexturen

Oberflächeneigenschaften in Kombination mit der Ölfilmdicke spielen eine wichtige Rolle für die Rotorstabilität, den Verschleiß und NVH-Themen in den Wälzlagern. Die Oberflächentexturen haben je nach Schmierungszustand einen starken Einfluss auf die Ölfilmdicke, wie in Abb. 5.8 dargestellt. Unter normalen Betriebsbedingungen arbeiten die Wälzlager im elastohydrodynamischen Schmierungszustand (EHL), in dem der Ölfilmdruck durch die Lagerdrehzahl aufgebaut wird, um den Rotor mit den externen Belastungen auf das Lager im Gleichgewicht zu halten.

5.7.1 Profile der Oberflächenrauheit

Die Eigenschaften der Oberflächenrauheit der Wälzelemente und Laufbahnen werden im Folgenden tribologisch analysiert. Das auf Oberflächenrauheit abgetastete Profil einer welligen Oberflächentextur wird hierbei als Rauheitsprofil der Oberflächentextur bezeichnet, vgl. Abb. 5.9.

Zur Analyse einer Oberflächenrauheit wird mithilfe eines Abtastkopfs das Oberflächenprofil bestehend aus Welligkeits- und Rauheitsprofil gemessen und digitalisiert, wie in Abb. 5.10a gezeigt. Die Spitze-zu-Spitze-Amplitude des Welligkeitsprofils wird dabei als *Wellentiefe* W_t bezeichnet.

Die gemessenen Signale des Oberflächenprofils werden verstärkt und mithilfe von Bandfiltern analysiert. Über einen Hochpassfilter erhält man das Oberflächenrauheitsprofil, und mithilfe eines Tiefpassfilters ergibt sich das Oberflächenwelligkeitsprofil, wie in Abb. 5.10a dargestellt.

Das Welligkeitsprofil macht die Plateauform der Oberfläche sichtbar, und das Rauheitsprofil beschreibt die reellen Oberflächenrauheitshöhen, die in Bezug auf eine Referenzlinie gemessen sind. Das Rauheitshöhenprofil versteht sich als der arithmetische

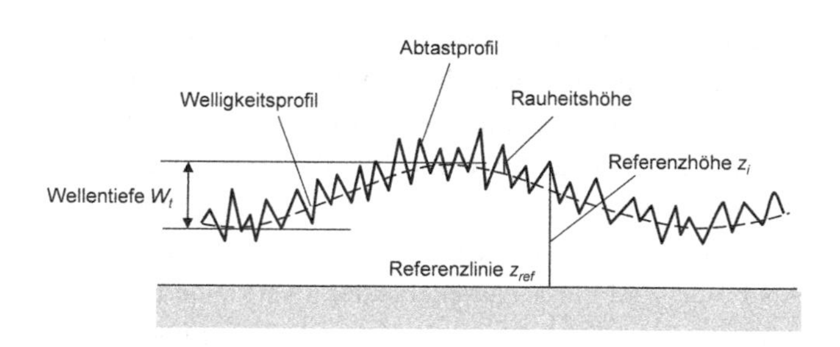

Abb. 5.9 Kenngrößen einer Oberflächentextur

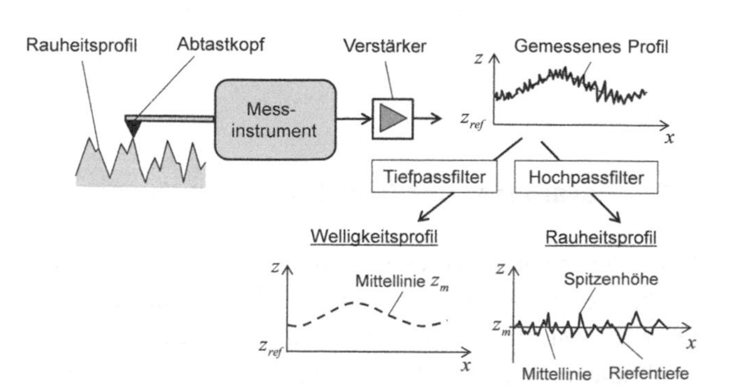

Abb. 5.10a Analyse eines gemessenen Oberflächenabtastprofils

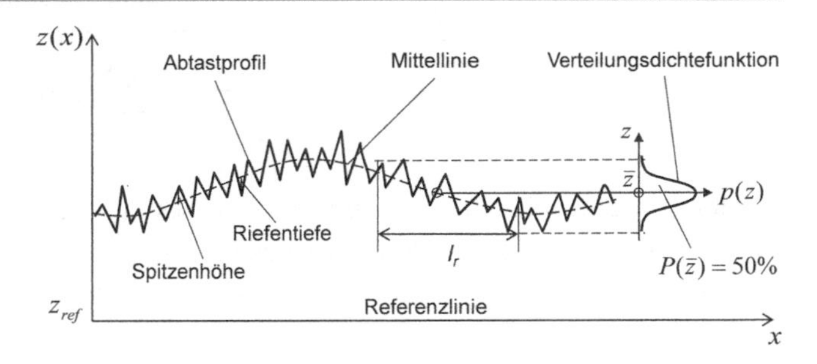

Abb. 5.10b Verteilungsdichtefunktion der gemessenen Rauheitshöhen

Mittelwert der Oberflächenhöhen in einer Bezugsmessstrecke, innerhalb derer sich mehrere Spitzenhöhen und Riefentiefen befinden müssen [6].

Der Mittelwert der Oberflächenhöhen über eine Auswertelänge l_n ist definiert als

$$\bar{z} \equiv \frac{1}{l_n} \int_0^{l_n} z(x)dx \approx \frac{1}{N} \sum_{i=1}^{N} z_i(x_i), \tag{5.13}$$

wobei N die Probenanzahl der gemessen Oberflächenhöhen z_i über der Referenzlinie z_{ref} innerhalb der Auswertelänge l_n darstellt.

In der Praxis wird mithilfe eines Phasenkorrekturfilters der arithmetische Mittelwert der Oberflächenhöhen unter der Annahme einer Gaußschen Verteilungsdichtefunktion $p(z)$ innerhalb der Bezugsmessstrecke l_r ermittelt. Es ist anzumerken, dass sich der arithmetische Mittelwert der Oberflächenhöhen beim maximalen Wert der Verteilungsdichtefunktion $p(z)$ befindet, deren kumulative Dichtefunktion $P(z)$ einen Wert von 50 % beträgt, vgl. Abb. 5.10b und Anhang A.

Die Varianz s der Oberflächenrauheitshöhe von N Proben in der Bezugsmessstrecke l_r wird berechnet zu

$$\begin{aligned} s &= \frac{1}{l_r} \int_0^{l_r} (z(x) - \bar{z})^2 \, dx \\ &\approx \frac{1}{(N-1)} \sum_{i=1}^{N} (z_i - \bar{z})^2. \end{aligned} \tag{5.14}$$

Die Standardabweichung σ ist als die Quadratwurzel der Varianz s definiert. Diese stellt die Abweichung der gemessenen Werte vom Mittelwert der Dichtefunktion in der Normalverteilung dar (vgl. Anhang A). Je kleiner die Standardabweichung der gemessenen Werte ist, desto näher liegen die gemessenen Werte an ihrem Mittelwert. Im Gegensatz dazu liegen bei einem großen Wert der Standardabweichung die gemessenen Werte weit von ihrem Mittelwert entfernt verstreut.

Anhand der Gl. 5.14 ergibt sich also die Standardabweichung σ von N Proben in der Bezugsmessstrecke l_r zu

$$\sigma \equiv \sqrt{s} \approx \sqrt{\frac{1}{(N-1)} \sum_{i=1}^{N} (z_i - \bar{z})^2}. \tag{5.15}$$

Je kleiner die Standardabweichung ist, desto besser ist der Fertigungsprozess. Bei einem Fertigungsprozess mit einer Standardabweichung von $\pm 3\sigma$ liegen 99,7 % der produzierten Teile innerhalb der Fertigungstoleranz, vgl. Anhang A.

5.7.2 Parameter der Oberflächenrauheit

Im Folgenden werden einige wichtige Kenngrößen zur Charakterisierung der Oberflächenbeschaffenheit vorgestellt [6].

- *Grenzwellenlänge* λ_c eines Profilfilters ist diejenige Wellenlänge, bei der der Filter die gemessene Amplitude einer Sinuswelle auf 50 % reduziert. Nach den Normen von DIN EN ISO 4288:1998 und DIN EN ISO 3274:1998 werden einige Grenzwellenlängen für die Profilfilter festgelegt:

$$\lambda_c = 0,08;\ 0,25;\ 0,8;\ 2,5;\ 8,0\ mm. \tag{5.16}$$

  Bei einer Reduzierung der Grenzwellenlänge wird die Amplitude des gefilterten Oberflächenrauheitsprofils ebenfalls verkleinert und die Amplitude des gefilterten Oberflächenwelligkeitsprofils vergrößert. Daher wird eine kürzere Grenzwellenlänge bei kleineren Oberflächenrauheiten R_a bzw. R_z bevorzugt.
- *Auswertelänge* l_n ist die Länge, über die die gemessenen Werte ausgewertet werden. Die Auswertelänge beträgt erfahrungsmäßig ca. das Fünffache der Grenzwellenlänge λ_c:

$$l_n \approx 5\lambda_c. \tag{5.17}$$

- *Bezugslänge* l_r ist die Länge, über die die Oberflächenhöhen ausgewertet werden. Die Bezugslänge ist erfahrungsmäßig ungefähr gleich der Grenzwellenlänge:

$$l_r \approx \lambda_c. \tag{5.18}$$

- *Mittlerer Rillenabstand* R_{sm} (DIN EN ISO 4287, ASME B46.1)

  Der mittlere Rillenabstand ist definiert als der Mittelwert von fünf Rillenabständen der Oberflächenrauheit innerhalb der Auswertelänge l_n (s. Abb. 5.11):

$$R_{sm} = \frac{1}{5} \sum_{i=1}^{5} s_{mi}. \tag{5.19}$$

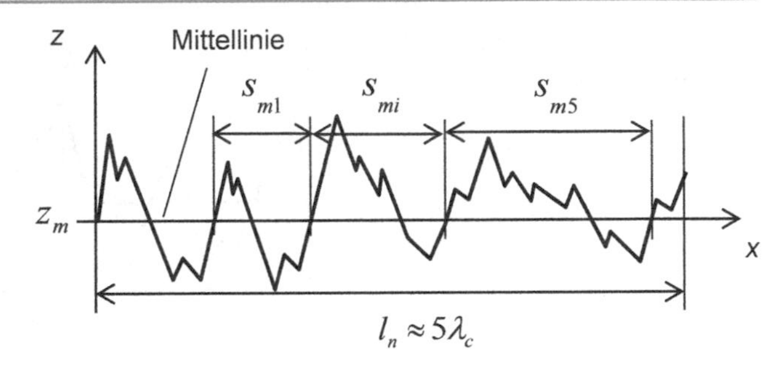

Abb. 5.11 Mittlerer Rillenabstand R_{sm}

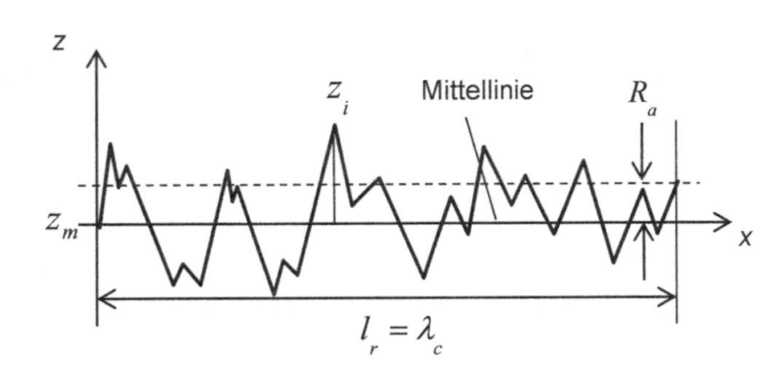

Abb. 5.12 Arithmetischer Mittelrauwert R_a

Jeder Rillenabstand s_{mi} entspricht einer Wellenlänge des Oberflächenrauheitsprofils und muss mindestens eine Rauspitze und eine Rautiefe der gemessenen Oberfläche beinhalten.

- *Arithmetischer Mittelrauwert* R_a (DIN-EN-ISO 4287, ASME B46.1)

  Der arithmetische Mittelrauwert ist definiert als der Mittelwert von N gemessenen Oberflächenhöhen z_i über der Mittellinie innerhalb der Bezugslänge l_r (vgl. Abb. 5.12):

$$R_a \equiv \frac{1}{l_r}\int_0^{l_r} |z(x)|dx \approx \frac{1}{N}\sum_{i=1}^{N} |z_i|. \tag{5.20}$$

- *Quadratischer Mittelrauwert* R_q (DIN-EN-ISO 4287, ASME B46.1)

  Der quadratische Mittelrauwert (Rms-Rauwert) ist definiert als der Mittelwert von N gemessenen Oberflächenhöhen z_i über der Mittellinie innerhalb der Bezugslänge l_r, über die die Rauspitzen und Rautiefen ausgewertet werden (vgl. Abb. 5.13):

$$R_q \equiv \sqrt{\frac{1}{l_r}\int_0^{l_r} z^2(x)dx} \approx \sqrt{\frac{1}{N}\sum_{i=1}^{N} z_i^2}. \tag{5.21}$$

- *Gemittelte Rautiefe* R_z und maximale Rautiefe R_{max} (DIN-EN-ISO 4287, ASME B46.1).

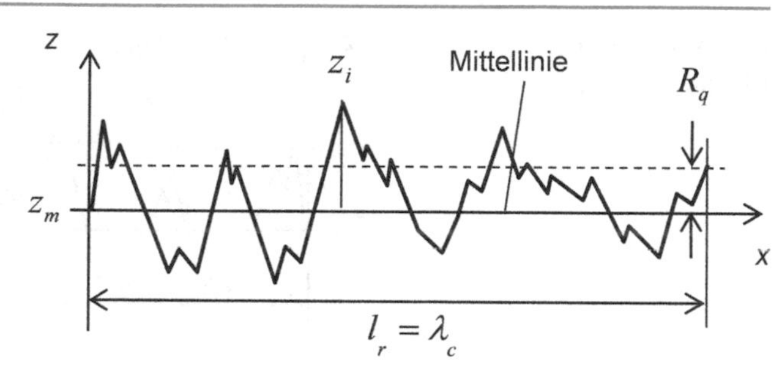

Abb. 5.13 Quadratischer Mittelrauwert R_q

Die gemittelte Rautiefe ist definiert als der Mittelwert von fünf gemessenen Einzelrautiefen $R_{z,i}$ innerhalb fünf fortlaufenden Bezugslängen l_r innerhalb der Auswertelänge l_n:

$$R_z \equiv \frac{1}{5} \sum_{i=1}^{5} R_{z,i}. \tag{5.22}$$

Die *maximale* Rautiefe ist definiert als die größte Rautiefe der fünf gemessenen Einzelrautiefen $R_{z,i}$ innerhalb der Auswertelänge l_n:

$$R_{\max} \equiv \max_{i=1,..,5} (R_{z,i}), \tag{5.23}$$

wobei $R_{z,i}$ und R_{max} in Abb. 5.14 dargestellt sind.

- *Materialanteil* R_{mr} (DIN EN ISO 4287, ASME B46.1)

  Der Materialanteil R_{mr} (%) ist definiert als das Verhältnis der Summe l(c) aller N Materiallängen $l_i(z)$ bei einer Oberflächenhöhe z zur Auswertelänge l_n, vgl. Abb. 5.15. Der Materialanteil wird nach der Norm ASME B46.1 auch als Lagerlängenanteil bezeichnet:

$$\begin{aligned} R_{mr}(z) &\equiv \frac{l(c)}{l_n} \times 100\,[\%] \\ &= \frac{1}{l_n} \sum_{i=1}^{N} l_i(z) \times 100\,[\%]\,. \end{aligned} \tag{5.24}$$

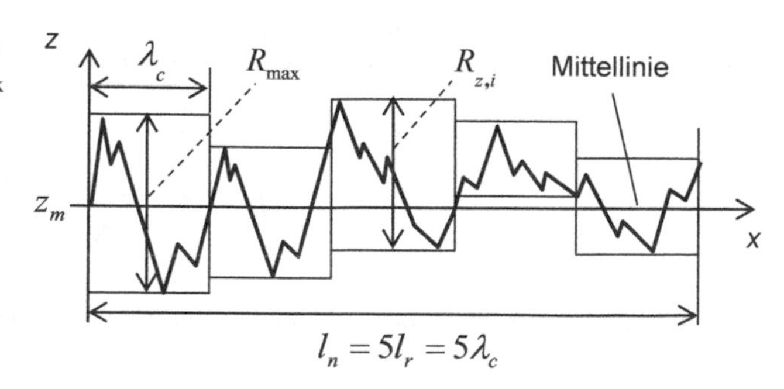

Abb. 5.14 Gemittelte Rautiefe R_z und maximale Rautiefe R_{max}

- *Abbott-Firestone-Kurve* (Abbott-Kurve)
  Die Abbott-Firestone-Kurve ist eine der wichtigsten Charakterisierungswerkzeuge für die Oberflächenrauheit und wird darüber hinaus zur Bewertung der Qualität der Oberflächeneigenschaften verwendet. Mithilfe der Abbott-Kurve wird die Oberflächenqualität von verschiedenen Proben mit gleichen Werten für die gemittelte Rautiefe R_z und den arithmetischen Mittelrauwert R_a bewertet. Anhand der Form der Abbott-Kurve wird entschieden, welche Oberflächenqualität besser ist.

Nach der Norm ASME B46.1 wird die Abbott-Kurve auch als Lagerflächenkurve (BAC: bearing area curve) bezeichnet. In der Wahrscheinlichkeitstheorie entspricht die Abbott-Kurve eigentlich der Verteilungsdichtefunktion der Oberflächenhöhen (vgl. Anhang A). Die Abbott-Kurve wird zunächst aus dem Profil der Oberflächenhöhe z(x) konstruiert. Bei einer Schnittlinie z am Oberflächenprofil wird der Materialanteil R_{mr} als das Verhältnis der Summe der Materiallängen l_i zur Auswertelänge l_n berechnet, wie in Abb. 5.15 dargestellt.

Zur Normierung der Gaußschen Verteilungsfunktion wird der dimensionslose Kennwert c der Oberflächenhöhe definiert als

$$c \equiv \frac{(z - \bar{z})}{\sigma}, \tag{5.25}$$

wobei σ die Standardabweichung und $\bar{z}$ der Mittelwert der Oberflächenhöhe sind.

Der Kennwert c der Oberflächenhöhe ist über den Materialanteil R_{mr} in Abb. 5.15 dargestellt, in der die glockenförmige Kurve als *Abbott-Kurve* gekennzeichnet ist. Selbstverständlich liegt der Materialanteil von 0 % bei der maximalen Rauspitze, da keine Rauspitze der Oberfläche erfasst wird, d. h. $l(c) = 0$. Der Materialanteil von 100 % befindet sich bei der minimalen Rautiefe, weil alle Rautiefen der Oberfläche erfasst werden, d. h. $l(c) = l_n$. Jedoch wird in der Praxis aus Erfahrung die Ordinate der dimensionslosen Oberflächenhöhe c von der Anfangsposition $R_{mr} = 0\%$ hin zu $R_{mr} = 5$ % verschoben, sodass die Referenzlinie c_{ref} bei $R_{mr} = 5\%$ liegt. Daher befindet sich nach dem kurzzeitigen Verschleiß die Referenzlinie c_{ref} jedenfalls auf der höchsten Rauspitze der Oberflächenhöhe, wie in Abb. 5.15 gezeigt.

Mithilfe der Dichtefunktion $p(c)$ der Amplitude des Oberflächenprofils wird die Abbott-Kurve in Abb. 5.16 konstruiert [5].

Die Amplitudendichtefunktion $p(c)$ ist als die Anzahl der Rauspitzen des Oberflächenprofils zwischen den Oberflächenhöhen z und $z + dz$ definiert. Die kumulative Dichtefunktion $P(c)$ der Amplitudendichtefunktion $p(c)$ entspricht dem Materialanteil R_{mr} (vgl. Anhang A):

$$P(c) = \int_c^\infty p(c)dc = R_{mr}(c). \tag{5.26}$$

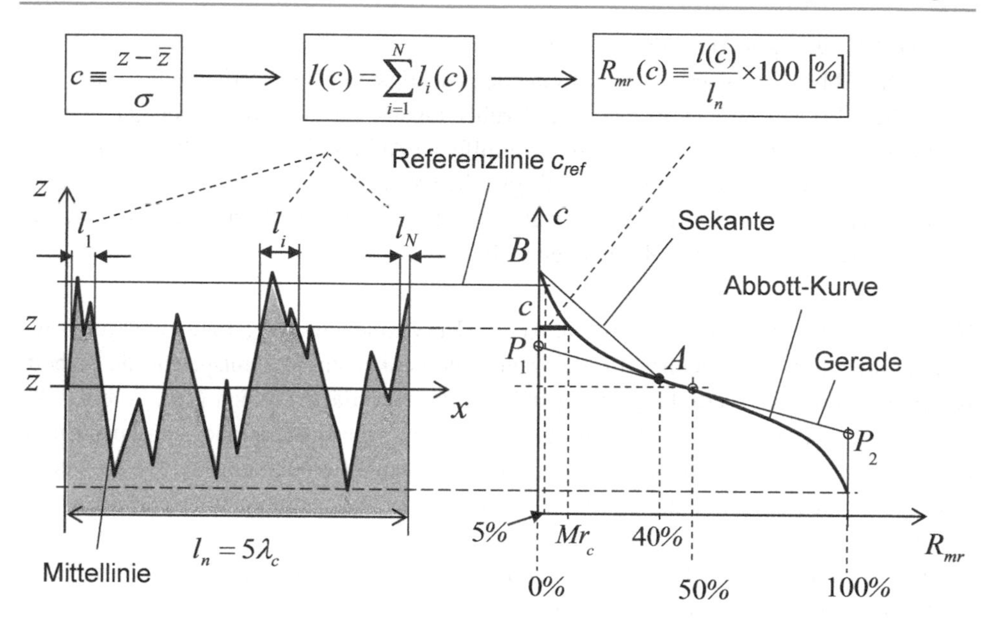

Abb. 5.15 Abbott-Kurve und Materialanteil R_{mr}

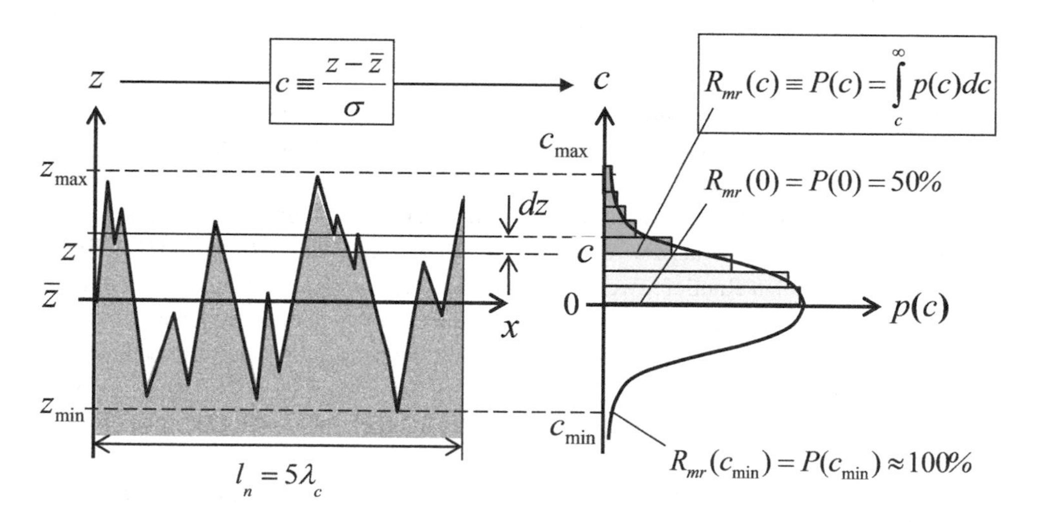

Abb. 5.16 Amplitudendichtefunktion (ADF) des Oberflächenprofils

Aus diesen Definitionen lassen sich folgende Erkenntnisse ableiten:

- $R_{mr}(c_{max}) = P(c_{max}) \approx 0$ % bzw. 5 % bei der höchsten Rauspitze des Oberflächenprofils für $c(z_{max}) = c_{max}$;
- $R_{mr}(0) = P(0) \approx 50$ % an der Mittellinie für $c(\bar{z}) = 0$;

- $R_{mr}(c_{min}) = P(c_{min}) \approx 100\ \%$ bei der tiefsten Rautiefe des Oberflächenprofils für $c(z_{min}) = c_{min}$;
- Reduzierte Kenngrößen R_{pk}, R_k, R_{vk} (DIN-EN-ISO 13.565-1/-2).

Die *reduzierte Spitzenhöhe* R_{pk} in der in Abb. 5.17 gezeigten Abbott-Kurve ist die Kenngröße zur Beschreibung der Rauspitze des Oberflächenprofils.

Die *Kernrautiefe* R_k in der Abbott-Kurve ist die Kenngröße zur Beschreibung der Plateauform des Oberflächenprofils.

Die *reduzierte Riefentiefe* R_{vk} in der Abbott-Kurve ist die Kenngröße zur Beschreibung der Riefentiefe des Oberflächenprofils. Die Riefentiefe ist ein Maß für die Ölspeichereigenschaft der Oberfläche.

Die *Materialanteile* Mr_1 und Mr_2 (%) sind definiert als der kleinste bzw. größte Materialanteil in der Abbott-Kurve. Beide Materialanteile bestimmen die geometrische Form der Abbott-Kurve und spielen neben den Kenngrößen R_a und R_z eine sehr wichtige Rolle bei der Bewertung der tribologischen Oberflächenqualität.

Im Folgenden wird die Vorgehensweise zur Bestimmung der Kenngrößen R_{pk}, R_k, R_{vk}, Mr_1 und Mr_2 in der Abbott-Kurve aufgezeigt (vgl. Abb. 5.15 und 5.17).

Zuerst wird die Sekante AB bei $R_{mr}(A) = 40\ \%$ in Abb. 5.15 gezeichnet. Dann wird die Sekante AB um den Punkt A gedreht, bis sie die linke obere Halbkurve der Abbott-Kurve im Punkt A tangential berührt. Die verlängerte Sekante P_1AP_2 schneidet die Ordinate mit $R_{mr} = 0\ \%$ und $100\ \%$ bei P_1 bzw. P_2, wie in Abb. 5.17 gezeigt. Die Oberflächenhöhen z_1 und z_2 bei den entsprechenden Punkten P_1 bzw. P_2 schneiden die Abbott-Kurve bei Q_1 bzw. Q_2. Schließlich werden nach Gl. 5.24 der kleinste und größte Materialanteil $Mr_1(\%)$ und $Mr_2(\%)$ bei den Punkten Q_1 bzw. Q_2 ermittelt.

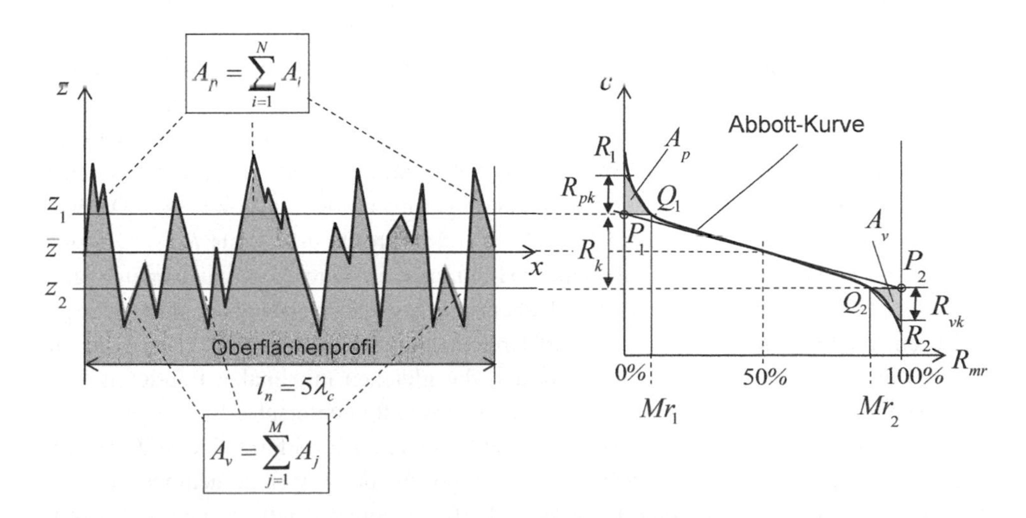

Abb. 5.17 Kenngrößen R_{pk}, R_k, R_{vk} und Materialanteile Mr_1, Mr_2

Die Fläche A_p wird als die Summe aller Spitzenflächen A_i oberhalb der Oberflächenhöhe z_1 definiert. Der Punkt R_1 des Dreiecks $P_1Q_1R_1$ wird so lange in der Ordinatenrichtung c verschoben, bis die Fläche des Dreiecks gleich der Fläche A_p ist. Die Höhe P_1R_1 ist als die reduzierte Spitzenhöhe R_{pk} definiert (vgl. Abb. 5.17).

In ähnlicher Weise ist die reduzierte Riefentiefe R_{vk} gleich der Höhe P_2R_2 des konstruierten Dreiecks $P_2Q_2R_2$, dessen Fläche gleich der Fläche A_v ist. Die Fläche A_v wird als die Summe aller Riefentiefenflächen A_j unterhalb der Oberflächenhöhe z_2 definiert. Anschließend wird über die Höhe P_1P_2 zwischen den Oberflächenhöhen z_1 und z_2 die Kernrautiefe R_k ermittelt, vgl. Abb. 5.17.

Die reduzierte Spitzenhöhe R_{pk} und die reduzierte Riefentiefe R_{vk} werden berechnet zu

$$R_{pk} = \frac{2A_p}{l_n \cdot Mr_1} \times 100; \tag{5.27}$$

$$R_{vk} = \frac{2A_v}{l_n \cdot (100 - Mr_2)} \times 100. \tag{5.28}$$

Generell ist man bestrebt, die Kernrautiefe R_k sehr klein in der Größenordnung von ca. $1 - 2\ \mu\text{m}$ zu halten, um die Tragkapazität des Lagers durch die hierbei resultierenden kleineren Plateauformen des Oberflächenprofils zu erhöhen. Darüber hinaus gilt: Je kleiner die reduzierte Spitzenhöhe R_{pk}, desto besser die Oberflächenqualität. Man versucht daher, eine reduzierte Spitzenhöhe in der Größenordnung von ca. $0,5 - 1\ \mu\text{m}$ zu erreichen. Im Gegensatz dazu sollte die reduzierte Riefentiefe R_{vk} in der Größenordnung von ca. $1 - 2\mu\text{m}$ etwas kleiner als die Kenngröße R_{pk} ausfallen, um ein großes Ölreservoir in den Riefen der Oberfläche zu gewährleisten. Hierdurch kann der Schmierungszustand des Lagers bei Start-Stopp-Fahrzyklen wesentlich verbessert werden.

Abb. 5.18 zeigt ein Beispiel für verschiedene Oberflächenprofile, die trotz gleicher Kenngröße R_a verschiedene reduzierte Kenngrößen R_{pk}, R_k und R_{vk} haben. Das erste Oberflächenprofil hat im Vergleich zum zweiten eine moderate tribologische Oberflächeneigenschaft, da seine reduzierte Spitzenhöhe größer ist. Dies kann trotz gleicher Kenngröße R_a zu höherem Verschleiß führen. Im Gegensatz dazu besitzt das zweite Oberflächenprofil die kleineren Kenngrößen $R_{k,2}$ und $R_{pk,2}$ und ist daher in aus tribologischer Sicht aufgrund der kleineren Plateauform und den geringeren Rauspitzen besser. Darüber hinaus ist die reduzierte Riefentiefe $R_{vk,2}$ des zweiten Profils größer als $R_{vk,1}$. Dadurch stehen beim zweiten Oberflächenprofil mehr Hohlräume als Ölreservoir zur Verfügung.

Abb. 5.19 zeigt beispielhaft drei Oberflächenprofile, die mit verschiedenen Fertigungsverfahren, nämlich Honen, Erodieren und Drehen, hergestellt wurden. Obwohl sie die gleichen arithmetischen Mittelrauwerte R_a und die gleichen maximalen Rautiefen $R_{\max}$ aufweisen, sind die tribologischen Oberflächeneigenschaften unterschiedlich.

Die gehonte Oberfläche ist die beste, da die Spitzenhöhen entfernt sind und die größeren Riefentiefen genug Schmieröl als Ölreservoir für das Lager aufnehmen können. Die erodierte Oberfläche hat eine moderate Oberflächeneigenschaft, da einige Rauspitzen noch vorhanden sind. Falls diese Rauspitzen abbrechen, können sie Verschleiß

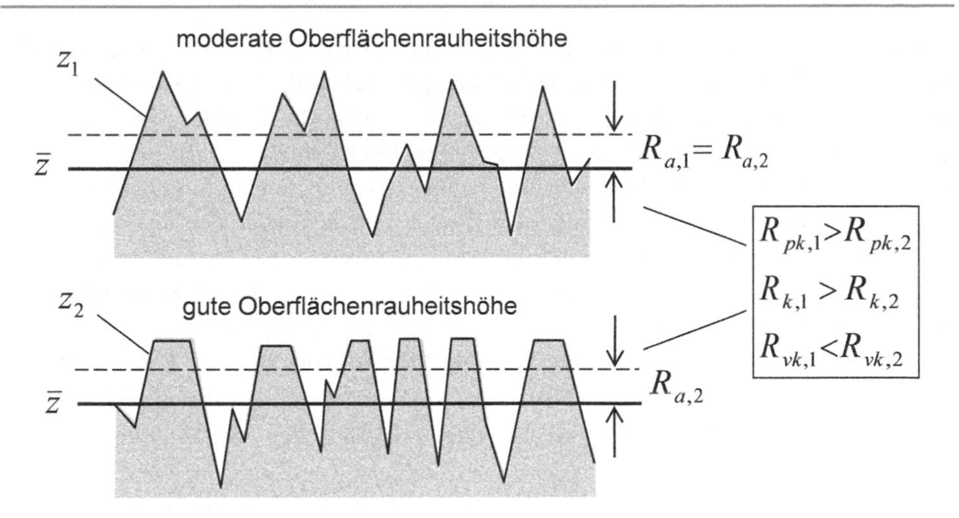

Abb. 5.18 Vergleiche der Oberflächenkenngrößen

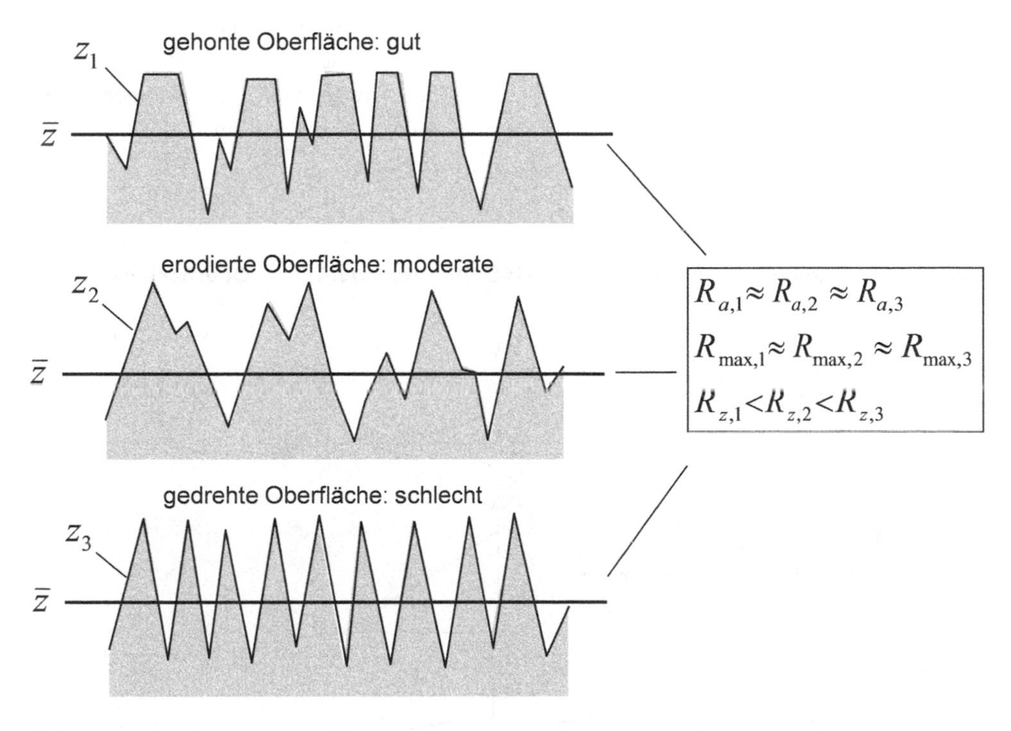

Abb. 5.19 Oberflächenkenngrößen bei verschiedenen Fertigungsverfahren

verursachen und die effektive Tragfähigkeit des Lagers reduzieren. Die schlechteste der drei ist die gedrehte Oberfläche mit der größten gemittelten Rautiefe R_z, weil ihre reduzierte Spitzenhöhe R_{pk} am größten ist. Infolge dessen wird die Tragfähigkeit des Lagers wesentlich reduziert, das Lager wird im Misch- bzw. Grenzschmierungszustand betrieben, und es tritt mehr Verschleiß durch adhäsive und abrasive Reibung auf. Für eine ganzheitlichen Bewertung einer Oberfläche müssen also neben den Kenngrößen R_a, R_z und $R_{\max}$ auf jeden Fall auch die reduzierten Kenngrößen R_{pk}, R_k und R_{vk} betrachtet werden. Eine gute Oberfläche im Hinblick auf Schmierung, Tragfähigkeit und Verschleiß weist hierbei möglichst kleine Werte für R_{pk} und möglichst große Werte für R_{vk} auf.

Um diese ganzheitliche Betrachtung zu erleichtern, leistet die Abbott-Kurve wertvolle Dienste. Sie wird aus gemessenen Werten der Oberflächenhöhe konstruiert und stellt das Verhalten der Kennwerte der Oberflächenhöhe c in Abhängigkeit des Materialanteils Mr anschaulich dar, vgl. Abb. 5.20.

Die geometrische Gestalt der Abbott-Kurve korreliert mit der Oberflächenqualität. Bei gleichen Werten für die Kenngröße R_a oder R_z kennzeichnet eine *konvexe Abbott-Kurve* bessere tribologische Oberflächeneigenschaften. Der Fall c weist also die besten Oberflächeneigenschaften, erkennbar an der kleinsten reduzierten Rauspitze R_{pk}, der größten reduzierten Riefentiefe R_{vk} und der kleineren Kernrautiefen R_k, auf. Eine *konkave Abbott-Kurve* wie im Fall a weist hingegen auf schlechte tribologische Oberflächeneigenschaften hin, die durch mehrere spitzen Rauheitshöhen, größere Werte für R_{pk} und kleinere Werte für R_{vk} gekennzeichnet sind. Bei einer *linearen Abbott-Kurve* wie im Fall b kann von moderaten Oberflächeneigenschaften ausgegangen werden.

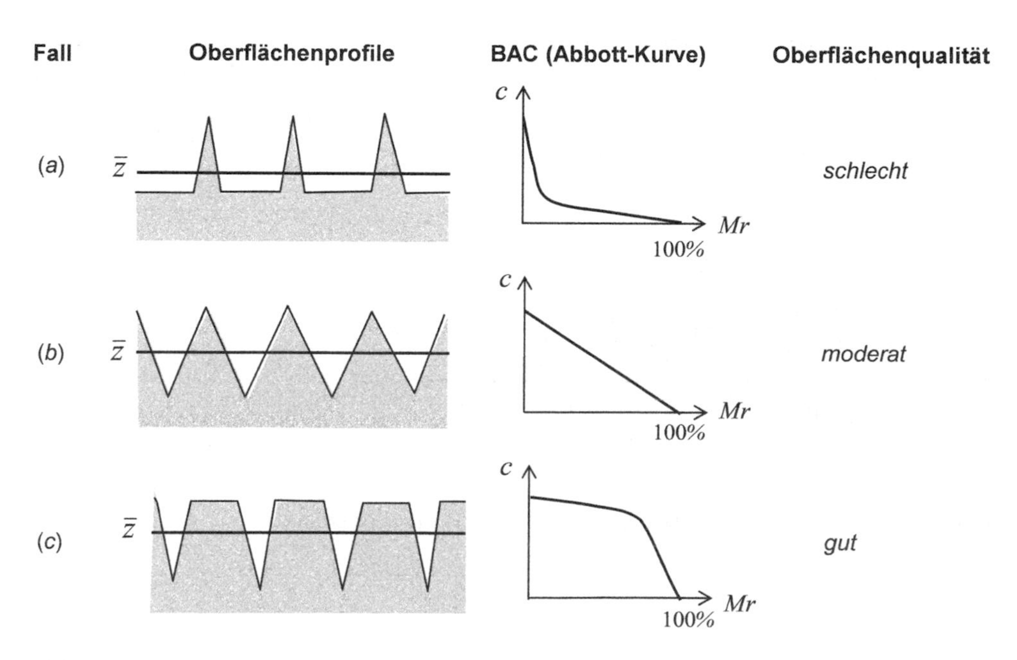

Abb. 5.20 Untersuchungen der Oberflächenqualität anhand der Abbott-Kurve

5.8 Elastische und Plastische Deformationen in Wälzlagern

Zur Untersuchung der Verschleißmechanismen in Wälzlagern sind einige Grundkenntnisse über elastische und plastische Deformationen erforderlich [7, 8]. Deshalb werden sie im Folgenden kurz rekapituliert.

Sobald eine kleine Zugkraft auf eine Probe eines weichen Werkstoffs wirkt, beginnt sich die Probe zu deformieren. Sobald die Kraft entfernt wird, kehrt die Probe zu ihrer ursprünglichen Geometrie zurück. Die Deformation wird als *elastische Deformation* bezeichnet. Wird die Zugkraft auf die Probe weiter gesteigert, deformiert sie sich stärker. Ab einem bestimmten Punkt bleibt nach der Entlastung der Probe eine kleine bleibende Deformation zurück, d. h., die Probe wird nicht vollständig zurück in den Ausgangszustand versetzt. Diese bleibende Deformation wird als *plastische Deformation* bezeichnet. Der Grund für die plastische Deformation ist, dass die auf die Probe wirkende Zugspannung die Streckspannung (Streckgrenze) R_e überschritten hat. Bei fortgesetzter Belastung wird die Probe weiter plastisch deformiert und reißt schließlich kurz nach der Erreichen der Zugfestigkeitsgrenze R_m ab (Materialbruch). Der Verlauf der sog. Spannungs-Dehnungs-Kurve, die man bei einem solchen Versuch erhält, ist in Abb. 5.21 dargestellt.

5.8.1 Normalspannung

Eine zylinderförmige Probe mit einer ursprünglichen Querschnittfläche A_0 und einer entsprechenden Länge l_0 beginnt unter einer Zugkraft F auf die Probe, sich in axialer Richtung zu deformieren, wie in Abb. 5.21 dargestellt. Die Nennspannung σ (technische

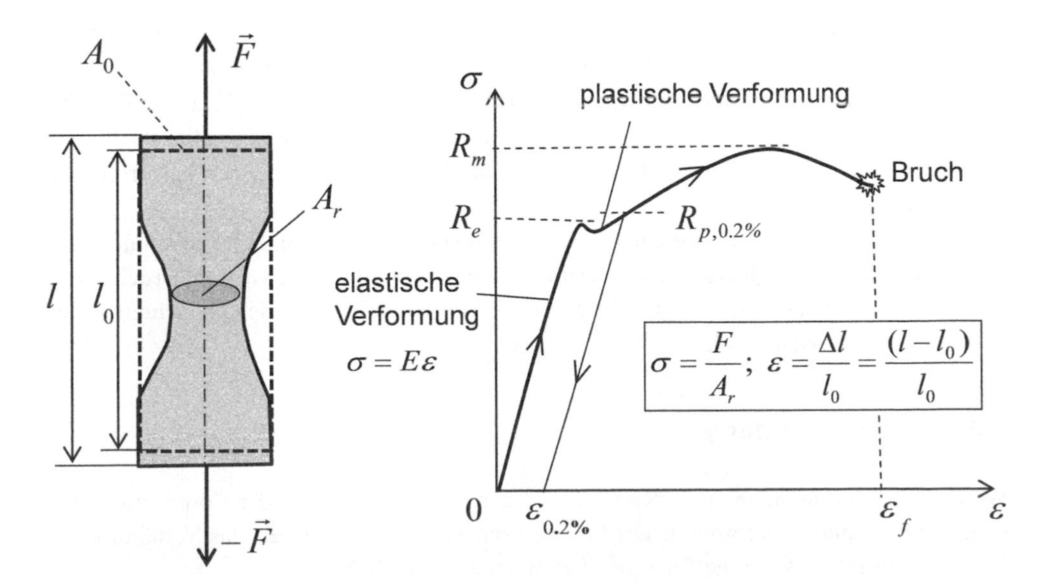

Abb. 5.21 Spannungs-Dehnungs-Diagramm eines weichen Materials

Spannung genannt) ist hierbei als das Verhältnis der Zugkraft F zur ursprünglichen Querschnittfläche A_0 definiert:

$$\sigma = \frac{F}{A_0}. \tag{5.29}$$

Die tatsächliche Spannung ist etwas größer als die Nennspannung, da wegen der Kontraktion die ursprüngliche Querschnittfläche A_0 kleiner als die tatsächliche Querschnittfläche (d. h. $A_r < A_0$) ist. Allerdings wird aus technischem Grund nicht die tatsächliche Spannung, sondern nur die Nennspannung σ im Spannungs-Dehnungs-Diagramm angegeben, vgl. Abb. 5.21.

Solange eine rein elastische Deformation vorliegt, steigt nach dem Hookeschen Gesetz die Normalspannung linear mit der Dehnung:

$$\sigma = E\left(\frac{l - l_0}{l_0}\right) = E\left(\frac{\Delta l}{l_0}\right) \equiv E\,\varepsilon, \tag{5.30}$$

wobei

E den Elastizitätsmodul (*Youngscher Modul*) des Materials und
ε die Dehnung, die die relative Änderung der Probenlänge von l_0 bis $l > l_0$ beschreibt, darstellen.

Das Hookesche Gesetz gilt im Spannungs-Dehnungs-Diagramm nur für den Bereich der rein elastischen Deformation, der von der Streckspannung R_e begrenzt wird. Bei einer weiteren Erhöhung der Belastung wird die Probe plastisch deformiert, die Normalspannung ist hierbei höher als die Streckspannung R_e.

Die sog. Dehngrenze $R_{p,0.2\,\%}$ entspricht der Spannung, bei der nach Entlastung der Probe eine plastische Dehnung von $\varepsilon = 0,2\ \%$ erhalten bleibt. Diese Spannung lässt sich technisch eindeutig aus dem Nennspannungs-Totaldehnungs-Diagramm ermitteln und wird häufig als „Ersatzstreckgrenze“ verwendet. Nach Erreichen der Zugfestigkeit R_m nimmt wegen des nichtlinearen Plastizitätsverhaltens die Nennspannung mit zunehmender Dehnung ab, wie in Abb. 5.21 dargestellt. Die Probe bricht schließlich bei Erreichen der Bruchspannung ab.

Zu beachten ist, dass ab Erreichen der Zugfestigkeit R_m die tatsächliche Spannung weiter steigt, da die reelle Querschnittfläche immer mehr abnimmt. Kurz vor dem Bruch steigt die tatsächliche Spannung nach Gl. 5.29 drastisch an, weil die aktuelle Querschnittfläche vernachlässigbar klein wird.

5.8.2 Scherspannung

Wenn eine Kraft in tangentialer Richtung auf der Probe wirkt, wird der Körper mit einer sog. Scherdehnung t deformiert. Die Scherverzerrung γ ist hierbei als das Verhältnis der Scherdehnung t zu der Höhe der Probe h definiert, vgl. Abb. 5.22.

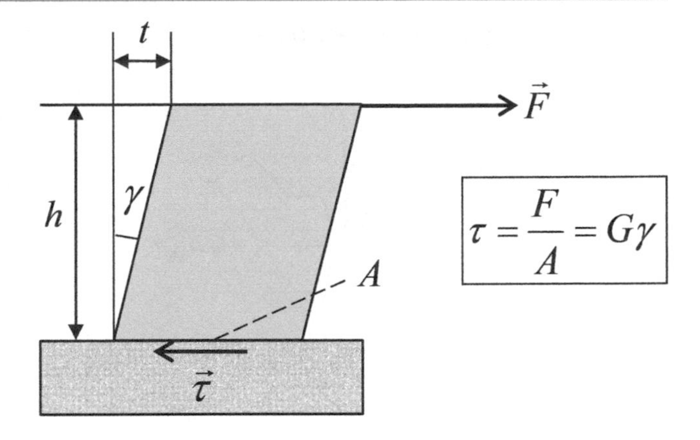

Abb. 5.22 Scherspannung und Scherverzerrung in einer Materialprobe

Die Scherspannung an der Kontaktfläche A berechnet sich aus der Scherverzerrung zu

$$\tau = \frac{F}{A} = G \cdot \left(\frac{t}{h}\right) \approx G\gamma, \tag{5.31}$$

wobei G den *Schermodul* des Materials bezeichnet.

Der Schermodul ergibt sich aus dem Elastizitätsmodul E und der Poissonzahl ν:

$$G = \frac{E}{2(1+\nu)}, \tag{5.32}$$

wobei ν für die meisten Metalle zwischen 0,25 und 0,30 liegt.

Somit liegt der Schubmodul üblicherweise in der Größenordnung

$$G \approx (0{,}385 \ldots 0{,}400) \times E. \tag{5.33}$$

Die folgenden Werte für den Elastizitätsmodul E werden üblicherweise verwendet für

- niedriglegierte Stähle: $E \approx 212$ GPa,
- Werkzeugstähle (hochlegierte Stähle): $E \approx 230$ GPa.

5.8.3 Reibungskräfte in Wälzlagern

Es wird angenommen, dass die Normalkraft F_n auf die Kontaktstellen zwischen den Wälzelementen und Laufbahnen wirkt. Die Reibkraft F_t steigt dann linear mit dem in der Stribeck-Kurve dargestellten Reibkoeffizient.

Abb. 5.23 zeigt die Belastungen auf die Kontaktstellen in normaler und tangentialer Richtung. Die Reibkraft in tangentialer Richtung entsteht durch adhäsive und abrasive

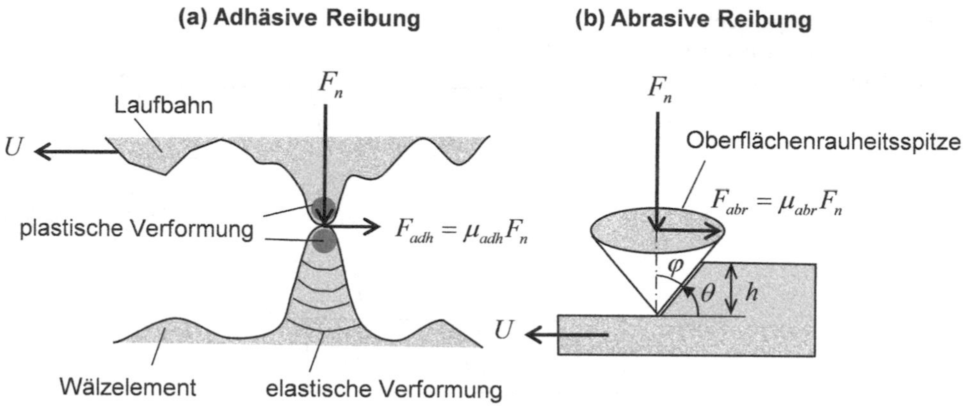

Abb. 5.23 Adhäsive und abrasive Reibungskräfte in den Wälzlagern

Reibung, die sich aus der Belastung F_n in normaler Richtung und dem Gesamtreibkoeffizienten μ_f ergibt zu

$$\begin{aligned} F_t &= \mu_f F_n = F_{adh} + F_{abr} \\ &= (\mu_{adh} + \mu_{abr}) \cdot F_n. \end{aligned} \tag{5.34}$$

Aus den adhäsiven und abrasiven Reibkoeffizienten ergibt sich der Gesamtreibkoeffizient zu

$$\mu_f = \mu_{adh} + \mu_{abr}. \tag{5.35}$$

Die adhäsive Reibkraft berechnet sich aus der Scherspannung und der reellen Kontaktfläche zu

$$F_{adh} = \mu_{adh} F_n = \tau\, A_r, \tag{5.36}$$

wobei die reelle Kontaktfläche A_r als das Verhältnis der Normalkraft zum Härtewert H des Materials bei plastischer Deformation definiert wird:

$$A_r = \frac{F_n}{H}. \tag{5.37}$$

Der Härtewert H ist der Mittelkontaktdruck, der sich aus der Normalkraft und dem permanenten Abdruck auf der plastisch deformierten Kontaktstelle ergibt:

$$H \equiv p_{mean} = \frac{F_n}{A_r}. \tag{5.38}$$

Die plastische Deformation beginnt bei einem Mittelkontaktdruck p_{mean} zwischen $1{,}07R_e$ und $1{,}10R_e$(R_e: Streckgrenze). Für die Ermittlung des Härtewerts wird der Mittelkontaktdruck $p_{mean} = 3R_e$ verwendet, bei dem man den permanenten Abdruck an der Kontaktstelle erhält. Nach [8] beträgt der Härtewert H das ca. 2,8- bis 3-Fache der Streckgrenze R_e für Abdruckstempel mit kugel-, kegel-, pyramiden- oder stumpfförmigen Geometrien:

$$H \approx (2,8 \ldots 3,0) \times R_e. \tag{5.39}$$

Durch Einsetzen von Gl. 5.37 in Gl. 5.36 erhält man den adhäsiven Reibkoeffizienten:

$$\mu_{adh} \equiv \frac{F_{adh}}{F_n} = \frac{\tau}{H}. \tag{5.40}$$

Nach [9] wird der abrasive Reibkoeffizient berechnet zu (vgl. Abb. 5.23):

$$\mu_{abr} = \frac{2}{\pi} \cot \varphi = \frac{2}{\pi} \tan \theta, \tag{5.41}$$

wobei φ den konischen Halbwinkel der Rauspitze und θ den Abrasionswinkel bezeichnen.

Aus den Gl. 5.35, 5.40 und 5.41 ergibt sich somit der Gesamtreibkoeffizient zu

$$\begin{aligned} \mu_f &= \mu_{adh} + \mu_{abr} \\ &= \frac{\tau}{H} + \frac{2}{\pi} \tan \theta. \end{aligned} \tag{5.42}$$

Der Abrasionswinkel θ ist für die meisten Metalle kleiner als 10°. Somit ergibt sich für den abrasiven Reibkoeffizient ein Wert von ca. 0,1. Der adhäsive Reibkoeffizient hat für harte Metalle einen Wert zwischen 0,17 und 0,2 und für weiche Metalle einen Wert kleiner als 0,3. Folglich liegt der theoretische Gesamtreibkoeffizient zwischen 0,3 und 0,4. In der Praxis ist der tatsächliche Gesamtreibkoeffizient etwas höher als dieser theoretische Wert.

Der Unterschied zwischen dem tatsächlichen und dem theoretischen Gesamtreibkoeffizienten wird durch Kaltverfestigungseffekte und Anbindungswachstum an den Kontaktstellen hervorgerufen [9]. Bei der plastischen Deformation werden die atomaren Versetzungen aus der Materialgitterstruktur entfernt. Die Folgen sind eine Verhärtung des Materials sowie eine Erhöhung der Streckgrenze R_e, des Schermoduls G und des Härtewerts H. Dieser Prozess wird auch als *Kaltverfestigung* während der plastischen Deformation bezeichnet. Darüber hinaus vergrößert sich die reelle Kontaktfläche bei der plastischen Deformation. Dieser Effekt wird als *Anbindungswachstum* bezeichnet.

Die plastische Deformation tritt an der Kontaktstelle auf, da sich die Belastungen aufgrund der Normal- und Reibkräfte auf einer extrem kleinen Kontaktfläche an den Oberflächenrauspitzen konzentrieren. Jedoch sind die Spannungen weit entfernt von den Rauspitzen viel niedriger als die an den Kontaktstellen. Deshalb findet dort anstatt einer plastischen Deformation nur eine elastische Deformation statt, wie in Abb. 5.23 dargestellt. Während der plastischen Deformation an den Kontaktstellen steigt die Scherspannung schneller als der Härtewert an. Infolgedessen nimmt der adhäsive Reibkoeffizient zwischen den Wälzelementen und Laufbahnen zu. Daher steigt die Reibkraft an den

Kontaktstellen wegen der Kaltverfestigung und dem Anbindungswachstum während der plastischen Deformation an, vgl. Gl. 5.34, 5.38, 5.40 und 5.42.

5.8.4 Reibleistung in Wälzlagern

Im Folgenden wird die auftretende Reibleistung im Grenz-, Misch- und hydrodynamischen Schmierungszustand anhand der Stribeck-Kurve diskutiert, vgl. Abb. 5.8.

Die Reibleistung P_f ergibt sich aus der Reibkraft F_f und der relativen Geschwindigkeit U zwischen den gegeneinander bewegten Flächen. Sie setzt sich zusammen aus der Mischreibung an den Rauspitzen und der hydrodynamischen Reibung im Schmierfilm. Bei größeren Ölfilmdicken $h \geq h_{hyd}$ dominiert die hydrodynamische Reibleistung P_h bei einem Gewichtsfaktor $\varepsilon = 1$ in den Lagern. Für sehr kleine Ölfilmdicken $h \ll h_{hyd}$ spielt die Mischreibleistung P_m eine dominante Rolle bei $\varepsilon = 0$ in den Grenz- und Mischschmierungszuständen. Aus den beiden Beiträgen zur Reibleistungen wird die Gesamtreibleistung berechnet zu

$$\begin{aligned} P_f &= F_f U = (\tau \cdot A)U \\ &= [(1-\varepsilon)\tau_m + \varepsilon\tau_h] \cdot AU \\ &= (1-\varepsilon)\mu_m\sigma_N AU + \varepsilon\mu_h\sigma_N AU \\ &= (1-\varepsilon)P_m + \varepsilon P_h, \end{aligned} \tag{5.43a}$$

wobei

U die relative Geschwindigkeit zwischen den Oberflächen,
ε den Gewichtungsfaktor: $\varepsilon = 1$ für rein hydrodynamische Reibung und $\varepsilon = 0$ für Grenz-/Mischreibung,
μ_m den Reibkoeffizienten bei Grenz-/Mischreibung,
μ_h den Reibkoeffizienten bei hydrodynamischer Reibung,
σ_N die Normalspannung und
A die Kontaktfläche darstellen.

Im Falle einer kleinen Kontaktfläche wird die Ölfilmdicke zur Erhöhung des Öldrucks reduziert, um die Belastung auf das Lager im Gleichgewicht zu erhalten. Bei weiter zunehmenden Belastungen wird die Ölfilmdicke kleiner als h_{hyd} (vgl. Abb. 5.24), sodass Mischreibung mit dem Reibkoeffizient μ_m in der Kontaktfläche auftritt. Wegen den adhäsiven und abrasiven Beiträgen zur Reibungen nimmt der Reibkoeffizient μ_m wesentlich zu. Nach Gl. 5.43a ist die Reibleistung P_m bei Mischreibung wesentlich größer als die Reibleistung P_h bei hydrodynamischer Reibung. Als Ergebnis steigt die effektive Reibleistung kräftig, obwohl die Kontaktfläche reduziert wird. Wenn allerdings die Kontaktfläche wesentlich vergrößert wird, nimmt die Ölfilmdicke im hydrodynamischen

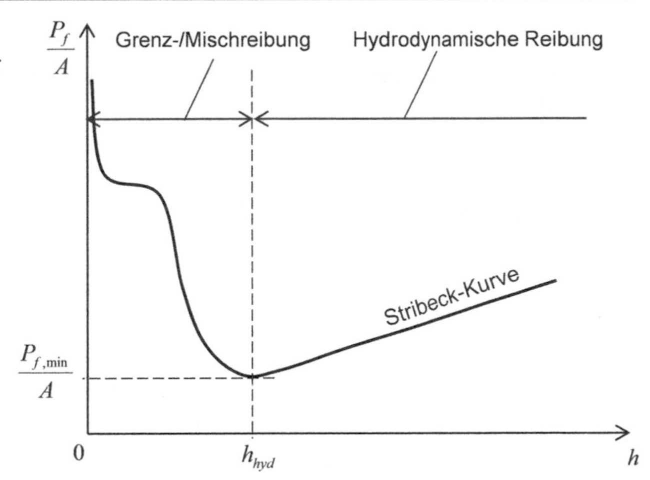

Abb. 5.24 Spezifische Reibleistung in Abhängigkeit der Ölfilmdicke

Schmierungszustand zu. In diesem Fall steigt die hydrodynamische Reibleistung P_h bei größerer Kontaktfläche und höherer viskoser Reibung. Bei der Ölfilmdick $h = h_{hyd}$ erreicht die Reibleistung ein Minimum, nach Durchlaufen desselben beginnt die hydrodynamische Reibung wieder zu steigen. Daher sollte die Ölfilmdicke im Betrieb möglichst in der Nähe von h_{hyd} liegen.

Die spezifische Reibleistung im Lager wird aus Gl. 5.43a berechnet zu

$$\begin{aligned} \frac{P_f}{A} &= [(1-\varepsilon)\mu_m + \varepsilon\mu_h]\,\sigma_N U \\ &\equiv \mu\sigma_N U. \end{aligned} \tag{5.43b}$$

Abb. 5.24 zeigt das Verhalten der spezifischen Reibleistung über der Ölfilmdicke in den Zuständen der Grenz-, Misch- und hydrodynamischen Reibung im Stribeck-Diagramm. Der Kurvenverlauf zeigt, dass bei $h \ll h_{hyd}$ die Reibleistung drastisch zunimmt. Aufgrund der auftretenden Grenz- und Mischreibung bei höheren Kontaktdrücken ist eine Verkleinerung der Kontaktfläche mit dem Ziel der Reibungsreduzierung nicht immer die korrekte Vorgehensweise. Wenn jedoch sichergestellt werden kann, dass der Betrieb immer im hydrodynamischen Schmierungszustand mit $h > h_{hyd}$ abläuft, ist eine Reibungsreduzierung durch Verkleinerung der Kontaktfläche möglich und richtig. Damit ergibt sich die hydrodynamische Reibleistung im Lager zu

$$P_{f,h} = \mu_h \sigma_N A U.$$

Bei Vorliegen von Grenz- und Mischreibung mit $h \ll h_{hyd}$ nimmt der Reibkoeffizient μ_m stärker zu, und die Reibleistung steigt viel höher als die hydrodynamische Reibleistung:

$$P_{f,m} = \mu_m \sigma_N A U >> P_{f,h}.$$

In diesem Fall muss entweder die Kontaktfläche vergrößert oder die Belastung auf das Lager reduziert werden, sodass die Ölfilmdicke an der Kontaktstelle die optimale Ölfilmdicke h_{hyd} erreicht.

5.8.5 Mohrscher Spannungskreis

Die Normal- und Scherkräfte wirken auf die Rauspitzen der Kontaktflächen zwischen den Wälzelementen und Laufbahnen (vgl. Abb. 5.25). Die Scherkraft übt ein Biegemoment und eine Axialkraft auf den Rauspitzenfuß aus. Die betrachtete Rauspitze wird unter der Wirkung der Kräfte und des Biegemoments deformiert. Bei zunehmender Belastung und Erhöhung der Relativgeschwindigkeit zwischen den gegeneinander bewegten Flächen wird die betrachtete Rauspitze plastisch deformiert. Überschreiten die Normal- und Scherspannungen am Rauspitzenfuß die Festigkeitsgrenzen (Zug- bzw. Druckfestigkeit R_m) des Materials, bricht die Rauspitze dort ab. Die entstehenden Partikel werden in der Kontaktzone des Lagers von den nachfolgenden Wälzelementen überrollt und meistens in die Oberfläche der Laufbahn eingearbeitet. Dies verursacht den abrasiven Verschleiß im Lager.

Im Folgenden werden mithilfe des *Mohrschen Spannungskreises* die Hauptspannungen σ_i auf die Rauspitzen berechnet. Aus der charakteristischen Spannungsgleichung der dritten Ordnung berechnen sich die Hauptspannungen zu

$$D(\sigma) = \begin{vmatrix} (\sigma_x - \sigma) & \tau_{xy} & \tau_{zx} \\ \tau_{xy} & (\sigma_y - \sigma) & \tau_{yz} \\ \tau_{zx} & \tau_{yz} & (\sigma_z - \sigma) \end{vmatrix} = 0. \tag{5.44}$$

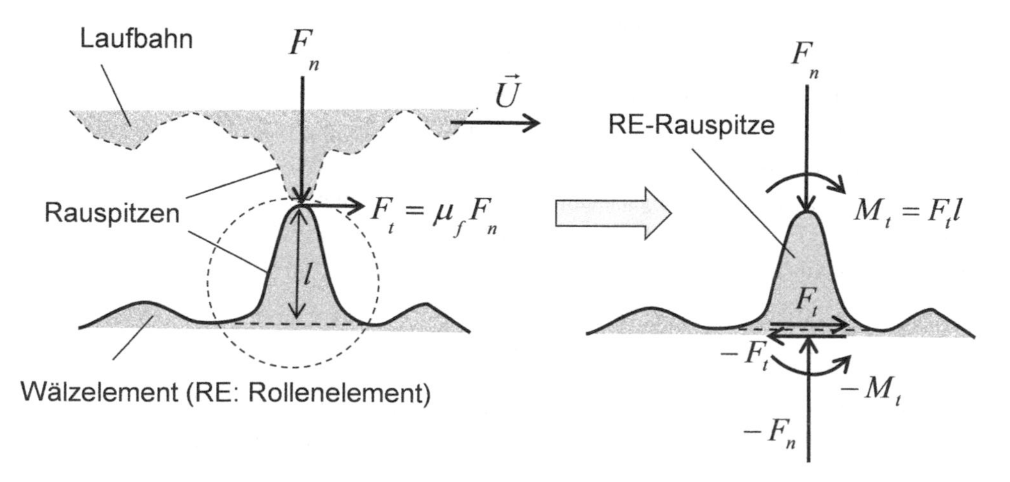

Abb. 5.25 Wirkende Belastungen auf die Rauspitze an der Kontaktstelle

Zur Vereinfachung sind die folgenden Bedingungen $\tau_{zx} = \tau_{yz} = 0$ und $\tau_{xy} \neq 0$ für Gl. 5.44 angenommen [7].

Aus Gl. 5.44 ergeben sich die drei Spannungen σ_1, σ_2 und σ_3 für die entsprechenden Hauptrichtungen 1, 2 und 3 (vgl. Abb. 5.26) zu

$$\sigma_1, \sigma_2 = \left(\frac{\sigma_x + \sigma_y}{2}\right) \pm \sqrt{\left(\frac{\sigma_x - \sigma_y}{2}\right)^2 + \tau_{xy}^2} \tag{5.45}$$

und

$$\sigma_3 = \sigma_z. \tag{5.46}$$

Der Materialausfall tritt auf, wenn entweder die maximale Hauptspannung σ_1 in Gl. 5.45 die Festigkeitsgrenze überschreitet oder die maximale Scherhauptspannung $\tau_{\max}$ in Gl. 5.49 größer als die kritische Scherspannung des Materials ist.

Im dreidimensionalen Fall existieren sechs Komponenten der Normal- und Scherspannungen auf die Rauspitzen in x-, y- und z-Richtung. Mithilfe einer Koordinatentransformation zwischen dem Inertialsystem (x, y, z) und dem Hauptkoordinatensystem $(1, 2, 3)$ erhält man nur drei normalen Hauptspannungen σ_1, σ_2 und σ_3 in den Hauptspannungsrichtungen 1, 2 und 3, wobei die Scherspannungen gleich Null sind.

Anhand des *Mohrschen Spannungskreises* ergeben sich die entsprechenden Scherspannungen aus den normalen Hauptspannungen σ_1, σ_2 und σ_3, wie in Abb. 5.26 dargestellt. Sie entsprechen den Spannungen, die auf die um 45° zur entsprechenden Hauptrichtung geneigte Fläche wirken:

$$\tau_1 = \frac{|\sigma_2 - \sigma_3|}{2}; \; \tau_2 = \frac{|\sigma_1 - \sigma_3|}{2}; \; \tau_3 = \frac{|\sigma_1 - \sigma_2|}{2}. \tag{5.47}$$

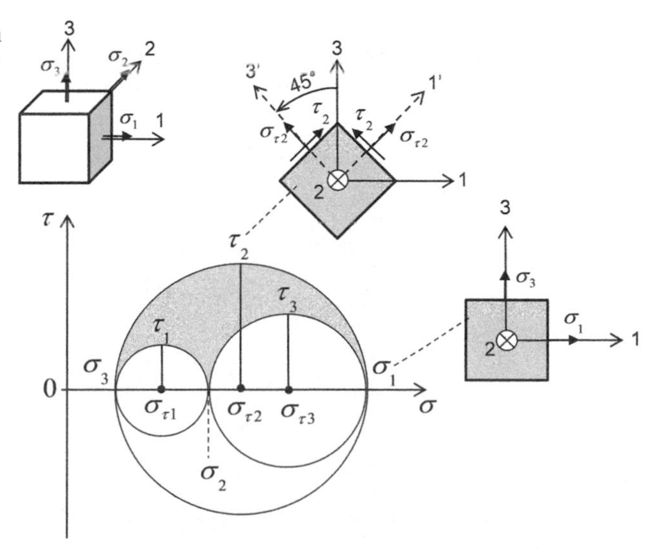

Abb. 5.26 Hauptspannungen im Mohrschen Spannungskreis

Die entsprechenden Normalspannungen zu den Scherspannungen ergeben sich aus dem Mohrschen Spannungskreises zu

$$\sigma_{\tau 1} = \frac{\sigma_2 + \sigma_3}{2}; \sigma_{\tau 2} = \frac{\sigma_1 + \sigma_3}{2}; \sigma_{\tau 3} = \frac{\sigma_1 + \sigma_2}{2}. \tag{5.48}$$

Die größte Scherspannung ergibt sich aus Gl. 5.47 zu

$$\tau_{max} = \max(\tau_1, \tau_2, \tau_3). \tag{5.49}$$

Alle real auftretenden Spannungszustände (σ, τ) befinden sich in der schraffierten Fläche des Mohrschen Spannungskreises, wie in Abb. 5.26 gezeigt. Die schraffierte Fläche wird von drei Halbkreisen in der oberen Halbebene begrenzt.

Literatur

1. Hamrock, B., Schmid, S.R., Jacobson, B.O.: Fundamentals of Fluid Film Lubrication 2. Aufl. Marcel Dekker Inc., New York (2004)
2. Khonsari, M., Booser, E.: Applied Tribology and Bearing Design and Lubrication 2. Aufl. Wiley, New York (2008)
3. Kennedy et al.: Tribology, Lubrication, and Bearing Design – The CRC Handbook of Mechanical Engineers. CRC Press, Boca Raton (1988).
4. Bhushan, B.: Modern Tribology Handbook – Two-Volume Set. CRC Press Inc., Boca Raton (2000)
5. Bhushan, B.: Introduction to Tribology. Wiley, New York (2002)
6. Mahr: Surface texture parameters. Mahr GmbH, Germany (1999)
7. Dowling, N.E.: Mechanical Behavior of Materials 3. Aufl. Pearson-Prentice Hall, Upper Saddle River (2007)
8. Johnson, K.L.: Contact Mechanics. Cambridge University Press, Cambridge (1985)
9. Mate, C.M.: Tribology on the Small Scale. Oxford University Press, Oxford (2008)

Lebensdauer der Wälzlager 6

6.1 Einführung

Bei höheren Hertzschen und EHD-Pressungen in der Kontaktzone werden die Wälzelemente und Laufbahnen elastisch deformiert, vgl. Kap. 3 und 4. Sobald das Wälzelement die niedrigste Stelle im Lager und damit den Ort höchster Beanspruchung verlässt, die kehren die Oberflächenkonturen des Wälzelementes und der Laufbahnen zu ihren ursprünglichen Formen zurück. Es ergibt sich also ein zyklischer Wechsel der Konturen zwischen dem elastisch deformierten und dem ursprünglichen unbelasteten Zustand. Nach einer bestimmten Anzahl von Lastwechseln (Lastspielzahl genannt) fällt das Wälzlager wegen Materialermüdung aus. Die Ermüdungslebensdauer des Lagers wird also u. a. durch die Lastspielzahl in Form der Anzahl an Umdrehungen begrenzt.

Allerdings hängt die Lebensdauer des Lagers nicht allein von der Ermüdungslebensdauer aufgrund von Materialermüdung, sondern zusätzlich noch von der Lebensdauer des Schmierfetts und der Ausblutungsdauer des im Schmierfett gelösten Öls ab. Zur Bewertung der tatsächlichen Lagerlebensdauer müssen alle drei Lebensdauern bestimmt und die kürzeste von ihnen als Lagerlebensdauer gewertet werden. Im Folgenden wird die Berechnung aller drei Lebensdauern eines Wälzlagers behandelt.

6.2 Lebensdauer durch Materialermüdung der Wälzlager

6.2.1 Erweiterte Ermüdungslebensdauer

Die Ermüdungslebensdauer ist durch die Grenzwechselspielzahl N_f aus der Wöhler-Kurve (S-N-Kurve), die in Kap. 8 ausführlich diskutiert wird, sowie durch die

H. Nguyen-Schäfer, *Numerische Auslegung von Wälzlagern*,
DOI 10.1007/978-3-662-54989-6_6

Ermüdungsfestigkeit σ_e des Materials begrenzt. Die Ermüdungsgrenze ist als die Amplitude der Wechselspannung σ_a bei der Wechselspielzahl $N_f > 10^7$ bis 10^8 EZ (Ermüdungszyklen) in der Region der hochzyklischen Ermüdung (HCF: high cycle fatigue, bei $N_f > 10^5$ EZ) definiert. Die Ermüdungsgrenze σ_e (Ermüdungsfestigkeit) des Materials sinkt mit steigender Wechselspielzahl N_f (Ermüdungszyklen). Die ideale Lebensdauerkurve wird zur Bewertung normaler Anwendungen ohne Vorschädigungen und bei einer Null-Mittelspannung ($\sigma_m = 0$) benutzt, vgl. Abb. 6.1. Wenn das Lager vorbeschädigt ist oder mit einer Mittelspannung $\sigma_m > 0$ vorgespannt ist, wird die reale Lebensdauerkurve im S-N-Diagramm zur Bewertung der tatsächlichen Lebensdauer verwendet.

Generell gilt: Je höher die Wechselspannungsamplitude σ_a auf das Lager ist, desto kürzer ist die Lebensdauer, d. h., desto kleiner ist die ertragbare Wechselspielzahl N_f. Übersteigt die Wechselspannungsamplitude die Zugfestigkeit R_m, tritt ein spontaner Ausfall in der Region der niederzyklischen Ermüdung (LCF: low cycle fatigue, bei $N_f < 10^5$ EZ) auf. Es ist anzumerken, dass die Wechselspielzahl N_f die Grenzwechselspielzahl beim Erreichen der entsprechenden Ermüdungslebensdauer bezeichnet.

Bei abnehmenden Wechselspannungsamplituden steigt die Grenzwechselspielzahl. Unterschreitet die Wechselspannung die Ermüdungsfestigkeit σ_e, ist die Grenzwechselspielzahl sehr groß, d. h. $N_f > 10^9$ EZ. Die Wechselspielzahl nimmt jedoch mit steigender Mittelspannung entsprechend der realen Lebensdauerkurve ab. Dies führt zur wesentlichen Verkürzung der Lebensdauer des Lagers von L_{10} auf $L{*}_{10}$, wie in Abb. 6.1 gezeigt.

Eine Versuchsprobe (z. B. Wälzlager) wird in m aufeinanderfolgenden Testblöcken jeweils mit der bestimmten Belastung und vorgegebenen Zeitdauer belastet. Das *Lastwechselspiel* n_i entspricht der Anzahl von auftretenden Lastwechseln für den Testblock i bei einer konstanten Wechselspannungsamplitude σ_{ai}. Der Wert N_{fi} wird definiert als

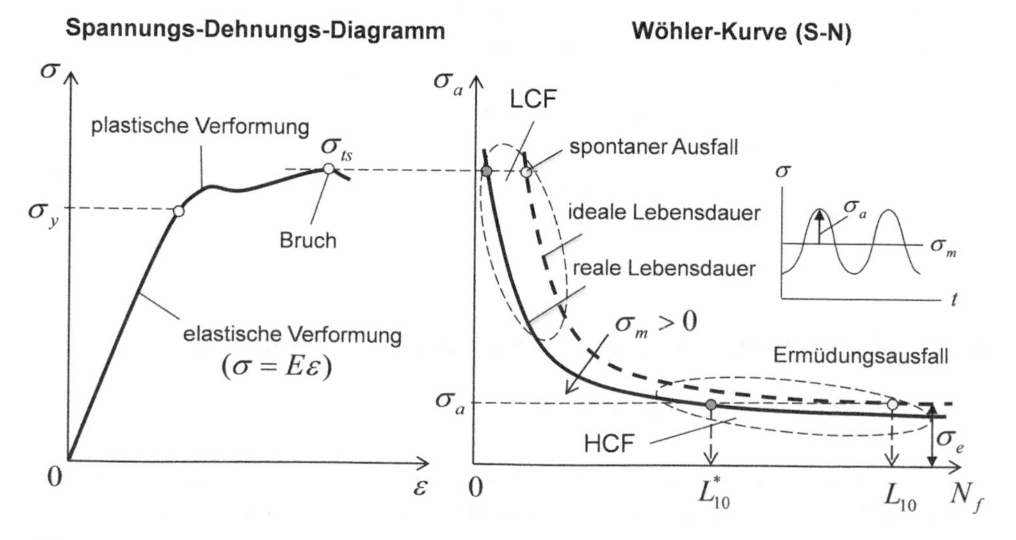

Abb. 6.1 Spannungs-Dehnungs-Diagramm und Wöhler-Kurve

die der Lebensdauer L_i entsprechende Grenzwechselspielzahl für den Testblock i bei der Wechselspannungsamplitude σ_{ai}.

Um die Auswirkungen von kumulierten Einzelschäden innerhalb der m Testblöcke bei verschiedenen Wechselspannungsamplituden zu berücksichtigen, wird das sog. *Palmgren-Miner-Schadengesetz* nach der Gl. 6.1 angewandt. Dieses besagt, dass eine Versuchsprobe die Wechselbelastungen dann aushält, wenn die kumulative Summe der Verhältnisse der jeweils zu einer Spannungsamplitude gehörenden tatsächlichen Lastwechselspiele zur jeweiligen Grenzwechselspielzahl kleiner als 1 ist. Dies wird auch als der sog. safe mode oder Sichermodus bezeichnet. Übersteigt die Summe den Grenzwert 1 oder ist sie gleich 1, kommt es zum Schadensmodus (damage mode):

$$\sum_{i=1}^{m} \frac{n_i}{N_{fi}} = \frac{n_1}{N_{f1}} + \frac{n_2}{N_{f2}} + ... + \frac{n_m}{N_{fm}} \geq 1. \tag{6.1}$$

Nach der Norm DIN ISO 281 [1] wird die *nominelle Ermüdungslebensdauer* des Wälzlagers in 10^6 Umdrehungen bei einem Wahrscheinlichkeitsausfall von 10 %, d. h. bei einer Zuverlässigkeit von 90 % berechnet zu

$$L_{10} = \left(\frac{C}{P_m}\right)^p. \tag{6.2a}$$

Die Testergebnisse mit einer großen Anzahl von Lagern zeigen, dass der Wert für den Exponent $p = 3$ für Kugellager bzw. $p = 10/3$ für Zylinderrollenlager geeignet ist, um die entsprechende Lebensdauer mathematisch abzubilden. Diese Werte entsprechen darüber hinaus der statistischen Analyse für Wälzlager des U.S. National Bureau of Standards [1, 2].

Aus Gl. 6.2a wird die nominelle Lebensdauer Lh_{10} in Stunden für einen Wahrscheinlichkeitsausfall von 10 % berechnet zu

$$Lh_{10} = \frac{10^6 L_{10}}{60N} = \frac{10^6}{60N}\left(\frac{C}{P_m}\right)^p, \tag{6.2b}$$

wobei die Rotordrehzahl N in U/min einzusetzen ist.

Die äquivalente dynamische Last P_m auf das Lager ergibt sich aus der radialen und axialen mittleren Kraft $F_{r,m}$ bzw. $F_{a,m}$ des Lastkollektivs für die entsprechende Rotordrehzahl:

$$P_m = X \cdot F_{r,m} + Y \cdot F_{a,m}, \tag{6.2c}$$

wobei X und Y die Gewichtungsfaktoren nach Gl. 2.14 bezeichnen.

Die Ermüdungslebensdauer hängt noch von weiteren Parametern wie dem Sauberkeitsgrad des Schmierfetts, der Ölviskosität, der Öltemperatur im Lager und dem Ermüdungsfaktor des Wälzlagers ab. Um diese zusätzlichen Einflüsse zu berücksichtigen, wird die Gleichung zur Berechnung der Ermüdungslebensdauer modifiziert und in die Gl. 6.3 zur

Bestimmung der *erweiterten Lebensdauer* in 10^6 Umdrehungen nach der Methode der Tribology Division of ASME International ISO 281/2 (2003) überführt:

$$L_n^* = a_1 a_{ISO} \left(\frac{C}{P_m} \right)^p. \tag{6.3}$$

Hierbei sind

a_1 der Wahrscheinlichkeitsausfallfaktor nach Tab. 6.2 und
a_{ISO} der Modifikationsfaktor für die Belastungslebensdauer nach der Norm DIN ISO 281: 2010-10 [1].

In ähnlicher Weise wird aus Gl. 6.3 die erweiterte Lebensdauer Lh_n^* in Stunden berechnet zu

$$Lh_n^* = \frac{10^6}{60N_m} a_1 a_{ISO} L_{10} = \frac{10^6}{60N_m} a_1 a_{ISO} \left(\frac{C}{P_m} \right)^p, \tag{6.4}$$

wobei die Rotordrehzahl N in U/min einzusetzen ist.

Die mittleren Lagerbelastungen $F_{r,m}$ und $F_{a,m}$ in radialer bzw. axialer Richtung werden aus dem Lastkollektiv berechnet

$$\begin{aligned} F_{r,m} &= \left[\sum_{i=1}^{N} \sum_{j=1}^{M} F_{r,i}^p \left(\frac{N_j}{N_m} \right) t_{ij} \right]^{1/p}; \\ F_{a,m} &= \left[\sum_{i=1}^{N} \sum_{j=1}^{M} F_{a,i}^p \left(\frac{N_j}{N_m} \right) t_{ij} \right]^{1/p}, \end{aligned} \tag{6.5}$$

wobei

$p = 3$ für Kugellager bzw. $p = 10/3$ für Zylinderrollenlager einzusetzen ist und
$F_{r,i}$ die radiale Belastung auf das Lager,
$F_{a,i}$ die axiale Belastung auf das Lager und
N_j die Rotordrehzahl während der Betriebszeitdauer t_{ij} darstellen.

Die mittlere Rotordrehzahl ergibt sich aus dem Lastkollektiv zu

$$N_m = \sum_{i=1}^{N} \sum_{j=1}^{M} N_j t_{ij}, \tag{6.6}$$

wobei t_{ij} der relativen Betriebszeitdauer aus dem Lastkollektiv entspricht. In Tab. 6.1 ist exemplarisch ein solches Lastkollektiv angegeben.

Tab. 6.1 Gesamtlastkollektiv der Radial- und Axiallasten auf das Lager

Rotordrehzahl	N_1	N_2	N_3	…	…	N_j	N_M
$F_{r,1}$	t_{11}	t_{12}					t_{1M}
$F_{r,2}$		t_{22}	t_{23}				
…				$\sum_{i,j} t_{ij} = 1$	…		
$F_{r,i}$						t_{ij}	
$F_{r,N}$	t_{N1}						t_{NM}
$F_{a,1}$	t_{11}	t_{12}					t_{1M}
$F_{a,2}$		t_{22}	t_{23}				
…				$\sum_{i,j} t_{ij} = 1$	…		
$F_{a,i}$						t_{ij}	
$F_{a,N}$	t_{N1}						t_{NM}

Die relative Betriebszeitdauer t_{ij} bezüglich Verweildauer- oder Umrollungsanteile (bevorzugt) im Lastkollektiv wird definiert als

$$t_{ij} \equiv \frac{T_{ij}}{T_{total}} \in [0,1], \tag{6.7}$$

wobei T_{ij} die Betriebszeitdauer bezüglich Verweildauer oder Umrollungen im Lastkollektiv und T_{total} die Gesamtbetriebszeit jeweils aus dem Lastkollektiv bezeichnen. Die Gesamtbetriebszeit des Lastkollektivs berechnet sich aus den Betriebszeitdauern des Gesamtlastkollektivs zu

$$T_{total} = \sum_{i,j}^{N,M} T_{ij}.$$

Selbstverständlich muss die Summe aller relativen Betriebszeitdauern gleich 1 sein:

$$\begin{aligned} \sum_{i,j} t_{ij} &\equiv \sum_{i=1}^{N} \sum_{j=1}^{M} t_{ij} = \sum_{i,j}^{N,M} \frac{T_{ij}}{T_{total}} \\ &= \frac{1}{T_{total}} \sum_{i,j}^{N,M} T_{ij} = 1 \; (q.e.d.). \end{aligned}$$

In den meistens Lehrbüchern wird die Berechnung der Lebensdauer lediglich auf Basis der äquivalenten dynamischen Last P_m aus den mittleren Lagerbelastungen und der mittleren Rotordrehzahl N_m nach den Gl. 6.5 und 6.6 bestimmt. Eine höhere Genauigkeit wird erzielt, wenn die individuelle Lebensdauer für jeden Betriebspunkt im Lastkollektiv berechnet wird. Die individuellen Lebensdauern hängen von den äquivalenten dynamischen Lasten (N) aus den radialen und axialen Belastungen und der individuellen Rotordrehzahl (U/min) im Lastkollektiv ab. Aufgrund der höheren Genauigkeit wird in diesem Buch die Methode der individuellen Lebensdauerbewertung zur Berechnung der Lagerlebensdauer verwendet.

Die individuelle erweiterte Lebensdauer (Stunden) für den Betriebspunkt (i, j) aus dem Gesamtlastkollektiv berechnet sich zu

$$Lh^{*}_{10,ij} = \frac{10^6}{60N_{ij}} \left(\frac{C_{ij}}{P_{m,ij}} \right)^p a_1 a_{ISO};$$
$$P_{m,ij} = X_{ij} F_{r,ij} + Y_{ij} F_{a,ij}. \tag{6.8}$$

Die äquivalente Last einer periodischen Belastung berechnet sich (vgl. Abb. 6.2):

$$P_m = \frac{1}{3} P_{\min} + \frac{2}{3} P_{\max} \approx 0{,}33 P_{\min} + 0{,}67 P_{\max}.$$

Einige typische periodische Lagerbelastungen sind in Abb. 6.2 dargestellt.

Das Palmgren-Miner-Schadengesetz nach Gl. 6.1 basiert auf dem linearen Schadengesetz, wobei die Ermüdungslebensdauer aus der kumulativen Schadensumme für die m Betriebsbedingungen jeweils mit der entsprechenden Betriebszeitdauer T_i gewichtet wird. Es lässt sich wie folgt in die Betriebszeitdauern T_i und Ermüdungslebensdauern $Lh_{10,i}$ der m Betriebsbedingungen umrechnen:

$$\frac{n_1}{N_{f1}} + \frac{n_2}{N_{f2}} + ... + \frac{n_m}{N_{fm}} = \frac{T_1}{Lh_{10,1}} + \frac{T_2}{Lh_{10,2}} + ... + \frac{T_m}{Lh_{10,m}} = 1.$$

Jede Betriebszeitdauer T_i der m aufeinanderfolgenden Betriebsbedingungen kann als ein prozentualer Anteil an der gesamten Ermüdungslebensdauer betrachtet werden:

$$T_i = t_i Lh^{*}_{10} \text{ für } i = 1, 2, ..., m.$$

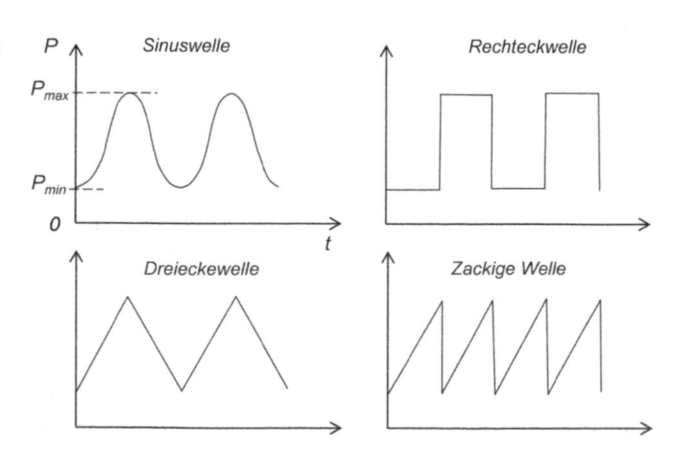

Abb. 6.2 Typische periodische Lagerbelastungen

Durch Einsetzen dieser Formulierung in das Palmgren-Miner-Schadengesetz erhält man

$$\sum_{i=1}^{m} \frac{T_i}{Lh_{10,i}} = \left(\frac{t_1}{Lh_{10,1}} + \frac{t_2}{Lh_{10,2}} + \dots + \frac{t_m}{Lh_{10,m}} \right) \cdot Lh^*_{10} = 1$$

$$\Rightarrow \sum_{i=1}^{m} \frac{t_i}{Lh_{10,i}} = \left(\frac{t_1}{Lh_{10,1}} + \frac{t_2}{Lh_{10,2}} + \dots + \frac{t_m}{Lh_{10,m}} \right) = \frac{1}{Lh^*_{10}}$$

$$mit \sum_{i=1}^{m} t_i = t_1 + t_2 + \dots + t_m = 1.$$

Mithilfe des Palmgren-Miner-Schadengesetzes ergibt sich die erweiterte Ermüdungslebensdauer des Lagers (Stunden) für das Lastkollektiv aus den individuellen relativen Betriebszeitdauern und ihren entsprechenden Ermüdungslebensdauern zu

$$\frac{1}{Lh^*_{10}} = \sum_{i=1}^{N} \sum_{j=1}^{M} \frac{t_{ij}}{Lh^*_{10,ij}} \Rightarrow Lh^*_{10} = \frac{1}{\sum_{i=1}^{N} \sum_{j=1}^{M} \frac{t_{ij}}{Lh^*_{10,ij}}}. \tag{6.9a}$$

Mithilfe des Programms COMBLT_Matrix [3] wird die erweiterte Ermüdungslebensdauer des Wälzlagers nach Gl. 6.9a mit den Parametern C_0, C, X, Y, a_1 und a_{ISO} für alle Betriebspunkte im Lastkollektiv berechnet.

Für Anwendungen mit m Sauberkeitsgraden des Schmierfetts (d. h. sehr sauber, normal sauber und moderat sauber) bei den m verschiedenen relativen Betriebsdauern t_i und den entsprechenden Ermüdungslebensdauern wird die effektive Lebensdauer für das Lager mithilfe der Gl. 6.9a berechnet zu

$$\begin{aligned} \frac{1}{Lh^*_{10}} &= \sum_{i=1}^{m} \frac{t_i}{Lh^*_{10,i}} \\ \Rightarrow Lh^*_{10} &= \left(\sum_{i=1}^{m} \frac{t_i}{Lh^*_{10,i}} \right)^{-1} \text{ mit } \sum_{i=1}^{m} t_i = 1. \end{aligned} \tag{6.9b}$$

Im Falle eines Systems mit n unabhängigen Wälzlagern bzw. Komponenten wird die Ermüdungslebensdauer des Systems anhand der 2-Parameter-Weibull-Verteilung nach Gl. 7.33 berechnet zu

$$\begin{aligned} \frac{1}{(Lh^*_{10})^{\beta}} &= \sum_{i=1}^{n} \frac{1}{(Lh^*_{10,i})^{\beta}} \\ \Rightarrow Lh^*_{10} &= \left(\sum_{i-1}^{n} \frac{1}{(Lh^*_{10,i})^{\beta}} \right)^{-1/\beta}, \end{aligned} \tag{6.10a}$$

wobei β den *Formparameter* (*Weibull-Steigung*) der Weibull-Verteilung bezeichnet (vgl. Kap. 7). Dabei wird der Formparameter $\beta = 10/9$ für Kugellager bzw. $\beta = 9/8$ für Zylinderrollenlager in Gl. 6.10a verwendet. Zur Vereinfachung kann auch der mittlere Wert $\beta \approx 1{,}118$ für beide Lagertypen benutzt werden [1, 4].

Im allgemeinen Fall eines Systems, das aus zwei oder mehr verschiedenen Komponentengruppen besteht, z. B. ein Getriebe mit n Lagern und m Zahnrädern, wird die Lebensdauer mit verschiedenen Weibull-Steigungen β_b für die Lager und β_g für die Zahnräder berechnet zu

$$\begin{aligned} \frac{1}{(Lh^*_{10})^{\beta}} &= \sum_{i=1}^{n} \frac{1}{(Lh^*_{10,bi})^{\beta_b}} + \sum_{j=1}^{m} \frac{1}{(Lh^*_{10,gj})^{\beta_g}} \\ \Rightarrow Lh^*_{10} &= \left(\sum_{i=1}^{n} \frac{1}{(Lh^*_{10,bi})^{\beta_b}} + \sum_{j=1}^{m} \frac{1}{(Lh^*_{10,gj})^{\beta_g}} \right)^{-1/\beta}, \end{aligned} \tag{6.10b}$$

wobei β als die kombinierte Weibull-Steigung des Getriebes bezeichnet wird. Sie wird aus der Regression mit der Methode der kleinsten Fehlerquadrate mithilfe des Weibull-Plots ermittelt, vgl. Anhang E.

Gl. 6.10a kann in einer anderen Schreibweise umformuliert werden in

$$\sum_{i=1}^{n} \left(\frac{Lh^*_{10}}{Lh^*_{10,i}} \right)^{\beta} \equiv \sum_{i=1}^{n} f_{10,i} = 1.$$

Das Lebensdauerverhältnis $f_{10,i}$ bei 10 %-Ausfallwahrscheinlichkeit des Lagers i wird definiert als

$$f_{10,i} \equiv \left(\frac{Lh^*_{10}}{Lh^*_{10,i}} \right)^{\beta} \quad \text{für } i = 1, \ldots, n.$$

Im Folgenden werden die Faktoren a_1 und a_{ISO} anhand der Norm DIN ISO 281 ermittelt [1].

Der Lebensdauerfaktor a_1 (a_1-Faktor) wird aus der Weibull-Verteilung berechnet (vgl. Kap. 7). Generell sind die Lebensdauerfaktoren für alle Wälzlager in der Norm DIN ISO 281: 2007 aufgeführt. Als Beispiele sei der Lebensdauerfaktor $a_1 = 1$ für die Lebensdauer Lh^*_{10} bei einer 10 %-Ausfallwahrscheinlichkeit (d. h. 90 %-Zuverlässigkeit) und $a_1 = 0{,}64$ für die Lebensdauer Lh^*_5 mit einer 5 %-Ausfallwahrscheinlichkeit (d. h. 95 %-Zuverlässigkeit) gewählt, vgl. Tab. 6.2.

Der Modifikationsfaktor a_{ISO} (a_{ISO}-Faktor) für die Ermüdungslebensdauer ist u. a. von der Ermüdungsgrenze, der äquivalenten Lagerlast, der Weibull-Steigung, der Ölschmierung, der Ölviskosität und dem Sauberkeitsabschlagfaktor abhängig.

Tab. 6.2 Lebensdauerfaktor a_1 für verschiedene Ausfallwahrscheinlichkeiten p

Zuverlässigkeit S (%)	Ausfall-wahrscheinlichkeit p (%)	Lebensdauerfaktor a_1	
		ISO 281:1990 ($C\gamma = 0$; $\beta = 1,5$)	ISO 281:2007 ($C\gamma = 0,05$; $\beta = 1,5$)
90	10	1,0	1,0
95	5	0,62	0,64
96	4	0,53	0,55
97	3	0,44	0,47
98	2	0,33	0,37
99	1	0,21	0,25
99,5	0,5	0,13	0,17
99,9	0,1	0,04	0,09
99,95	0,05	0,03	0,08

Nach der Norm DIN ISO 281: 2010-10 [1, 4] wird der a_{ISO}-Faktor formuliert in

$$a_{ISO} = \frac{1}{10}\left[1 - \left(a_1 - \frac{a_2}{\kappa^{a_3}}\right)^{w_1}\left(\frac{e_C C_u}{P_m}\right)^{w_2}\right]^{-w_3}, \tag{6.11}$$

wobei das Viskositätsverhältnis κ definiert ist als

$$\kappa \equiv \frac{\nu}{\nu_1} \cdot \left(\frac{\rho}{\rho_1}\right)^{0,83}, \tag{6.12}$$

die Referenzdichte einen Wert von $\rho_1 = 890\ \mathrm{kg/m^3}$ bei 20°C annimmt und die kinematische Referenzviskosität mit ν_1 bezeichnet wird, vgl. Gl. 6.13.

Im Falle des Durchschlags des Ölfilms in der Kontaktzone des Lagers berühren sich die Rauspitzen der gegeneinander bewegten Oberflächen. Aufgrund des resultierenden adhäsiven bzw. abrasiven Verschleißes wird eine große Reibungsenergie freigesetzt. Diese freigesetzte Energie initiiert chemische Reaktionen in den EP/AW-Additiven (extreme pressure/antiwear) im Schmieröl, die zur Bildung einer dünnen Schmierschicht auf den Kontaktflächen des Lagers führen. Diese Schmierschicht mindert den Verschleiß und verzögert den Lagerausfall.

Bei einer Ölschmierung mit EP/AW-Additiven, z. B. in Getrieben, wird für das Viskositätsverhältnis ein Wert von $\kappa = 1$ in Gl. 6.17 für $\kappa < 1$ und $e_C \geq 0,2$ gewählt. In diesem Fall wird jedoch der maximale a_{ISO}-Faktor auf 3, d. h. $a_{ISO} \leq 3$ begrenzt. Es ist anzumerken, dass Werte von $\kappa < 0{,}4$ für die Grenzreibung, $0{,}4 \leq \kappa < 4$ für die Mischreibung, $\kappa = 1$ für eine minimale Trennung der Kontaktflächen und $\kappa \geq 4$ für die hydrodynamische Reibung anzusetzen sind.

Die kinematische Referenzviskosität ν_1 (mm²/s) wird definiert als

$$\begin{aligned} \nu_1 &= 45.000 N^{-0{,}83} D_{pw}^{-0{,}5} \text{ für } N < 1000\ U/\min\,; \\ \nu_1 &= 4500 N^{-0{,}5} D_{pw}^{-0{,}5} \text{ für } N \geq 1000\ U/\min, \end{aligned} \tag{6.13}$$

wobei N (U/min) die Rotordrehzahl und D_{pw} (mm) den Teilkreisdurchmesser des Lagers darstellen.

Mithilfe der *Walther-Gleichung* [4] wird die kinematische Viskosität ν (mm²/s) bei der Temperatur T (K) berechnet zu

$$\log_{10} \log_{10} [\nu(T) + 0{,}8] = W_T, \tag{6.14}$$

wobei die Viskositätsfunktion W_T auf der rechten Seite von Gl. 6.14 definiert ist als

$$W_T = \frac{(W_2 - W_1)}{\log_{10}\left(\frac{T_2}{T_1}\right)} \cdot \log_{10}\left(\frac{T}{T_1}\right) + W_1. \tag{6.15}$$

Die Viskositätsfunktionen W_1 und W_2 bei den Temperaturen T_1 bzw. T_2 werden nach Gl. 6.14 berechnet:

$$\begin{aligned} W_1 &= \log_{10} \log_{10} [\nu(T_1) + 0{,}8]\,; \\ W_2 &= \log_{10} \log_{10} [\nu(T_2) + 0{,}8]\,. \end{aligned} \tag{6.16}$$

Für die Walther-Gleichung sind zwei Referenzviskositäten $\nu(T_1)$ und $\nu(T_2)$ in mm²/s notwendig. Diese werden standardmäßig bei den Temperaturen $T_1 = 313{,}14$ K (40 °C) und $T_2 = 373{,}14$ K (100 °C) bestimmt.

Abb. 6.3 stellt beispielhaft die kinematischen Viskositäten des Öls aus dem GXV-Schmierfetts und des Getriebeöls FFL5-LV dar.

Im Folgenden ist das Unterprogramm als MATLAB-Code zur Berechnung der kinematischen Ölviskosität bei der Temperatur Teff (°C) mithilfe der Walther-Gleichung dargestellt.

```
%-----------------------------------------------------------------------
        Function [nu_eff] = Walther_Viscosity (T1,nu1,T2,nu2,Teff)
%-----------------------------------------------------------------------
% Calculating the kinematic oil viscosity at Teff (K)
% Calculating temperatures in K:
  T1 = T1 + 273.14;
  T2 = T2 + 273.14;
  Teff = Teff + 273.14;
```

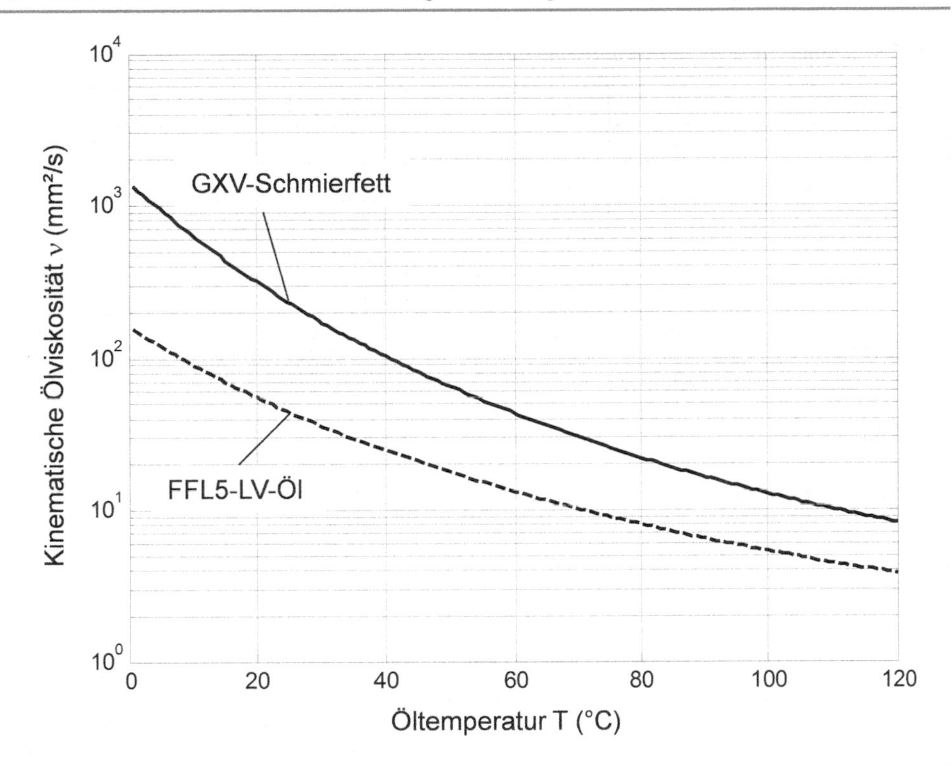

Abb. 6.3 Kinematische Viskosität zweier Schmierstoffe in Abhängigkeit der Temperatur

```
% Calculating the kinematic oil viscosity at the oil temperature
  Teff (K)
  W1 = log10 (log10 (nu1 + 0.8) );
  W2 = log10 (log10 (nu2 + 0.8) );
  W_slope = (W2 - W1) / log10 (T2/T1);
  WT = W_slope * log10 (Teff/T1) + W1;
% Kinematic viscosity nu_eff (mm^2/s) at the oil temperature Teff (K)
  nu_eff = 10^(10^WT) - 0.8;
return
end
```

Die empirischen Parameter für den Modifikationsfaktor a_{ISO} sind in Tab. 6.3 zu finden [1, 4].

Der Abschlagfaktor e_C für die Ölsauberkeit in Gl. 6.11 wird empirisch berechnet nach [1, 4]:

$$e_C = \min\left(1, c_1 \kappa^{0,68} D_{pw}^{0,55}\right) \cdot \left(1 - \frac{c_2}{D_{pw}^{1/3}}\right). \tag{6.17}$$

Die Parameter c_1 und c_2 in Gl. 6.17 sind entsprechend den Sauberkeitsgraden des Fetts nach der Norm ISO 4406 [1] aus Tab. 6.4a auszuwählen.

Tab. 6.3 Empirische Parameter für a_{ISO} in Gl. 6.11

Parameter:	κ	a_1	a_2	a_3	w_1	w_2	w_3
Rillenkugellager	$0{,}1 \leq \kappa < 0{,}4$	2,5671	2,2649	0,054381	0,83	1/3	9,3
	$0{,}4 \leq \kappa < 1{,}0$	2,5671	1,9987	0,190870	0,83	1/3	9,3
	$1{,}0 \leq \kappa \leq 4{,}0$	2,5671	1,9987	0,071739	0,83	1/3	9,3
Zylinderrollenlager	$0{,}1 \leq \kappa < 0{,}4$	1,5859	1,3993	0,054381	1,0	0,4	9,185
	$0{,}4 \leq \kappa < 1{,}0$	1,5859	1,2348	0,190870	1,0	0,4	9,185
	$1{,}0 \leq \kappa \leq 4{,}0$	1,5859	1,2348	0,071739	1,0	0,4	9,185

Tab. 6.4a Parameter c_1 und c_2 für Schmierfette

Fettsauberkeitsgrade	c_1	c_2
ISO 4406: -/13/10 (sehr sauber)	0,0864	0,6796
ISO 4406: -/15/12 (normal sauber)	0,0432	1,141
ISO 4406: -/17/14 (moderat sauber)	0,0177	1,887: $D_{pw} \leq 500$ mm 1,677: $D_{pw} > 500$ mm
ISO 4406: -/19/16 (kontaminiert)	0,0115	2,662
ISO 4406: -/21/18 (stark kontaminiert)	0,00617	4,060

Tab. 6.4b Parameter c_1 und c_2 für Schmieröle mit Reinigung durch Ölfilter

Ölsauberkeitsgrade	c_1	c_2
ISO 4406: -/13/10 (sehr sauber)	0,0864	0,5663
ISO 4406: -/15/12 (normal sauber)	0,0432	0,9987
ISO 4406: -/17/14 (moderat sauber)	0,0288	1,6329
ISO 4406: -/19/16 (kontaminiert)	0,0216	2,3362

Für den Fall, dass das Lager direkt mit Öl geschmiert wird und dieses Öl zusätzlich mit einem Ölfilter gereinigt wird, sind die Parameter c_1 und c_2 in Gl. 6.17 abhängig vom Sauberkeitsgrad des Öls nach der Norm ISO 4406 [1] aus Tab. 6.4b auszuwählen.

Für den Fall, dass das Lager direkt mit Öl geschmiert wird und dieses Öl nicht kontinuierlich gereinigt wird, sind die Parameter c_1 und c_2 in Gl. 6.17 abhängig vom Sauberkeitsgrad des Öls nach der Norm ISO 4406 [1] aus Tab. 6.4c auszuwählen.

Anschließend werden die Ermüdungsfaktoren C_u in Gl. 6.11 für Materialien nach der Norm DIN ISO 281 [1] für Wälzlager berechnet.

Tab. 6.4c Parameter c_1 und c_2 für Schmieröle ohne kontinuierliche Reinigung

Ölsauberkeitsgrade	c_1	c_2
ISO 4406: -/13/10 (sehr sauber)	0,0864	0,6796
ISO 4406: -/15/12 (normal sauber)	0,0288	1,141
ISO 4406: -/17/14 (moderat sauber)	0,0133	1,670
ISO 4406: -/19/16 (kontaminiert)	0,00864	2,5164
ISO 4406: -/21/18 (stark kontaminiert)	0,00411	3,8974

- *Für Kugellager:*

$$C_u = \frac{C_0}{22} \text{ für } D_{pw} \leq 100\,mm; \qquad C_u = \frac{C_0}{22}\left(\frac{100}{D_{pw}}\right)^{0,5} \text{ für } D_{pw} > 100\,mm. \tag{6.18}$$

- *Für Zylinderrollenlager:*

$$C_u = \frac{C_0}{8{,}2} \text{ for } D_{pw} \leq 100\,mm; \qquad C_u = \frac{C_0}{8{,}2}\left(\frac{100}{D_{pw}}\right)^{0,3} \text{ für } D_{pw} > 100\,mm. \tag{6.19}$$

Wenn die initiierten Mikrorisse auf der Oberfläche und in der Unterfläche entstehen, wird das Lagermaterial bereits vorbeschädigt, vgl. Kap. 8. Die vorgeschädigte Oberfläche bzw. Unterfläche des Lagers reduziert die Ermüdungslebensdauer unter höheren Hertzschen Pressungen in der Kontaktzone.

Die Lebensdauer (10^6 Umdrehungen) für eine bereits bestehende Vorschädigung des Unterflächenmaterials wird nach [5] berechnet zu

$$L_{sub} = \frac{1}{n}\left(\ln\frac{1}{S}\right)^{1/e}\left[\bar{A}\int_V \frac{(\sigma_v - \sigma_{u,v})^c}{z^h}\,dV\right]^{-1/e}, \tag{6.20a}$$

wobei

e die Weibull-Steigung der vorgeschädigten Unterfläche,
n die Anzahl der Zyklen pro Umdrehung,
σ_v die Hertzsche Wechselspannung in der Unterfläche,

$\sigma_{u,v}$ die Ermüdungsgrenze der Unterfläche und
S die Überlebenswahrscheinlichkeit darstellen.

In ähnlicher Weise wird die Lebensdauer (10^6 Umdrehungen) für eine bereits bestehende Vorschädigungen des Oberflächenmaterials nach [5] berechnet zu

$$L_s = \frac{1}{(n^m L_p^{m-e})^{1/e}} \left(\ln \frac{1}{S}\right)^{1/e} \left[\bar{B} \int_A (\sigma_s - \sigma_{u,s})^c \, dA \right]^{-1/e}, \quad (6.20b)$$

wobei

m die Weibull-Steigung der vorgeschädigten Oberfläche,
n die Anzahl der Zyklen pro Umdrehung,
L_p die Ermüdungslebensdauer des Lagers,
σ_s die Wechselspannung in der Oberfläche,
$\sigma_{u,s}$ die Ermüdungsgrenze der Oberfläche und
S die Überlebenswahrscheinlichkeit bezeichnen.

Nach Gl. 7.33 wird die Ermüdungslebensdauer L_p (10^6 Umdrehungen) unter Berücksichtigung einer Vorschädigung des Materials berechnet zu

$$\frac{1}{L_p^e} = \frac{1}{L_{sub}^e} + \frac{1}{L_s^e}. \quad (6.20c)$$

Durch Einsetzen der Gl. 6.20a und 6.20b in Gl. 6.20c erhält man die Integralgleichung zur Berechnung der Ermüdungslebensdauer:

$$(nL_p)^e \bar{A} \int_V \frac{(\sigma_v - \sigma_{u,v})^c}{z^h} \, dV + (nL_p)^m \bar{B} \int_A (\sigma_s - \sigma_{u,s})^c dA + \ln S = 0. \quad (6.20d)$$

Die Ermüdungslebensdauer L_p (10^6 Umdrehungen) bei der Überlebenswahrscheinlichkeit S bei Vorhandensein von Vorschädigungen auf der Oberfläche und in der Unterfläche ergibt sich aus der iterativen Lösung von Gl. 6.20d, wobei die Weibull-Steigungen e und m sowie die anderen Parameter durch Versuche ermittelt werden müssen [5].

6.2.2 Ermüdungslebensdauer bei Punktkontakt im Kugellager

Im Falle eines Betriebs mit höheren Lasten und niedrigeren Rotordrehzahlen, z. B. bei Start-Stopp-Fahrzyklen, ist die Ölfilmdicke sehr klein ($\lambda < 3$). Folglich findet der Lagerbetrieb im Grenz- oder Mischschmierungszustand (EHL) statt. Deshalb muss neben der Ermüdungslebensdauer die Lebensdauer durch Ermüdungskontakt berücksichtigt werden.

Die Lebensdauer der Kugellager beim Punktkontakt in den Laufbahnen unter einer mittleren Last wird nach der Lundberg-Palmgren-Theorie analysiert [1, 2].

Die mittlere Last auf die Punktkontaktstelle zwischen der Kugel und der inneren Laufbahn berechnet sich zu

$$Q_{ei} = \left(\frac{1}{Z} \sum_{j=1}^{Z} Q_j^3 \right)^{1/3}, \tag{6.21}$$

wobei Z die Anzahl der Kugeln bezeichnet und Q_j die Normallast auf die Kugel j darstellen. In gleicher Weise wird die mittlere Last auf die Punktkontaktstelle zwischen der Kugel und der äußeren Laufbahn berechnet zu

$$Q_{eo} = \left(\frac{1}{Z} \sum_{j=1}^{Z} Q_j^{10/3} \right)^{3/10}. \tag{6.22}$$

Die Lebensdauer der rotierenden inneren Laufbahn bei Punktkontakt wird berechnet zu

$$L_{ri} = \left(\frac{Q_{ci}}{Q_{ei}} \right)^3, \tag{6.23}$$

wobei Q_{ci} die dynamische Tragzahl der inneren Laufbahn bezeichnet. Die Lebensdauer der festen äußeren Laufbahn bei Punktkontakt wird berechnet zu

$$L_{ro} = \left(\frac{Q_{co}}{Q_{eo}} \right)^3, \tag{6.24}$$

wobei Q_{co} die dynamische Tragzahl der äußeren Laufbahn bezeichnet. Die dynamischen Tragzahlen (N) für die innere und äußere Laufbahn des *Kugellagers* ergeben sich aus der empirischen Formel nach [2]

$$Q_{ci,co} = 98{,}1 \times \left(\frac{2\kappa_{i,o}}{2\kappa_{i,o} - 1} \right)^{0{,}41} \frac{(1 \mp \gamma)^{1{,}39}}{(1 \pm \gamma)^{1/3}} \left(\frac{\gamma}{\cos \alpha} \right)^{0{,}3} D_w^{1{,}8} Z^{-1/3}, \tag{6.25}$$

wobei

das obere Zeichen in Gl. 6.25 für die innere Laufbahn i, das untere Zeichen für die äußere Laufbahn o anzuwenden ist;

$\kappa_{i,o}$ die innere bzw. äußere Schmiegung des Lagers,

D_w (mm) den Kugeldurchmesser,

Z die Anzahl von Kugeln und
α den Betriebskontaktwinkel bezeichnen.

Der Lagerfaktor γ wird definiert als

$$\gamma \equiv \frac{D_w \cos\alpha}{D_{pw}}.$$

Die innere bzw. äußere Schmiegung des Lagers ist nach Gl. 1.8 definiert als

$$\kappa_{i,o} = \frac{r_{i,o}}{D_w}.$$

Mithilfe der Gl. 7.33 berechnet sich die Lebensdauer Lc_{10}(10^6 Umdrehungen) mit einer 10 %-Ausfallwahrscheinlichkeit bei Punktkontakt an der inneren und äußeren Laufbahn für *Kugellager* als

$$Lc_{10} = \frac{1}{\left(L_{ri}^{-\beta} + L_{ro}^{-\beta}\right)^{1/\beta}} = \frac{1}{\left(L_{ri}^{-10/9} + L_{ro}^{-10/9}\right)^{0.9}}, \tag{6.26}$$

wobei β die Weibull-Steigung der Weibull-Verteilung bezeichnet und üblicherweise ein Wert von $\beta = 10/9$ für die innere und die äußere Laufbahn bei Kugellagern verwendet wird.

Es ist anzumerken, dass die Lebensdauer bei Punktkontakt nach Gl. 6.26 nur für die innere und äußere Laufbahn, jedoch nicht für die Kugeln berechnet wird. Wenn die Kugeln bei der Berechnung der Lebensdauer zusätzlich berücksichtigt werden sollen, muss die Gl. 6.26 um einen zusätzlichen Term für die Lebensdauer der Kugeln bei Punktkontakt erweitert werden:

$$Lc_{10} = \frac{1}{\left(L_{ri}^{-e} + L_{ro}^{-e} + L_b^{-e}\right)^{1/e}} = \frac{1}{\left(L_{ri}^{-1,11} + L_{ro}^{-1,11} + L_b^{-1,11}\right)^{0,9}}, \tag{6.27}$$

wobei L_b die Kontaktlebensdauer der Kugeln bezeichnet. Der Wert von $e = 10/9 \approx 1{,}11$ für die mittlere Weibull-Steigung wurde durch eine große Anzahl von Versuchen mit verschiedenen Wälzlagern und anhand von statistischen Monte-Carlo-Simulationen ermittelt (vgl. Kap. 7).

Die dynamische Tragzahl (N) für die Kugeln wird anhand einer empirischen Formel nach [2] berechnet zu

$$Q_{bi,bo} = 77{,}9 \times \left(\frac{2\kappa_{i,o}}{2\kappa_{i,o} - 1}\right)^{0,41} (1 \mp \gamma)^{1,69} \frac{D_w^{1,8}}{(\cos\alpha)^{0,3}},$$

wobei

das obere Zeichen in der Gleichung für die innere Laufbahn, das untere Zeichen für die äußere Laufbahn anzuwenden ist und
$\kappa_{i,o}$ die innere bzw. äußere Schmiegung des Lagers,
D_w (mm) den Kugeldurchmesser und
α den Betriebskontaktwinkel darstellen.

6.2.3 Ermüdungslebensdauer bei Linienkontakt im Zylinderrollenlager

Die Lebensdauer von Zylinderrollenlagern bei Linienkontakt auf den Laufbahnen unter einer mittleren Last wird ebenfalls nach der Lundberg-Palmgren-Theorie analysiert [1, 2]. Die mittlere Last auf den Linienkontakt zwischen Zylinder und innerer Laufbahn wird berechnet:

$$Q_{ei} = \left(\frac{1}{Z} \sum_{j=1}^{Z} Q_j^4 \right)^{1/4}, \tag{6.28}$$

wobei Z die Anzahl der Zylinder und Q_j die Normallast auf den Zylinder j bezeichnen. In ähnlicher Weise wird die mittlere Last auf den Linienkontakt zwischen Zylinder und äußerer Laufbahn berechnet:

$$Q_{eo} = \left(\frac{1}{Z} \sum_{j=1}^{Z} Q_j^{9/2} \right)^{2/9}. \tag{6.29}$$

Die Lebensdauer der rotierenden inneren Laufbahn bei Linienkontakt wird berechnet zu

$$L_{ri} = \left(\frac{Q_{ci}}{Q_{ei}} \right)^4, \tag{6.30}$$

wobei Q_{ci} die dynamische Tragzahl der inneren Laufbahn bezeichnet. Die Lebensdauer der festen äußeren Laufbahn bei Linienkontakt berechnet sich zu

$$L_{ro} = \left(\frac{Q_{co}}{Q_{eo}} \right)^4, \tag{6.31}$$

wobei Q_{co} die dynamische Tragzahl der äußeren Laufbahn bezeichnet. Die dynamischen Tragzahlen (N) für die innere bzw. äußere Laufbahn des *Zylinderrollenlagers* ergeben sich aus der empirischen Formel nach [2]:

$$Q_{ci,co} = 552 \times \xi_{i,o} \cdot \frac{(1 \mp \gamma)^{29/27}}{(1 \pm \gamma)^{1/4}} \cdot \left(\frac{\gamma}{\cos \alpha} \right)^{2/9} D_w^{29/27} L^{7/9} Z^{-1/4}, \tag{6.32}$$

wobei

das obere Zeichen in Gl. 6.32 für die innere Laufbahn i, das untere Zeichen für die äußere Laufbahn o anzuwenden ist,
D_w (mm) den Zylinderdurchmesser,
L (mm) die Zylinderlänge,
Z die Anzahl der Zylinder,
α den Betriebskontaktwinkel und
$\xi_{i,o}$ den modifizierten Linienkontaktfaktor für die innere bzw. äußere Laufbahn bezeichnen. Der Zahlenwert für den Linienkontaktfaktor liegt meist zwischen 0,6 und 0,8 [2].

Mithilfe der Gl. 7.33 berechnet sich die Lebensdauer Lc_{10}(10^6 Umdrehungen) mit einer 10 %-Ausfallwahrscheinlichkeit bei Linienkontakt an der inneren und äußeren Laufbahn des *Zylinderrollenlagers* zu

$$Lc_{10} = \frac{1}{\left(L_{ri}^{-\beta} + L_{ro}^{-\beta}\right)^{1/\beta}} = \frac{1}{\left(L_{ri}^{-9/8} + L_{ro}^{-9/8}\right)^{8/9}}, \tag{6.33}$$

wobei β die Weibull-Steigung der Weibull-Verteilung bezeichnet und üblicherweise ein Wert von $\beta = 9/8$ für die Laufbahnen von Zylinderrollenlagern verwendet wird.

Als Beispiel für die Berechnung der Ermüdungslebensdauer bei Punktkontakt wird ein Rillenkugellager vom Typ 6305 gewählt, das die folgenden Eigenschaften hat.

Eingangsdaten:

- Radiale Last auf das Lager $F_r = 5500$ N;
- Axiale Last auf das Lager $F_a = 2600$ N;
- Anzahl von Kugeln Z = 8;
- Kugeldurchmesser $D_w = 10{,}32$ mm;
- Teilkreisdurchmesser $D_{pw} = 44{,}6$ mm;
- Diametrales Lagerspiel e = 0,006 mm;
- Innere Schmiegung $\kappa_i = 0{,}506$; äußere Schmiegung $\kappa_o = 0{,}527$;
- Elastizitätsmodul der Kugel $E_1 = 208$ GPa;
- Elastizitätsmodul der Laufbahnen $E_2 = 208$ GPa;
- Schmierfett Typ HAB von NSK;
- Fettsauberkeitsgrade nach ISO 4406: –/15/12;
- Rotordrehzahl bei Start-Stopp-Fahrzyklen N = 1500 U/min.

Rechenergebnisse:

- Äquivalente dynamische Last auf das Lager $P_m = 6536$ N;
- Mittlere Last auf die Kontaktstelle der inneren Laufbahn $Q_{ei} = 2018$ N;

- Mittlere Last auf die Kontaktstelle der äußeren Laufbahn $Q_{eo} = 2112$ N;
- Kontaktermüdungslebensdauer $Lc_{10} = 4{,}85 \times 10^7$ Umdrehungen;
- Kontaktermüdungslebensdauer $Lhc_{10} = 540$ Stunden.

Unter der Annahme, dass ein Start-Stopp-Zyklus mit Unter- und Oberschwingungen in einem Hybridfahrzeug fünf Sekunden dauert, tritt der Lagerausfall wahrscheinlich nach

$$N_{ssc} = \frac{540 \times 3600}{5} \approx 388.800$$

Start-Stopp-Zyklen auf.

6.3 Lebensdauerfaktoren

Die Lebensdauer des Wälzlagers ist zusätzlich vom diametralen Lagerspiel abhängig. Um dies zu berücksichtigen, wird der Lebensdauerfaktor LF definiert als das Verhältnis der Lebensdauer Lh^* beim Lagerspiel $e \neq 0$ zu der Lebensdauer Lh beim Lagerspiel $e = 0$:

$$LF = \frac{Lh^*}{Lh_{e=0}}. \tag{6.34}$$

Die Kennzahl des diametralen Lagerspiels wird definiert als [8]

$$e^* = \left(\frac{\sigma_{ref}}{\sigma_{\max}}\right)^2 \frac{e}{D_w}, \tag{6.35}$$

wobei

σ_{ref} den Referenzdruck für die Laufbahnen ($\sigma_{ref} = 1{,}72$ GPa) und
D_w den Kugel- oder Zylinderdurchmesser bezeichnen.

Die maximale Spannung, die der äquivalenten Radiallast P_m bei $e = 0$ entspricht, wird berechnet zu [8]

$$\sigma_{\max} = R_e \left(\frac{P_m}{C_o}\right)^{1/p}, \tag{6.36}$$

wobei $p = 3$ für Kugellager und $p = 2$ für Zylinderrollenlager sowie $R_e = 4$ GPa für die Streckgrenze des Lagermaterials eingesetzt werden.

Durch Einsetzen von Gl. 6.36 in Gl. 6.35 ergibt sich die Kennzahl des diametralen Lagerspiels zu

$$e^* = \left(\frac{\sigma_{ref}}{R_e}\right)^2 \cdot \left(\frac{C_o}{P_m}\right)^{2/p} \frac{e}{D_w} \approx 0{,}185 \times \left(\frac{C_o}{P_m}\right)^{2/p} \frac{e}{D_w}. \quad (6.37)$$

Mithilfe der Methode der kleinsten Fehlerquadrate (vgl. Anhang E) wird der Lebensdauerfaktor für *Kugellager* aus empirischen Ergebnissen geschätzt zu [8]

$$\begin{aligned} LF &= 600e^* + 1{,}7 \; wenn - 0{,}003 \leq e^* < -0{,}00099; \\ &= \exp(-110e^*) \; wenn - 0{,}00099 \leq e^* < 0{,}01. \end{aligned} \quad (6.38)$$

In ähnlicher Weise wird der Lebensdauerfaktor für *Zylinderrollenlager* geschätzt zu [8]

$$\begin{aligned} LF &= 500e^* + 1{,}8 \; wenn - 0{,}003 \leq e^* < -0{,}0013; \\ &= \exp(-100e^*) \; wenn - 0{,}0013 \leq e^* < 0{,}01. \end{aligned} \quad (6.39)$$

Als Beispiel für die Berechnung des Lebensdauerfaktors wird ein Rillenkugellager vom Typ 6209 unter einer äquivalenten Radiallast von $P_m = 5000$ N mit dem Kugeldurchmesser $D_w = 12{,}3$ mm und der statischen Tragzahl $C_o = 20.400$ N laut Lagerkatalog gewählt, vgl. Abs. 6.6.

Mithilfe des Programms COMLIFAC (*com*puting the *li*fetime *fac*tor) [9] erhält man einen Lebensdauerfaktor von ca. 1,12; d. h. die Lagerlebensdauer steigt um ca. 12 % bei einem negativen diametralen Lagerspiel von 25,8 μm im Vergleich zur normalen Lebensdauer bei $e = 0$, wie in Abb. 6.4 gezeigt.

Das Rechenergebnis zeigt weiterhin, dass die Lebensdauer mit negativem Lagerspiel ($e < 0$) im Vergleich zur normalen Lebensdauer ($e = 0$) bis zum Maximum von ca. 12 % bei –25,8 μm zunimmt. Danach nimmt sie drastisch mit weiteren negativen Lagerspielen ab. Wenn das Lagerspiel das in Kap. 4 erwähnte kritische Lagerspiel unterschreitet, tritt Mischreibung im Lager auf. Dies führt zur Oberflächenabschürfung und eventuell zu Abblätterungen im Lager. Dadurch wird die Lebensdauer drastisch reduziert (vgl. Abb. 6.4).

Ist das Lagerspiel ($e > 0$) sehr groß, wird der Lebensdauerfaktor mit dem Lagerspiel stark reduziert, da die dynamische Tragzahl abnimmt. Darüber hinaus wird die Mikrooszillation in axialer Richtung verstärkt, somit tritt Riffelbildung (false brinelling) auf. Dies führt zur Reduzierung der Lebensdauer des Lagers bei größeren Lagerspielen, vgl. Kap. 8.

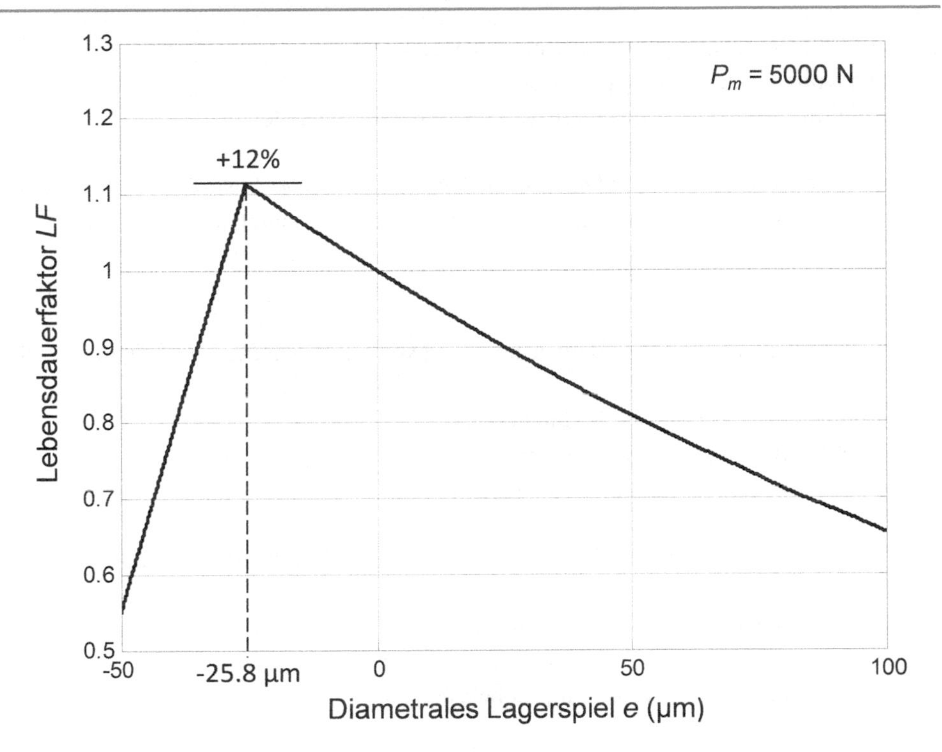

Abb. 6.4 Lebensdauerfaktor in Abhängigkeit des Lagerspiels

6.4 Lebensdauer des Schmierfetts im Wälzlager

Die Lebensdauer des Schmierfetts (*Fettlebensdauer* genannt) ist wegen der Fettalterung auf eine bestimmte Betriebsdauer begrenzt. Ist die Fettlebensdauer kürzer als die Ermüdungslebensdauer des Lagers, tritt der Lagerausfall aufgrund der Fettalterung früher auf. Deshalb muss die Fettlebensdauer viel länger als die Ermüdungslebensdauer ausgelegt werden.

Die nominelle Fettlebensdauer $Lh_{10,g}$ (Stunden) bei einer 10 %-Ausfallwahrscheinlichkeit wird nach dem Booser-Modell [10] berechnet zu

$$\log_{10}(Lh_{10,g}) = A + \frac{B}{T_g} - 9{,}6 \times 10^{-7} k_f \cdot d \cdot N_m, \tag{6.40}$$

wobei

die Konstanten $A = -2{,}60$ und $B = 2{,}45 \times 10^3$ gewählt werden,
$k_f = 0{,}9$ bis 1,1 für einreihige Rillenkugellager und
$k_f = 1{,}5$ für doppelreihige Rillenkugellager anzuwenden sind,

T_g (K) die Fetttemperatur in der Kontaktzone,
d den Bohrungsdurchmesser des Lagers (mm) und
N_m die mittlere Rotordrehzahl (U/min), vgl. Gl. 6.6, darstellen.

Die reduzierte Fettlebensdauer $Lh_{p,red}$ (Stunden) bei einer p %-Ausfallwahrscheinlichkeit ergibt sich aus der nominellen Fettlebensdauer und den Abschlagfaktoren f_i [10] zu

$$Lh_{p,red} = a_1 \times (f_1 f_2 f_3 f_4) \times Lh_{10,g}. \qquad (6.41)$$

Der Abschlagfaktor f_1 dient zur Berücksichtigung von *Staub und Feuchtigkeit* im Betrieb:

- f_1 = 0,7 bis 0,9 für moderate Bedingungen,
- f_1 = 0,4 bis 0,7 für starke Bedingungen und
- f_1 = 0,1 bis 0,4 für sehr starke Bedingungen.

Der Abschlagfaktor f_2 dient zur Berücksichtigung von *Aufprallbelastung* im Betrieb:

- f_2 = 0,7 bis 0,9 für moderate Aufprallbelastungen,
- f_2 = 0,4 bis 0,7 für starke Aufprallbelastungen und
- f_2 = 0,1 bis 0,4 für sehr starke Aufprallbelastungen.

Der Abschlagfaktor f_3 dient zur Berücksichtigung von *hohen Belastungen* im Betrieb, die anhand des Verhältnisses der äquivalenten Last P_m zur dynamischen Tragzahl C bewertet werden:

- f_3 = 0,7 bis 1,0 für P_m/C = 0,10 bis 0,15,
- f_3 = 0,4 bis 0,7 für P_m/C = 0,15 bis 0,25 und
- f_3 = 0,1 bis 0,4 für P_m/C = 0,25 bis 0,35.

Der Abschlagfaktor f_4 dient zur Berücksichtigung von *Luftströmungen* durch das Lager im Betrieb:

- f_4 = 0,5 bis 0,7 für schwache Luftströmungen und
- f_4 = 0,1 bis 0,5 für starke Luftströmungen.

6.5 Ölausblutungsdauer des Schmierfetts im Wälzlager

Der Ölausblutungsprozess wird bei zunehmenden Rotordrehzahlen beschleunigt, da die Zentrifugalkraft quadratisch mit der Rotordrehzahl steigt. Bei höheren Drehzahlen wird mehr Reibung im Lager generiert, dadurch steigt die Öltemperatur und gleichzeitig sinkt die Ölviskosität. Dies fördert den Ölausblutungsprozess aus dem Schmierfett im Lager.

Experimente zeigen, dass gelöstes Öl ab einer Temperatur von 40 °C und einer kinematischen Viskosität $\nu \geq 500 \mathrm{mm}^2/\mathrm{s}$ nicht mehr aus dem Schmierfett ausgeschleudert werden kann und der Ölausblutungsprozess zum Erliegen kommt. Die Folge hiervon ist ein Lagerbetrieb bei mangelhaftem Schmierungszustand. Dies führt zum Ölfilmdurchschlag im Lager, zum Lagerverschleiß und zur Reduzierung der Lagerlebensdauer.

Die *Ölausblutungsdauer* wird als die Zeitdauer definiert, in der 50 % der Anfangsmenge des im Schmierfett gelösten Öls verbraucht wurden [4]. Die Ausblutungsrate hängt stark von der Restölmenge im Schmierfett ab. Je mehr Öl aus dem Fett ausgeschleudert wird, desto langsamer ist die Ausblutungsrate aus dem Schmierfett. Der Konzentrationsgradient des Öls an der Grenzfläche zwischen dem Schmierfett und der Umgebung sinkt deutlich gegenüber dem Anfangszustand. Die Lebensdauer des Schmierfetts hängt also auch von der Ölausblutungsdauer ab, und es ist sorgfältig zu prüfen, welche Lebensdauer die kürzeste ist.

Die *Ölausblutungsdauer* $BT_{10,g}$ (Stunden), auch *Bleeding Time* des Schmierfetts genannt, wird empirisch berechnet zu

$$\log_{10}(BT_{10,g}) = k - \frac{2{,}5P_m}{C} - 0{,}021T - (4{,}4 - 0{,}018T) \times 10^{-6} \cdot ND_{pw}, \qquad (6.42)$$

wobei

k einen Parameter für das Schmierfett,
N (U/min) die Rotordrehzahl,
D_{pw} (mm) den Teilkreisdurchmesser,
P_m (N) die äquivalente Radiallast,
C (N) die dynamische Tragzahl und
T(°C) die Fetttemperatur im Lager bezeichnen.

Für den Schmierfettparameter k können folgende Werte als Anhaltspunkt genannt werden: Für ein Fett auf der Basis von Etherölen (Etherfette) und einer maximalen Betriebstemperatur von 165 °C beträgt $k = 7{,}0$. Für höhere Temperaturen bis 180 °C wird $k = 7{,}3$. Bei der Verwendung von Fluoridfetten und Betriebstemperaturen bis 220 °C kann $k = 7{,}8$ gesetzt werden.

6.6 Fallstudie zur Berechnung der Lebensdauer eines Wälzlagers

Als Beispiel für die Berechnung der Ermüdungslebensdauer unter dem Lastkollektiv nach Tab. 6.5 wird ein Rillenkugellager vom Typ 6209 mit folgenden Eigenschaften gewählt:

- Anzahl der Kugel $Z = 10$;
- Kugeldurchmesser $D_w = 12{,}3$ mm;
- Teilkreisdurchmesser $D_{pw} = 65$ mm;

Tab. 6.5 Lastkollektiv mit den relativen Betriebszeitdauern t_{ij} in Umrollungsanteilen

F_r (N)	4623	1334	889	1778	3557	4021	4446	4623	5335	6224	16004 U/min
3603	0,00867										
2160						0,06021					
763											0,13124
661									0,03809		
434							0,03677			0,08498	
321			0,05472								
321			0,02244								
434		0,03149		0,09227			0,09491				
763											0,20364
888					0,09403						
2160						0,02606					
3603								0,02049			
F_a (N)	**4623**	**1334**	**889**	**1778**	**3557**	**4021**	**4446**	**4623**	**5335**	**6224**	**16004 U/min**
4966	0,00867										
2857						0,06021					
814											0,13124
664									0,03809		
332							0,03677			0,08498	
166			0,05472								
166			0,02244								
332		0,03149		0,09227			0,09491				
814											0,20364
997					0,09403						
2857						0,02606					
4966								0,02049			

- Diametrales Lagerspiel e = 0 mm;
- Innere Schmiegung $\kappa_i = 0{,}510$, äußere Schmiegung $\kappa_o = 0{,}529$;
- Elastizitätsmodul der Kugel $E_1 = 208$ GPa;
- Elastizitätsmodul der Laufbahnen $E_2 = 208$ GPa;
- Schmierung mit Getriebeöl vom Typ FFL5 LV mit Filtern;
- Ölsauberkeitsgrade nach ISO 4406: –/15/12 (vgl. Tab. 6.4b).

Das Lastkollektiv für den Betrieb stellt die relativen Betriebszeitdauern des Lagers unter den Belastungen mit radialen und axialen Kräften F_r und F_a dar. Anhand der Gl. 2.13 wird zuerst die äquivalente dynamische Last für die einzelnen Betriebspunkte im Lastkollektiv aus den radialen und axialen Kräften berechnet zu

$$P_m = X \cdot F_r + Y \cdot F_a,$$

wobei X und Y die Gewichtungsfaktoren nach Gl. 2.14 bezeichnen.

Die relativen Betriebszeitdauern des Lastkollektivs sind in Abb. 6.5 grafisch dargestellt.

Mithilfe des Programms COMBLT_Matrix [3] werden die Ermüdungslebensdauern des Lagers für die einzelnen Betriebspunkte im Lastkollektiv berechnet. Diese Ergebnisse sind in Abb. 6.6 grafisch dargestellt. Nach Gl. 6.9a ergibt sich aus den berechneten

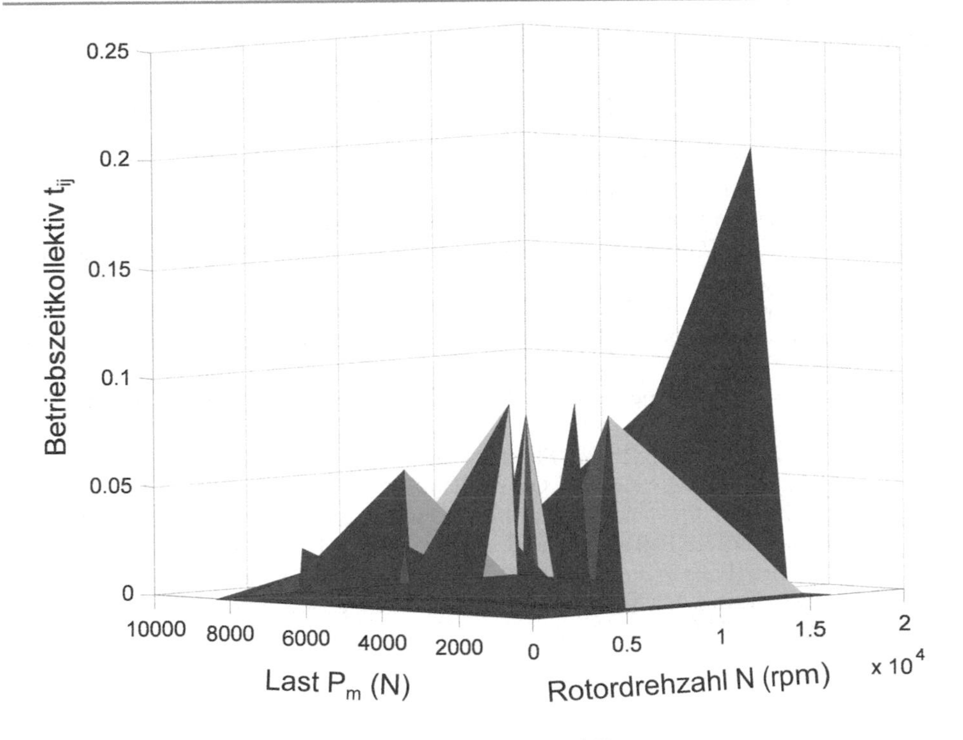

Abb. 6.5 Betriebszeitdauer t_{ij} in Abhängigkeit von P_m und N

Lebensdauern für die einzelnen Betriebspunkte die resultierende Ermüdungslebensdauer des Lagers für das Lastkollektiv zu

$$Lh_{10}^{*} = \frac{1}{\sum_{i=1}^{N}\sum_{j=1}^{M} \frac{t_{ij}}{Lh_{10,ij}^{*}}} \approx 10.164\ h.$$

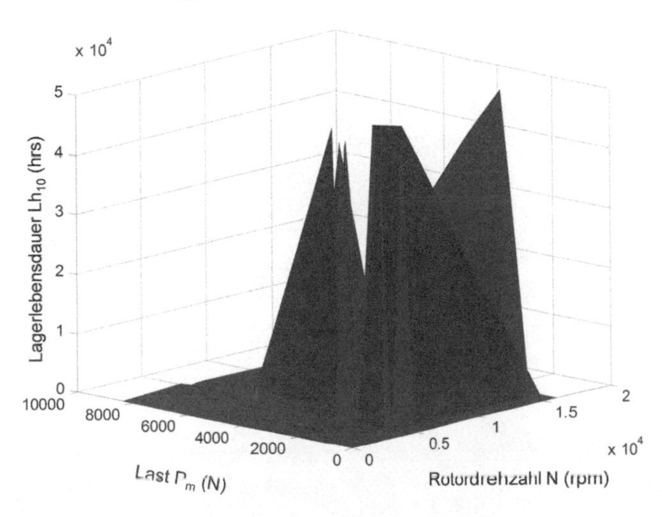

Abb. 6.6 Lebensdauer $Lh_{10,ij}^{*}$ in Abhängigkeit von P_m und N

Literatur

1. DIN-Taschenbuch 24: Wälzlager 1 (in German), Neunte Auflage. Verlag Beuth, Germany (2012)
2. Harris, T.A., Kotzalas, M.N.: Two Volumes – Essential and Advanced Concepts of Bearing Technology 4. Aufl. CRC Taylor & Francis Inc., Boca Raton (2007)
3. Nguyen-Schäfer, H.: Program COMBLT_Matrix. EM-motive, Germany (2015)
4. Lugt, P.M.: Grease Lubrication in Rolling Bearings (Tribology Series). Wiley, New York (2013)
5. Morales-Espejel, G.E., Gabelli, A., De Vries, A.J.C.: A Model for Rolling Bearing Life with Surface and Subsurface Survival – Tribological Effects. Tribology Transactions. 58, 894–906 (2015)
6. Johnson, L.G.: The Statistical Treatment of Fatigue Experiments. Elsevier Publishing Co., Amsterdam (1964)
7. Vlcek, B.L., Zaretsky, E.V.: Rolling-Element Fatigue Testing and Data Analysis – A Tutorial. NASA/TM-2011-216098. Cleveland, Ohio (2011)
8. Oswald, F., Zaretsky, E., Poplawski, J.: Effect of Internal Clearance on Load Distribution and Life of Radially Loaded Ball and Roller Bearings. NASA/TM-2012-217115. (2012)
9. Nguyen-Schäfer, H.: Program COMLIFAC. EM-motive, Germany (2014)
10. Khonsari, M., Booser, E.: Applied Tribology and Bearing Design and Lubrication 2. Aufl. Wiley, Somerset (2008)

7 Zuverlässigkeitstheorie mit der Weibull-Verteilung

7.1 Einführung

Zur Analyse der Zuverlässigkeit von Produkten spielt die Weibull-Verteilung eine Schlüsselrolle im industriellen Umfeld. Im Folgenden werden zunächst die Theorie der Weibull-Verteilung und die zu ihrer Beschreibung relevanten Parameter diskutiert. Diese Kenntnisse sind wichtige Grundlagen für die Analyse der Zuverlässigkeit von Wälzlagern bei einer vorgegebenen Überlebenswahrscheinlichkeit in Testfeldern.

In der täglichen Produktentwicklung sind die Anzahl von Versuchen und deren Laufzeiten zur Reduzierung der Entwicklungszeit und der Produktkosten begrenzt. Mithilfe der Weibull-Verteilung ist es jedoch möglich, die Lebensdauer der angefertigten Produkte bei einer vorgegebenen Zuverlässigkeitsrate statistisch vorauszusagen. Basierend auf der begrenzten Anzahl verfügbarer Ausfallproben aus den Versuchen werden die Parameter der Weibull-Verteilung bestimmt und mithilfe der Wöhler-Kurven für die eingesetzten Werkstoffe die Ermüdungslebensdauern unter Vorgabe einer bestimmten Ausfallwahrscheinlichkeit vorausberechnet. Darüber hinaus ist es möglich, die Hauptursachen (root causes) für den Ausfall des Produkts zu analysieren, wenn Versuche für mehrere Anwendungen unter verschiedenen Testbedingungen vorliegen.

Generell ist die Weibull-Verteilung zur Vorhersage von Zuverlässigkeit in den unterschiedlichsten Arbeitsfeldern gut geeignet, z. B. für die Überlebensanalyse, die Zuverlässigkeitstheorie, die Ausfallanalyse, die Extremwerttheorie und die Wettervorhersage.

7.2 Weibull-Verteilung

Die statistische 3-Parameter-Weibull-Verteilung wurde Anfang 1939 zur Vorhersage der Ermüdungslebensdauer von Produkten von W. Weibull entwickelt. Im Jahr 1947

H. Nguyen-Schäfer, *Numerische Auslegung von Wälzlagern*,
DOI 10.1007/978-3-662-54989-6_7

verwendeten Lundberg und Palmgren eine vereinfachte 2-Parameter-Weibull-Verteilung zur statistischen Abschätzung der Ermüdungslebensdauer von Wälzlagern, die auf Messdaten von Ausfallproben basierte. Zusätzlich zur Lebensdauervorhersage wird die Weibull-Verteilung dazu verwendet, das Verschleißverhalten eines Wälzlagers über der Betriebsdauer vorherzusagen [1].

Zur Beschreibung der Wahrscheinlichkeitsfunktion $S(t)$ für die Zuverlässigkeit (*Zuverlässigkeitsfunktion*) wird die 3-Parameter-Weibull-Verteilung mit den Parametern β, η und τ angesetzt:

$$S(t) = \exp\left[-\left(\frac{t-\tau}{\eta}\right)^{\beta}\right] \in [0, 1]\,; t > \tau, \tag{7.1}$$

wobei

$S(t)$ die Zuverlässigkeitsfunktion,
t die Testzeit (h),
β den Formparameter oder die Weibull-Steigung,
η den Skalaparameter (h) und
τ den Lageparameter (h) bezeichnen.

Die Wahrscheinlichkeitsfunktion für einen Ausfall, auch *Ausfallfunktion* $F(t)$ bzw. *kumulative Verteilungsfunktion cdf* (cumulative distribution function) genannt, ist für die 3-Parameter-Weibull-Verteilung definiert als

$$F(t) \equiv 1 - S(t) = 1 - \exp\left[-\left(\frac{t-\tau}{\eta}\right)^{\beta}\right]; t > \tau. \tag{7.2a}$$

Für viele Anwendungen wird der Lageparameter $\tau = 0$ gesetzt. In diesem Fall wird aus der 3-Parameter-Weibull-Verteilung die vereinfachte 2-Parameter-Weibull-Verteilung (Lundberg und Palmgren) zur Berechnung der Lagerlebensdauer. Folglich wird die Zuverlässigkeitsfunktion $S(t)$ der 2-Parameter-Weibull-Verteilung mit den Parametern β und η zu

$$S(t) = \exp\left[-\left(\frac{t}{\eta}\right)^{\beta}\right] \in [0, 1]\,; t > 0. \tag{7.3}$$

Aus Gl. 7.3 ergibt sich die Ausfallfunktion der 2-Parameter Weibull-Verteilung zu

$$F(t) \equiv 1 - S(t) = 1 - \exp\left[-\left(\frac{t}{\eta}\right)^{\beta}\right]; t > 0. \tag{7.2b}$$

Zum Zeitpunkt $t = \eta$, d. h. $t/\eta = 1$, erreicht die Zuverlässigkeitsfunktion $S(\eta)$ für beliebige Formparameter β den Wert $1/e \approx 0,3679$, wie in Abb. 7.1 gezeigt. Folglich erreicht die kumulative Verteilungsfunktion bei $t = \eta$ den Wert

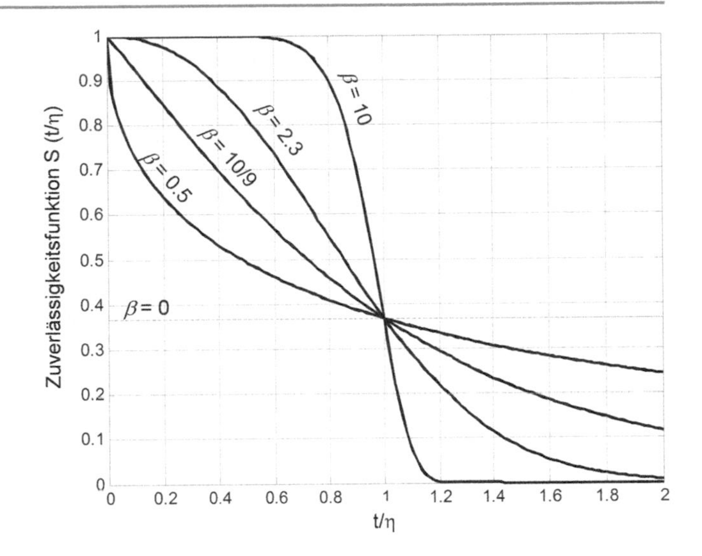

Abb. 7.1 Zuverlässigkeitsfunktion $S(t)$ für verschiedene Formparametern β

$$F(\eta) = 1 - S(\eta) = 1 - 1/e \approx 0,6321.$$

Aus Gl. 7.3 berechnet sich der Skalaparameter η zu

$$\eta = t\left(\ln\frac{1}{S}\right)^{-1/\beta} = t\,(-\ln S)^{-1/\beta}, \tag{7.4}$$

wobei ln die natürliche logarithmische Funktion bezeichnet.

Als Beispiel wird die Berechnung des Skalaparameters η für ein Wälzlager mit einem Zeitintervall von t = 1500 h für die Fettwartung bei einer 95 %-Zuverlässigkeit durchgeführt: Dabei wird die Weibull-Steigung $\beta = 2,3$ für Schmierfettanwendungen benutzt. Nach Gl. 7.4 ergibt sich der Skalaparameter zu

$$\eta = t\left(\ln\frac{1}{S}\right)^{-1/\beta}$$
$$= 1500\left(\ln\frac{1}{0,95}\right)^{-1/2,3} \approx 5457\,h.$$

Im Falle von $t \leq \eta$ gilt: Je größer der Skalaparameter η ist, desto höher wird die Zuverlässigkeit S erwartet für die gleiche Lebensdauer bei beliebiger Weibull-Steigung β, vgl. Abb. 7.1.

Die Zuverlässigkeitsfunktion beschreibt die Erwartungswahrscheinlichkeit der Überlebensproben nach der Testzeit t. Zum Beispiel beträgt für eine 90 %-Erwartungswahrscheinlichkeit die Zuverlässigkeitsfunktion $S(t)$ = 0,9. Dabei würden nach der Testzeit 90 % der Versuchsproben wahrscheinlich überleben würden bzw. 10 % der Versuchsproben während der Testzeit ausfallen.

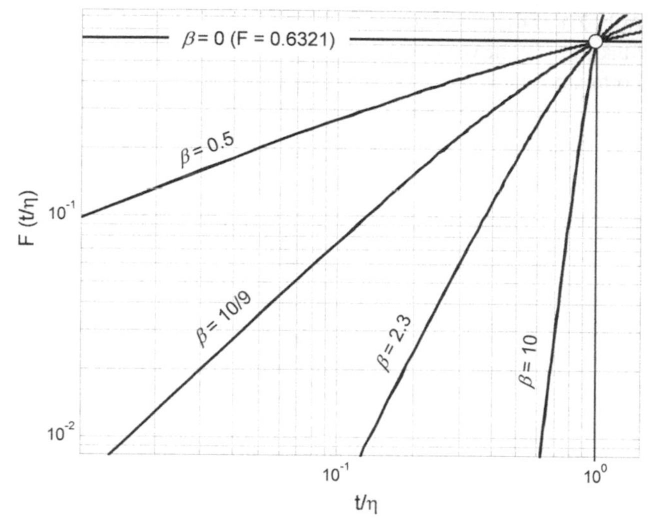

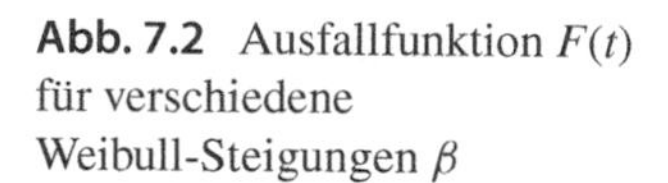
Abb. 7.2 Ausfallfunktion $F(t)$ für verschiedene Weibull-Steigungen β

Abb. 7.2 stellt die Ausfallfunktion über der Zeit t für verschiedene Weibull-Steigungen dar. Bei der Zeit $t = \eta$, d. h. $t/\eta = 1$ hat die Ausfallfunktion $F(\eta)$ den Wert 0,6321 für eine beliebige Weibull-Steigung β. Das bedeutet, dass 63,21 % der Versuchsproben nach der Testzeit $t = \eta$ wahrscheinlich ausgefallen wären.

Bei einer gewünschten Lebensdauer $L_p = 6000\ h$ für die Fettwartung des Wälzlagers im vorherigen Beispiel wird nach Gl. 7.3 die Zuverlässigkeit mit $\beta = 2{,}3$ für Schmierfette und $\eta = 5457\ h$ berechnet:

$$S(L_p) = \exp\left[-\left(\frac{t}{\eta}\right)^{\beta}\right] = \exp\left[-\left(\frac{6000}{5457}\right)^{2,3}\right] \approx 0,288$$
$$\Rightarrow F(L_p) = 1 - 0,288 = 0,712.$$

Dieses Ergebnis zeigt, dass wahrscheinlich nur ca. 28,8 % der Versuchslager nach der gewünschten Lebensdauer von 6000 h überleben bzw. 71,2 % der Lager nach diesem Zeitpunkt ausfallen würden.

7.3 Wahrscheinlichkeit für die Überlebensproben

Die Überlebensproben $n_S(t)$, die während der Testzeit t noch funktionieren, ergeben sich aus der Zuverlässigkeitsfunktion $S(t)$ zu [2]

$$n_S(t) = n_0 S(t), \tag{7.5}$$

wobei n_0 die Anzahl an Versuchsproben bei Versuchsbeginn, d. h. bei der Zeit $t = 0$, bezeichnet.

Die Anzahl an Ausfallproben berechnet sich aus der Differenz der Anzahl Versuchsproben bei Versuchsbeginn und der Anzahl von Proben, die den Versuch erfolgreich bestanden haben. Nach Gl. 7.4 und 7.5 ergibt sich die Anzahl an ausgefallenen Proben nach der Zeit t zu

$$\begin{aligned} n_F(t) &= n_0 - n_S(t) \\ &= n_0(1 - S(t)) = n_0 F(t). \end{aligned}$$

Die Anzahl erwarteter Ausfallproben in einem Zeitintervall Δt berechnet sich aus der Differenz der Anzahl an Überlebensproben zwischen den Zeiten t und $t + \Delta t$:

$$\begin{aligned} \Delta n_S &= n_0 S(t) - n_0 S(t + \Delta t) \geq 0 \\ &= -n_0 \left(\frac{S(t + \Delta t) - S(t)}{\Delta t} \right) \Delta t \approx -n_0 \frac{dS(t)}{dt} \Delta t \\ &= -\frac{n_S}{S} \frac{dS(t)}{dt} \Delta t. \end{aligned} \tag{7.6}$$

Aus Gl. 7.6 wird der relative Probenausfall definiert als

$$\frac{\Delta n_S}{n_S} = -\frac{1}{S} \frac{dS(t)}{dt} \Delta t \geq 0. \tag{7.7}$$

Nach Gl. 7.7 wird die Ausfallrate als die zeitliche Änderung des relativen Probeausfalls im Zeitintervall Δt definiert:

$$\begin{aligned} f_r(t) &\equiv \frac{1}{\Delta t} \frac{\Delta n_S}{n_S} \\ &= -\frac{1}{S} \frac{dS(t)}{dt} = \frac{d}{dt} \left(\ln \frac{1}{S(t)} \right). \end{aligned} \tag{7.8}$$

Leitet man die Weibull-Zuverlässigkeitsfunktion $S(t)$ nach der Zeit t ab, erhält man aus Gl. 7.8 die Ausfallrate

$$\begin{aligned} f_r(t) &= \frac{d}{dt} \left(\ln \frac{1}{S(t)} \right) = \frac{d}{dt} (-\ln S(t)) \\ &= \frac{d}{dt} \left(\frac{t}{\eta} \right)^{\beta} = \frac{\beta}{\eta} \left(\frac{t}{\eta} \right)^{\beta - 1}. \end{aligned} \tag{7.9}$$

Das Verhalten der Ausfallrate über der Lebensdauer beim Skalaparameter $\eta = 1$ ist für verschiedene Weibull-Steigungen β in Abb. 7.3 dargestellt. Wie man sieht, hat die Weibull-Steigung einen großen Einfluss auf die Ausfallrate, für

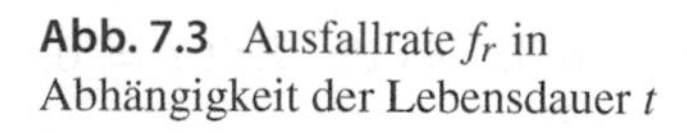

Abb. 7.3 Ausfallrate f_r in Abhängigkeit der Lebensdauer t

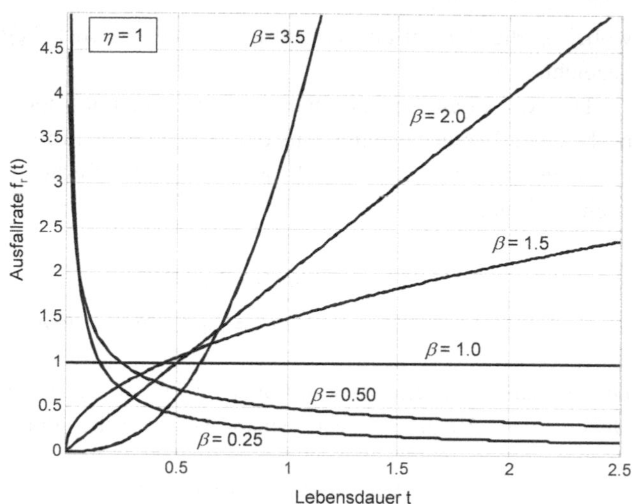

- $\beta < 1$ nehmen die Ausfallraten mit der Lebensdauer ab,
- $\beta = 1$ sind die Ausfallraten konstant über der Lebensdauer,
- $\beta > 1$ nehmen die Ausfallraten mit der Lebensdauer zu, und
- $\beta > 2$ steigen die Ausfallraten drastisch mit der Lebensdauer an.

7.4 Dichtefunktion der Weibull-Verteilung

Die Dichtefunktion oder Wahrscheinlichkeitsdichte $f(t)$ (pdf: probability density function) ist definiert als die negative zeitliche Ableitung der Zuverlässigkeitsfunktion $S(t)$:

$$f(t) = -\frac{dS(t)}{dt} \geq 0. \tag{7.10}$$

Mit Gl. 7.3 und 7.8 ergibt sich für die Dichtefunktion folglich zu

$$\begin{aligned} f(t) &= f_r(t) \cdot S(t) \\ &= \frac{\beta}{\eta}\left(\frac{t}{\eta}\right)^{\beta-1} \exp\left[-\left(\frac{t}{\eta}\right)^{\beta}\right]. \end{aligned} \tag{7.11}$$

Abb. 7.4 zeigt den Verlauf der Dichtefunktion über der normierten Lebensdauer für verschiedene Weibull-Steigungen β. Für größere Steigungen ähnelt die Dichtefunktion der Gaußschen Normalverteilungsfunktion. Die Weibull-Steigung von $\beta = 10/9$ entspricht dem typischen Wert für die Abschätzung der Lebensdauer von Wälzlagern und von $\beta = 2,3$ wird zur Abschätzung der Lebensdauer der Schmierfette verwendet [1].

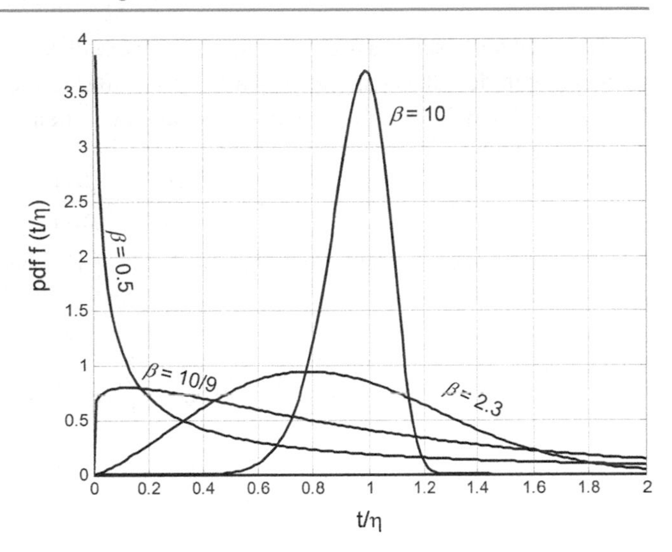

Abb. 7.4 Dichtefunktion $f(t)$ für verschiedene Weibull-Steigungen β bei $\eta = 1$

Als *Mode der Verteilungsfunktion* wird als die Zeit t definiert, bei der die Dichtefunktion ein Maximum erreicht. Zur Bestimmung der Mode sind also zwei Bedingungen notwendig:

$$\frac{df(t)}{dt} = 0 \ (i) \ und \quad \left. \frac{d^2 f(t)}{dt^2} \right|_{t=t_m} < 0 \ (ii).$$

Mithilfe der Substitution von t durch $T = t/\eta$ und unter Berücksichtigung der Kettenregel der zeitlichen Differenzierung wird die erste zeitliche Ableitung der Dichtefunktion berechnet:

$$\frac{df(t)}{dt} = \frac{df(T)}{dT}\left(\frac{dT}{dt}\right) = 0.$$

Nach einigen Rechenschritten und Umformierungen erhält man die Gleichung

$$\frac{df(t)}{dt} = \frac{\beta}{\eta^2}\exp(-T^\beta)\cdot\left[(\beta-1)T^{\beta-2} - \beta T^{2(\beta-1)}\right] = 0.$$

Damit ergibt sich die Mode t_m der Weibull-Verteilung für $\beta \geq 1$ zu

$$T_m = \left(\frac{\beta-1}{\beta}\right)^{1/\beta}$$

$$\Rightarrow t_m = \eta\left(\frac{\beta-1}{\beta}\right)^{1/\beta} \quad für\ \beta \geq 1.$$

Durch Einsetzen von $t = t_m$ in Gl. *(ii)* erhält man für die zweite zeitliche Ableitung von *f(t)* einen negativen Wert. Somit ist gezeigt, dass der ermittelte Extremwert der Dichtefunktion tatsächlich einem Maximum bei $t = t_m$ entspricht.

Es ist anzumerken, dass die Mode t_m der Weibull-Verteilung gleich Null für $\beta < 1$ ist und gegen den Skalaparameter η für $\beta \gg 1$ strebt, wie in Abb. 7.4 zu erkennen ist. Nach Gl. 7.8 und 7.10 ergibt sich die Beziehung zwischen der Dichtefunktion $f(t)$ und der Ausfallrate $f_r(t)$ zu

$$f_r(t) = \frac{-1}{S(t)} \frac{dS(t)}{dt} = \frac{f(t)}{S(t)}.$$

Integriert man die Dichtefunktion $f(t)$ nach Gl. 7.10 über die Zeit t, erhält man die Zuverlässigkeitsfunktion

$$S(t) = -\int_{\infty}^{t} f(t)dt = \int_{t}^{\infty} f(t)dt \geq 0.$$

Also ergibt sich die Ausfallfunktion zu

$$\begin{aligned} F(t) &= 1 - S(t) = 1 - \int_{t}^{\infty} f(t)dt \\ &= \int_{0}^{\infty} f(t)dt - \int_{t}^{\infty} f(t)dt = \int_{0}^{\infty} f(t)dt + \int_{\infty}^{t} f(t)dt \\ &= \int_{0}^{t} f(t)dt. \end{aligned}$$

Die Zuverlässigkeitsfunktion $S(t)$ ergibt sich aus der rechten integrierten Fläche der Dichtefunktion $f(t)$ mit den ausgewählten Werten von $\beta = 3,5$ und $t = 0,525\eta$ (vgl.

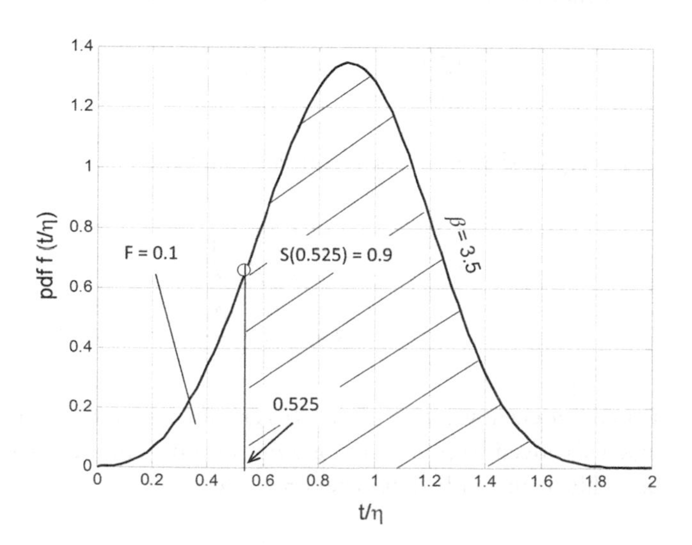

Abb. 7.5 Dichtefunktion $f(t)$ für $\eta = 1$

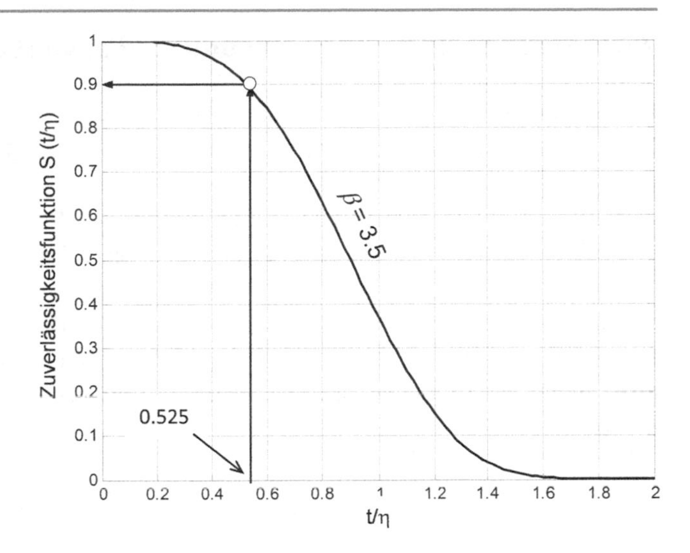

Abb. 7.6 Zuverlässigkeitsfunktion $S(t)$ für $\eta = 1$

Abb. 7.5). Abb. 7.6 zeigt, dass die Zuverlässigkeit bei 90 % für $t = 0{,}525\eta$ liegt. Damit stellt die integrierte Fläche unter der Dichtefunktion $f(t)$ links von $t = 0{,}525\eta$ die Ausfallfunktion $F(t)$ dar. In diesem Fall beträgt die Ausfallwahrscheinlichkeit den Wert von 10 %; d. h. 10 %-Ausfallwahrscheinlichkeit.

7.5 Zeitintervall zwischen den Probenausfällen

Das Zeitintervall Δt zwischen den Probenausfällen Δn_S wird mithilfe von Gl. 7.6 und 7.10 berechnet:

$$\Delta n_S = -n_0 \frac{dS(t)}{dt} \Delta t = n_0 f(t) \Delta t$$

$$\Rightarrow \Delta t = \frac{\Delta n_S}{n_0 f(t)}.$$

Hierbei ist angenommen, dass nur eine Probe, d. h. $\Delta n_S = 1$, in dem Zeitintervall Δt ausfällt. Anhand der Gl. 7.11 wird das dimensionslose Zeitintervall $\Delta t/\eta$ für genau einen Probenausfall berechnet:

$$\Delta t = \frac{1}{n_o f(t)} = \frac{\eta}{n_0 \beta} \left(\frac{t}{\eta}\right)^{1-\beta} \exp\left(\frac{t}{\eta}\right)^{\beta}$$
$$\Rightarrow \frac{\Delta t}{\eta} = \frac{1}{n_0 \beta} \left(\frac{t}{\eta}\right)^{1-\beta} \exp\left(\frac{t}{\eta}\right)^{\beta}. \tag{7.12}$$

7.6 Erwartungswert, Varianz und Medianwert der Lebensdauer

Der Erwartungswert (expectation value) der Lebensdauer oder *MTTF* (mean time to failure) ist in der Wahrscheinlichkeitstheorie definiert als der Langzeitmittelwert bei einer großen Anzahl an wiederholten Versuchen. Nach dem Gesetz der großen Zahl konvergiert der arithmetische Mittelwert der Lebensdauer von N Versuchsproben meistens gegen ihren Erwartungswert, wenn die Anzahl N der Versuchsproben unendlich groß ist, vgl. Anhang F.

Der Erwartungswert der Lebensdauer oder die mittlere Zeit bis zum Ausfall *MTTF* berechnet sich für eine sehr große Anzahl an Versuchsproben ($N \to \infty$) aus der Summe der individuellen Lebensdauer L_i und der entsprechenden Dichtefunktion $f_i(t)$ zu

$$\bar{L} \equiv MTTF = E[L] \equiv \sum_{i=1}^{N\to\infty} L_i(t) \cdot f_i(t), \tag{7.13}$$

wobei die Summe aller Wahrscheinlichkeitsdichten gleich 1 sein muss:

$$\sum_{i=1}^{N\to\infty} f_i(t) = 1.$$

Nach Gl. 7.13 wird der Erwartungswert der Lebensdauer in der Wahrscheinlichkeitsdichte $f(t)$ formuliert in

$$\bar{L} \equiv MTTF = E[L] = \int_0^\infty tf(t)dt. \tag{7.14}$$

Durch Einsetzen von Gl. 7.11 in Gl. 7.14 ergibt sich der Erwartungswert der Lebensdauer anhand der Weibull-Verteilung zu

$$\bar{L} = \int_0^\infty \beta \left(\frac{t}{\eta}\right)^\beta \exp\left[-\left(\frac{t}{\eta}\right)^\beta\right] dt. \tag{7.15}$$

Zur Berechnung der Erwartungslebensdauer wird durch Substitution der neuen Variable $T = (t/\eta)^\beta$ in Gl. 7.15 für $\eta \neq 0$ und $t \geq 0$ eingeführt:

$$T \equiv \left(\frac{t}{\eta}\right)^\beta \Rightarrow t = \eta T^{1/\beta}.$$

Differenziert man die neue Variable nach t, erhält man die Beziehung

$$\frac{dT}{dt} = \frac{\beta}{\eta}\left(\frac{t}{\eta}\right)^{\beta-1}$$
$$\Rightarrow dt = \frac{\eta}{\beta}\left(\frac{t}{\eta}\right)^{-(\beta-1)} dT = \frac{\eta}{\beta} T^{-(\beta-1)/\beta} dT.$$

Durch Einsetzen von dt in Gl. 7.15 ergibt sich die Erwartungslebensdauer zu

$$\begin{aligned}\bar{L} &= \int_0^\infty \eta T e^{-T} \cdot T^{\frac{-(\beta-1)}{\beta}} dT = \eta \int_0^\infty T^{1/\beta} e^{-T} dT \\ &= \eta \int_0^\infty T^{\left(\frac{1}{\beta}+1\right)-1} e^{-T} dT.\end{aligned} \tag{7.16}$$

In kompakter Schreibweise wird die Erwartungslebensdauer mithilfe der Gamma-Funktion in Abhängigkeit von β und η umformuliert in

$$\bar{L} = MTTF = E[L] = \eta\Gamma(\tfrac{1}{\beta} + 1).$$

Die Gamma-Funktion von β ist definiert als

$$\Gamma(\beta) = \int_0^\infty t^{\beta-1} e^{-t} dt.$$

Die Berechnung der Funktion $\Gamma(\beta)$ kann z. B. mit dem kommerziellen Programm MATLAB für jede beliebige Weibull-Steigung β durchgeführt werden.

Die Varianz der Versuchsproben zeigt, wie weit die gemessenen Daten vom Erwartungswert der Lebensdauer $E[L]$ entfernt verstreut sind. Die Varianz s_L der Lebensdauer L berechnet sich zu

$$\begin{aligned}s_L = \sigma^2 &\equiv E\left[\left(L-\bar{L}\right)^2\right] \\ &= E\left[(L-E[L])^2\right] = E\left[L^2\right] - (E[L])^2 \\ &= E\left[L^2\right] - \bar{L}^2.\end{aligned} \tag{7.17}$$

Nach Gl. 7.14 und 7.16 wird der erste Term auf der rechten Seite (RHS) von Gl. 7.17 für die 2-Parameter-Weibull-Verteilung berechnet zu

$$E\left[L^2\right] = \int_0^\infty t^2 f(t)dt = \eta^2 \int_0^\infty T^{2/\beta} e^{-T} dT$$

$$= \eta^2 \int_0^\infty T^{\left(\frac{2}{\beta}+1\right)-1} e^{-T} dT = \eta^2 \Gamma(\tfrac{2}{\beta}+1).$$

Folglich ergibt sich die Varianz der Lebensdauer L aus Gl. 7.16 und 7.17 zu

$$\begin{aligned} s_L = \sigma^2 &= E\left[L^2\right] - \bar{L}^2 \\ &= \eta^2 \left[\Gamma(\tfrac{2}{\beta}+1) - \Gamma^2(\tfrac{1}{\beta}+1)\right]. \end{aligned} \tag{7.18}$$

Alternativ kann die Varianz der Lebensdauer L direkt aus Gl. 7.14, 7.16 und 7.17 berechnet werden:

$$s_L \equiv E\left[\left(L-\bar{L}\right)^2\right] = \int_0^\infty (t-\bar{L})^2 f(t)dt$$

$$= \int_0^\infty t^2 f(t)dt - 2\bar{L}\int_0^\infty t f(t)dt + \bar{L}^2 \int_0^\infty f(t)dt$$

$$= \eta^2 \Gamma(\tfrac{2}{\beta}+1) - 2\bar{L}^2 + \bar{L}^2$$

$$= \eta^2 \left[\Gamma(\tfrac{2}{\beta}+1) - \Gamma^2(\tfrac{1}{\beta}+1)\right].$$

Aus Gl. 7.18 ergibt sich dann die Standardabweichung der Lebensdauer L zu

$$\sigma = \sqrt{s_L} = \eta\sqrt{\Gamma(\tfrac{2}{\beta}+1) - \Gamma^2(\tfrac{1}{\beta}+1)}. \tag{7.19}$$

Der Medianwert L^* der Lebensdauer ist in der Statistik und Wahrscheinlichkeitstheorie als der Wert definiert, an dem die Ausfallfunktion $F(L^*)$ bei einer Wahrscheinlichkeit von 50 % liegt. Für den Medianwert L^* muss also mithilfe der Wahrscheinlichkeitsdichte $f(t)$ gelten (vgl. Abb. 7.7):

$$F(L^*) = \int_0^{L^*} f(t)dt = 0,50.$$

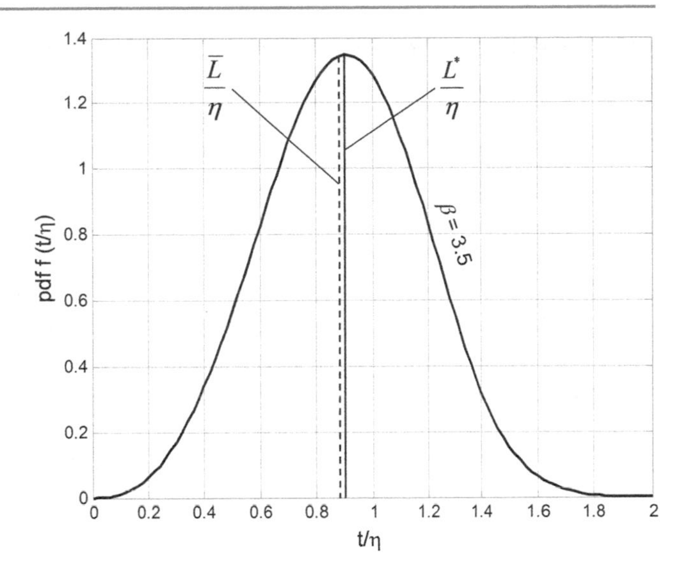

Abb. 7.7 Dimensionslose Erwartungs- und Medianwerte

Folglich erhält man die Gleichung zur Bestimmung des Medianwerts L^* für die Weibull-Verteilung:

$$2\int_0^{L^*} f(t)dt - 1 = 0 \Leftrightarrow$$

$$2\beta \int_0^{L^*} \left(\frac{t}{\eta}\right)^{\beta-1} \exp\left[-\left(\frac{t}{\eta}\right)^{\beta}\right] dt - \eta = 0.$$

Durch Auflösen der obigen Gleichung erhält man die Medianwerte L^* der Lebensdauer für die 2- bzw. 3-Parameter-Weibull-Verteilung:

$$\begin{aligned} L^* &= \eta(\ln 2)^{1/\beta} \textit{ für } \tau = 0; \\ L^* &= \tau + \eta(\ln 2)^{1/\beta} \textit{ für } \tau \neq 0. \end{aligned} \quad (7.20)$$

Für ein Beispiel wird eine 2-Parameter-Weibull-Verteilung mit der Weibull-Steigung $\beta = 3,5$ gewählt. Aus Gl. 7.20 ergibt sich der dimensionslose Medianwert zu

$$\frac{L^*}{\eta} = (\ln 2)^{1/\beta} = (\ln 2)^{1/3,5} \approx 0,901.$$

Nach Gl. 7.16 wird der dimensionslose Erwartungswert für $\beta = 3,5$ berechnet zu

$$\frac{\bar{L}}{\eta} = \Gamma(\tfrac{1}{\beta} + 1) = \Gamma(\tfrac{1}{3,5} + 1) = \Gamma(1,286) \approx 0,899.$$

Abb. 7.7 stellt den dimensionslosen Medianwert und den entsprechenden Erwartungswert dar.

7.7 Perzentil-Lebensdauer

Die Perzentil-Lebensdauer L_p ist definiert als die Lebensdauer bei einer Ausfallwahrscheinlichkeit p (in %). Die Perzentil-Lebensdauer L_{10} bezeichnet also die Lebensdauer beim Perzentil p von 10 % Ausfallwahrscheinlichkeit. Das Perzentil der Ausfallwahrscheinlichkeit p (%) ist definiert als

$$p \equiv 100F(t) = 100\,[1 - S(t)]\,.$$

Mit Gl. 7.3 lässt sich die Perzentilfunktion der Ausfallwahrscheinlichkeit schreiben wie folgt:

$$\begin{aligned}\frac{p}{100} &= F(t)\\ &= 1 - \exp\left[-\left(\frac{t}{\eta}\right)^{\beta}\right] = 1 - \exp\left[-\left(\frac{L_p}{\eta}\right)^{\beta}\right].\end{aligned}$$

Die Perzentil-Lebensdauer L_p für die 2- bzw. 3-Parameter-Weibull-Verteilung lässt sich dann berechnen:

$$\begin{aligned}L_p &= \eta\left[-\ln\left(1 - \frac{p}{100}\right)\right]^{1/\beta} = \eta\left(\ln\frac{1}{S}\right)^{1/\beta} \quad \textit{für } \tau = 0;\\ L_p &= \tau + \eta\left[-\ln\left(1 - \frac{p}{100}\right)\right]^{1/\beta} = \tau + \eta\left(\ln\frac{1}{S}\right)^{1/\beta} \quad \textit{für } \tau \neq 0.\end{aligned} \tag{7.21}$$

Beispielhaft ergibt sich für ein Perzentil p bei einer 10 %-Ausfallwahrscheinlichkeit die Perzentil-Lebensdauer L_{10} für die 2-Parameter-Weibull-Verteilung zu

$$\begin{aligned}L_{10} &= \eta\left[-\ln\left(1 - \frac{10}{100}\right)\right]^{1/\beta}\\ &= \eta\left(\ln\frac{1}{0,9}\right)^{1/\beta} \approx \eta \times 0,1054^{1/\beta}.\end{aligned} \tag{7.22}$$

Die Perzentil-Lebensdauer L_{10} wird üblicherweise als Standardwert zur Bewertung der Lagerlebensdauer sowohl in der Automobilindustrie als auch seitens der Wälzlagerhersteller verwendet.

Mit Gl. 7.21 und 7.22 lässt sich das Verhältnis der Perzentil-Lebensdauern L_p zu L_{10} berechnen:

$$\frac{L_p}{L_{10}} = \left[\frac{\ln(1-p/100)}{\ln 0,9}\right]^{1/\beta} = \left(\frac{\ln S}{\ln 0,9}\right)^{1/\beta}. \tag{7.23}$$

Somit lässt sich beispielsweise die Perzentil-Lebensdauer L_{20} bei einer 20 %-Ausfallwahrscheinlichkeit und $\beta = 10/9$ berechnen:

$$L_{20} = \left[\frac{\ln 0,8}{\ln 0,9}\right]^{0,9} L_{10} \approx 1,96 L_{10}.$$

Dieses Ergebnis zeigt, dass sich im Vergleich zur Perzentil-Lebensdauer L_{10} die Lebensdauer L_{20} um ca. 96 % verbessert.

Im Folgenden wird die Lebensdauer von Wälzlagern anhand der 3-Parameter-Weibull-Verteilung untersucht. Die Weibull-Verteilung ist für den Perzentilbereich zwischen 10 % und 40 % (10 % $\leq p \leq$ 40 %) sehr geeignet. Allerdings stimmen die Lagerlebensdauern für niedrigere Ausfallperzentile $p <$ 10 % nicht ganz mit der Realität überein. Im Folgenden wird für diesen Fall die Perzentil-Lebensdauer mit der angepassten 3-Parameter Weibull-Verteilung berechnet.

Die Perzentil-Lebensdauer L_p der Wälzlager für die 3-Parameter-Weibull-Verteilung wird formuliert in

$$\begin{aligned} L_p &= \tau + \eta\left[-\ln\left(1-\frac{p}{100}\right)\right]^{1/\beta} = \tau + \eta(-\ln S)^{1/\beta} \\ \Rightarrow L_p - \tau &= \eta\left(\ln\frac{1}{S}\right)^{1/\beta}. \end{aligned} \tag{7.24}$$

Der dritte Parameter τ wird nun definiert als [3]

$$\tau \equiv C_\gamma L_{10}. \tag{7.25}$$

Durch Einsetzen von Gl. 7.25 in Gl. 7.24 erhält man nach Gl. 7.23 die Lebensdauer L_p, die sich proportional zu L_{10} verhält:

$$L_p = \left[(1-C_\gamma)\cdot\left(\frac{\ln(1/S)}{\ln(1/0,9)}\right)^{1/\beta} + C_\gamma\right] L_{10} \equiv a_1 L_{10}, \tag{7.26}$$

wobei der Lebensdauerfaktor a_1 definiert wird als

$$a_1 \equiv (1-C_\gamma)\cdot\left(\frac{\ln(1/S)}{\ln(1/0,9)}\right)^{1/\beta} + C_\gamma. \tag{7.27}$$

Nach Gl. 7.27 ist der Lebensdauerfaktor a_1 gleich 1, wenn die Zuverlässigkeit $S = 90\ \%$ für einen beliebigen Parameter β beträgt, d. h. $a_1 = 1$ für L_{10}. Die Ermüdungslebensdauer L_{10} in 10^6 Umdrehungen berechnet sich somit für $a_1 = 1$ zu

$$L_{10} = \left(\frac{C}{P_m}\right)^n,$$

wobei

C die dynamische Tragzahl (N) und
P_m die äquivalente dynamische Last auf das Lager (N) bezeichnen und weiterhin
$n = 3$ für Kugellager und $n = 10/3$ für Zylinderrollenlager gewählt werden.

Folgende Parameter werden für $p \leq 10\ \%$ empfohlen [3]:

$$C_\gamma = 0;\ \beta = 1{,}5\ \textit{für ISO}\ 281{:}1990$$

$$C_\gamma = 0.05;\ \beta = 1{,}5\ \textit{für ISO}\ 281{:}2007.$$

In Tab. 7.1 sind die nach Gl. 7.27 berechneten Lebensdauerfaktoren a_1 für verschiedene Zuverlässigkeitswerte gegenübergestellt. Die Norm ISO 281:2007 wird üblicherweise für die Bestimmung der Lebensdauerfaktoren in der Lagerindustrie herangezogen, s. Abb. 7.8.

Tab. 7.1 Lebensdauerfaktor a_1 für verschiedene Zuverlässigkeitsfunktionen $S(t)$

Zuverlässigkeits-funktion *S* (%)	**Ausfall-perzentil *p* (%)**	**Lebensdauerfaktor a_1**	
		ISO 281:1990 ($C\gamma = 0$; $\beta = 1{,}5$)	**ISO 281:2007 ($C\gamma = 0.05$; $\beta = 1{,}5$)**
90	**10**	1,0	1,0
95	**5**	0,62	0,64
96	**4**	0,53	0,55
97	**3**	0,44	0,47
98	**2**	0,33	0,37
99	**1**	0,21	0,25
99,5	**0,5**	0,13	0,17
99,9	**0,1**	0,04	0,09
99,95	**0,05**	0,03	0,08

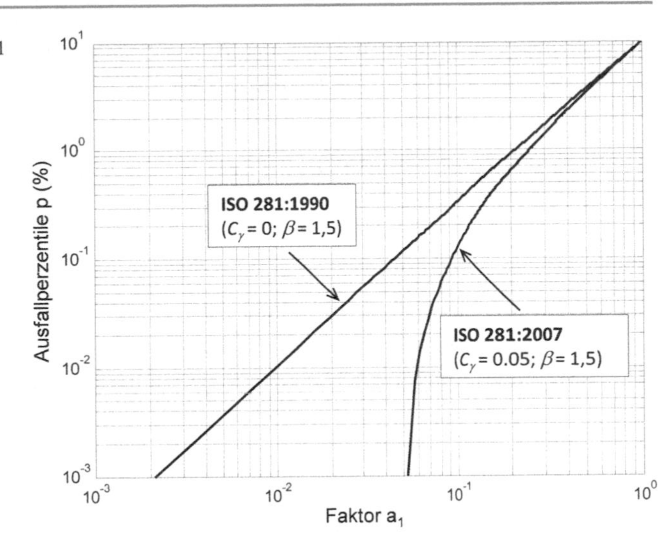

Abb. 7.8 Lebensdauerfaktor a_1 bei verschiedenen Ausfallperzentilen p

7.8 Schätzungen der Werte für die Parameter β und η

Im Folgenden wird aus mehreren gemessenen Daten die Zuverlässigkeitsfunktion mithilfe der Weibull-Verteilung abgeschätzt, in der zwei wichtige Parameter β und η die Perzentil-Lebensdauer bestimmen. Somit kann je nach Lastkollektiven in der Kundenanwendung die Lebensdauer des Lagers für eine gewünschte Zuverlässigkeit vorausberechnet werden.

Zur Ermittlung der Parameter β und η stehen drei Methoden zur Verfügung: der *Weibull-Plot* (WP), die *Maximum-Likelihood-Methode* (ML) und die *Regressionsanalyse* mithilfe der *kleinsten Fehlerquadrate*. Die letztgenannte kann sowohl für lineare also auch für nichtlineare Regressionen angewandt werden und wird ausführlich in Anhang E behandelt. Daher wird die Regressionsanalyse an dieser Stelle nicht weiter diskutiert.

7.8.1 Weibull-Plot (WP)

Die Zuverlässigkeitsfunktion (Überlebenswahrscheinlichkeitsfunktion) der 3-Parameter-Weibull-Verteilung mit $\tau \neq 0$ ist nach Gl. 7.1 definiert als

$$S(t) = \exp\left[-\left(\frac{t-\tau}{\eta}\right)^{\beta}\right] \Rightarrow \ln\left(\frac{1}{S(t)}\right) = \left(\frac{t-\tau}{\eta}\right)^{\beta}.$$

Für die 2-Parameter-Weibull-Verteilung mit $\tau = 0$ erhält man die Gleichung

$$\ln\ln\left(\frac{1}{S(t)}\right) = \beta\ln\left(\frac{t}{\eta}\right) = \beta(\ln t - \ln\eta). \tag{7.28}$$

Gl. 7.28 lässt sich auch in Form der Ausfallwahrscheinlichkeitsfunktion $F(t)$ in einer logarithmischen Darstellung formulieren in

$$\begin{aligned} &\ln\ln\left(\frac{1}{1-F(t)}\right) = \beta(\ln t - \ln\eta) \\ &\Leftrightarrow \ln[-\ln(1-F(t))] = \beta\ln t - \beta\ln\eta. \end{aligned} \tag{7.29}$$

Der Verlauf der Ausfallwahrscheinlichkeitsfunktion $F(t)$ in Gl. 7.29 verhält sich linear mit der Zeit t in der logarithmischen Darstellung, die als die *Ausfallgerade* $Y(t)$ im Weibull-Plot bezeichnet ist und mit folgender Gleichung beschrieben wird (vgl. Abb. 7.9):

$$Y(t) = \beta X(t) + \alpha.$$

Der Medianwert F^* der Ausfallfunktion $F(t)$ wird auch als *Medianrank* bezeichnet und mit der folgenden Gleichung berechnet zu

$$\sum_{k=i}^{N}\binom{N}{k}(F^*)^k(1-F^*)^{N-k} - \frac{1}{2} = 0,$$

wobei k die Ordnungsnummer der Ausfallprobe innerhalb der N Versuchsproben bezeichnet. Der Medianwert der Ausfallprobe i kann nach [4] näherungsweise berechnet werden:

$$F_i^* \approx \frac{i-0,3}{N+0,4}.$$

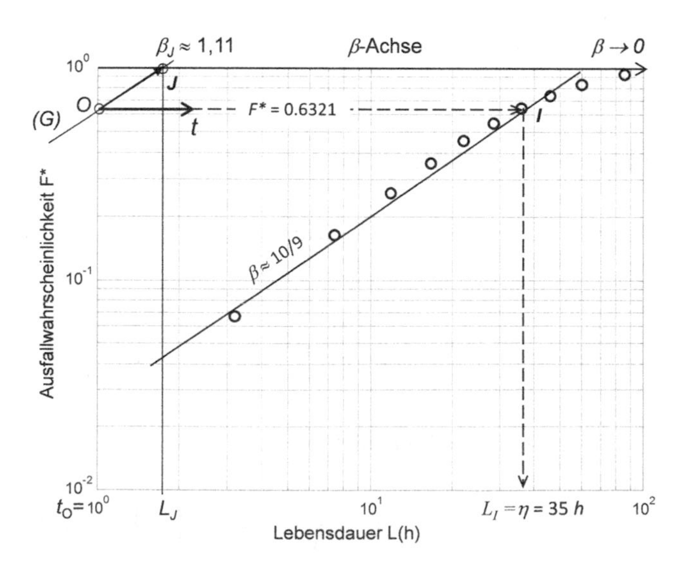

Abb. 7.9 Weibull-Plot der Lebensdauer

Tab. 7.2 Gemessene Lebensdauer für die entsprechenden Medianwerte

Ordnungsnummer der Ausfallprobe i	Lebensdauer L_i (h)	Approximierter Medianwert F_i^*
1	3,2	0,0673
2	7,4	0,1635
3	11,9	0,2596
4	16,7	0,3558
5	22,1	0,4519
6	28,4	0,5481
7	36,1	0,6442
8	45,8	0,7404
9	59,7	0,8365
10	85,5	0,9327

Als Beispiel wird ein Satz von N = 10 zufälligen unzensierten Proben für die Erprobung der Lebensdauer der Wälzlager gewählt. Der Medianwert ergibt sich jeweils aus den zwei Parametern i und N nach der obigen Näherungsgleichung. Die entsprechenden gemessenen Lebensdauern der N Wälzlager sind in Tab. 7.2 angegeben.

Die gemessenen Lebensdauern der Versuchsproben sind in Abb. 7.9 für verschiedene Medianwerte im Weibull-Plot eingetragen. Das lineare Verhalten des Medianwerts F^* der Ausfallwahrscheinlichkeit über der Lebensdauer wird im Weibull-Plot ersichtlich. Der Formparameter β entspricht der Steigung der Geraden und kann direkt aus dem Diagramm grafisch bestimmt werden.

Nach Gl. 7.2b hat die Ausfallwahrscheinlichkeit bei der Lebensdauer $L = \eta$ für beliebige Parameter β einen Wert von $(1-e^{-1}) \approx 0,6321$. Folglich kann der Skalaparameter η bei der Lebensdauer L_I = 35 h abgelesen werden. Dies ist die Stelle, an der der Schnittpunkt I zwischen der horizontalen Gerade F^* = 0,6321 und der Ausfallgerade liegt:

$$\eta \equiv L_I \; bei \; F(L_I) = 0,6321.$$

In dem Rechenbeispiel beträgt die Weibull-Steigung β = 10/9 (ca. 1,11) und der Skalaparameter η = 35 h, wie in Abb. 7.9 zu sehen ist.

Aus Gl. 7.29 wird die Ausfallfunktion für die Lebensdauer bestimmt:

$$\ln\left[-\ln\left(1 - F^*(t)\right)\right] = \beta \ln t - \beta \ln \eta.$$

Die Steigungsgleichung der Ausfallgerade in den Koordinaten am Punkt O bei $t_o = 1$ wird berechnet zu

$$\beta(t) = \frac{\ln\left[-\ln\left(1 - F^*(t)\right)\right]}{\ln\left(\frac{t}{t_o}\right)}.$$

Die horizontale β-Achse im Weibull-Plot stellt die Steigung β der Weibull-Verteilung dar. Die Skala dieser Achse ist durch die Steigungsgleichung für jeden Zeitpunkt t bestimmt. Bei $t = t_O$ geht die Weibull-Steigung β gegen unendlich und für sehr große $t \gg \eta$ ist die Weibull-Steigung β gleich Null.

Aus dem Punkt O wird eine Gerade (G) gezeichnet, die parallel zur approximierten Ausfallgerade F^* ist. Diese Gerade schneidet die β-Achse am Punkt J, dessen Weibull-Steigung den Wert $\beta_J \approx 1{,}11$ auf der β-Achse beträgt, vgl. Abb. 7.9. Aus dieser Steigung ergibt sich die Steigung $\beta = 10/9$ (ca. 1,11) der gemessenen Lebensdauern der Versuchsproben.

7.8.2 Maximum-Likelihood-Methode (ML)

Alternativ können die Parameter β und η mithilfe der *Maximum-Likelihood-Methode* statistisch ermittelt werden [1], die auf gemessenen Daten der Lebensdauer in Abhängigkeit der Ausfallwahrscheinlichkeit $F(t)$ basiert. Der Schätzwert für die Weibull-Steigung β^* *der Typ-II-Zensierung* (type II censoring) wird aus der nichtlinearen Gl. 7.30 iterativ berechnet, vgl. Gl. B.7 in Anhang B:

$$\frac{\sum_{i=1}^{r} \ln t_i}{r} - \frac{\sum_{i=1}^{n} (t_i)^{\beta^*} \cdot \ln t_i}{\sum_{i=1}^{n} (t_i)^{\beta^*}} + \frac{1}{\beta^*} = 0, \tag{7.30}$$

wobei

r die *Ausfallproben* von n Versuchsproben bei den entsprechenden Lebensdauern $t_1 \dots t_r$ mit $1 \le r \le n$ und
$(n - r)$ die zensierten Proben bei den Zensierungszeiten $t_{r+1} \dots t_n$ vor dem Ausfall bezeichnen.

Eine Versuchsreihe zur Ermittlung der Lebensdauer mit *unzensierten Proben* liegt dann vor, wenn alle Proben während des Versuchs ausfallen ($r = n$). Häufig wird jedoch zwecks Reduzierung der Testzeit die Versuchsreihe mit *zensierten Proben* bevorzugt. Eine solche liegt dann vor, wenn nach dem Ausfall von r Proben ($0 \le r \le n$) die restlichen noch intakten Proben zu definierten sog. Zensierungszeitpunkten (Zensierungszeiten) vor ihrem Ausfall aus dem Versuch entfernt werden. Dieses Entfernen vor dem eigentlichen Ausfall wird als *Zensieren* bezeichnet.

Der Schätzwert η^* aus der berechneten Weibull-Steigung β^* berechnet sich nach Gl. B.8 in Anhang B zu

$$\eta^* = \left(\frac{1}{r}\sum_{i=1}^{n}(t_i)^{\beta^*}\right)^{1/\beta^*}. \tag{7.31}$$

Aus Gl. 7.21 wird die Perzentil-Lebensdauer beim Ausfallperzentil p berechnet:

$$\begin{aligned} L_p &= \eta^* \cdot \left[-\ln(1-p/100)\right]^{1/\beta^*} \\ &= \left(\frac{1}{r}\ln\left(\frac{1}{1-p/100}\right)\cdot\sum_{i=1}^{n}(t_i)^{\beta^*}\right)^{1/\beta^*}. \end{aligned} \tag{7.32}$$

Die dimensionslose Lebensdauer wird definiert als

$$\frac{L_p}{\eta^*} = \left[-\ln\left(1-\frac{p}{100}\right)\right]^{1/\beta^*} = \left[\ln\left(\frac{1}{1-p/100}\right)\right]^{1/\beta^*}.$$

Abb. 7.10 stellt die Ausfallperzentile über der dimensionslosen Lebensdauer dar.

Das folgende Programm MLE zur Berechnung der Parameter β und η mithilfe der Maximum-Likelihood-Methode ist in MATLAB-Code dargestellt.

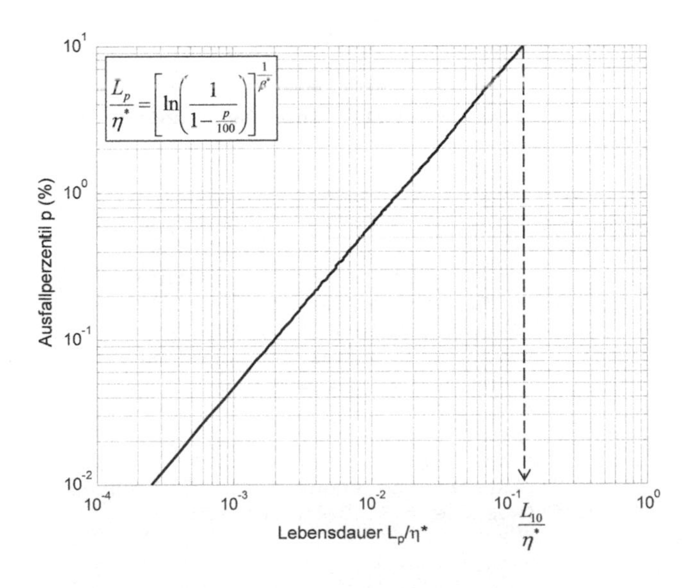

Abb. 7.10 Lebensdauer in Abhängigkeit des Ausfallperzentils

```
% =====================================================================
% Program MLE (Maximum Likelihood Method) with the Secant Method
% Author: Dr. Hung Nguyen-Schäfer
%======================================================================
function Likelihood
clear all;
% Input Data
Likelihood_Input
fid1 = fopen('Likelihood_Output.mat','w');
% Data of integration
eps = 1.E-6;
Nint = 1.E5;
% Array
array = 1:1:Nt;                    % a:dy:b; dy:interval
y_array = zeros(size(array));      % generating vector zero
arrar = 1:1:r;                     % a:dy:b; dy:interval
r_arrar = zeros(size(arrar));      % generating vector zero
arrap = 1:1:Np;                    % a:dy:b; dy:interval
p_arrap = zeros(size(arrap));      % generating vector zero
% Initiating data
ti = y_array;
tr = r_arrar;
Ft = y_array;
Lp = p_arrap;
%
fprintf('Total testing samples Nt = %3.0f\n', Nt);
for i = 1:1:Nt
 ti(i)= Ti(1,i);
 fprintf('%4.2f h\n',ti(i));
end
fprintf('\n');
fprintf('Failed samples r = %3.0f\n', r);
for i = 1:1:r
 tr(i)= Tr(1,i);
 fprintf('%4.2f h\n',tr(i));
end
%
% Computing the Weibull slopr beta using the Secant method
x_nm1 = 1.;
x_n = x_nm1 + eps;
residue = 1.;
nstep = 0;
fprintf('\n');
while (residue >= eps && nstep <= Nint)
 [f_xnm1] = ML_funct(x_nm1,Nt,ti,r,tr);
 [f_xn] = ML_funct(x_n,Nt,ti,r,tr);
 x_np1 = x_n -((x_n -x_nm1)/(f_xn -f_xnm1)) *f_xn;
 residue = abs((x_np1 - x_n)/x_n);
 x_nm1 = x_n;
 x_n = x_np1;
 nstep = nstep + 1;
 fprintf('Integrating steps = %4.0f\n',nstep);
 fprintf('Residue = %7.3e\n',residue);
%
```

```
% Converged solutions
 [f_xnp1] = ML_funct(x_np1,Nt,ti,r,tr);
 beta = x_np1;
 f_root = f_xnp1;
end
if (nstep > Nint)
 fprintf(fid1,'Solution is not converged in %5.0f \nsteps',nstep);
end
%
% Computing the scale parameter
sigma_ti = 0.;
for i = 1:1:Nt
 sigma_ti = sigma_ti + ti(i)^beta;
end
etha = (1./r *sigma_ti)^(1./beta);
% The pth quantile
for i = 1:1:Np
 Lp(i) = etha *(log(1/(1.-p(i)/100)))^(1./beta);
end
%
% Computing the median rank F
for i = 1:1:Nt
 Ft(i) = ((i-0.3)/(Nt+0.4))*1.E2; % in percent
end
% Printing
fprintf(fid1,'Maximum Likelihood Estimation (MLE):\n');
fprintf(fid1,'\n');
fprintf(fid1,'Testing Case:\n');
fprintf(fid1,'Testing samples n = %4.0f \n',Nt);
fprintf(fid1,'Failure samples r = %4.0f \n',r);
fprintf(fid1,'\n');
fprintf(fid1,'Results:\n');
fprintf(fid1,'Iterating steps = %4.0f \n',nstep);
fprintf(fid1,'Residue = %7.3e\n',residue);
fprintf(fid1,'MLE f(x) = %7.3e\n',f_root);
%fprintf(fid1,'\n');
fprintf(fid1,'Weibull slope beta = %7.3f \n',beta);
fprintf(fid1,'Weibull scale parameter eta = %7.3f h\n',etha);
fprintf(fid1,'\n');
for i = 1:1:Np
 fprintf(fid1,'p = %4.2f percents\n',p(i));
 fprintf(fid1,'Lifetime Lp = %7.3f h\n',Lp(i));
end
fprintf(fid1,'\n');
for i = 1:1:Nt
 fprintf(fid1,'Median rank F = %7.5f\n',Ft(i)*1.E-2);
end
return
end
% ---------------------------------------------------------------------
function [fx] = ML_funct(x,Nt,ti,r,tr)
% ---------------------------------------------------------------------
% Definition of f(x)
sigma_lntr = 0.;
```

```
for i = 1:1:r
 sigma_lntr = sigma_lntr + log(tr(i));
end
%
sigma_ti_lnti = 0.;
sigma_ti = 0.;
for i = 1:1:Nt
 sigma_ti = sigma_ti + ti(i)^x;
 sigma_ti_lnti = sigma_ti_lnti + log(ti(i))*ti(i)^x;
end
% ML_function of f(x):
fx = 1/x + sigma_lntr/r - sigma_ti_lnti/sigma_ti;
return
end
%==================================================================
```

Als Beispiel für die Berechnung der Lebensdauer nach der *Maximum-Likelihood-Methode* werden insgesamt zehn Versuchsproben und davon drei zensierte Proben ($r = 3$) bzw. alle zehn unzensierten Proben ($r = 10$) während des Versuchs durchgeführt.

Eingangsdaten

- Anzahl der Versuchsproben Nt = 10 mit den Lebensdauern von
  1401 h, 1538 h, 2094 h, 2944 h, 3115 h,
  3672 h, 4032 h, 4861 h, 5642 h, 5697 h.
- Anzahl der Ausfallproben r = 3 zensierte Proben bei
  1401 h, 1538 h, 2094 h.
- Anzahl der Ausfallproben r = 10 unzensierte Proben bei
  1401 h, 1538 h, 2094 h, 2944 h, 3115 h,
  3672 h, 4032 h, 4861 h, 5642 h, 5697 h.

Rechenergebnisse für $r = 3$ zensierte Proben

- Residuum RHS = 3,54e-08,
- Weibull-Steigung $\beta^* = 1{,}150$,
- Skalaparameter $\beta^* = 10.110$ h,
- Lebensdauer: $Lh_{0,5} = 101$ h, $Lh_1 = 185$ h, $Lh_5 = 764$ h, $Lh_{10} = 1427$ h.

Rechenergebnisse für $r = 10$ unzensierte Proben

- Residuum RHS = 1,96e-09,
- Weibull-Steigung $\beta^* = 2{,}582$,
- Skalaparameter $\beta^* = 3956$ h,
- Lebensdauer: $Lh_{0,5} = 509$ h, $Lh_1 = 666$ h, $Lh_5 = 1252$ h, $Lh_{10} = 1655$ h.

7.9 Berechnungen der Systemlebensdauer

In der Praxis besteht ein System meistens aus $n$unabhängigen Komponenten (z. B. n Wälzlager). Die Lebensdauer dieses Systems hängt von den individuellen Lebensdauern der unabhängigen Komponenten ab. Die Systemlebensdauer $L_{10,sys}$ für ein 10 %-Ausfallperzentil wird mit der 2-Parameter-Weibull-Verteilung berechnet zu

$$\frac{1}{L_{10,sys}^{\beta}} = \sum_{i=1}^{n} \frac{1}{L_{10,i}^{\beta}}.$$

Somit

$$L_{10,sys} = \left(\sum_{i=1}^{n} \frac{1}{L_{10,i}^{\beta}}\right)^{-1/\beta} \Leftrightarrow \sum_{i=1}^{n} \left(\frac{L_{10,sys}}{L_{10,i}}\right)^{\beta} \equiv \sum_{i=1}^{n} f_{10,i} = 1, \tag{7.33}$$

wobei

n die Anzahl an Komponenten des Systems,
β die Weibull-Steigung (Formparameter) und
$L_{10,i}$ die individuelle Lebensdauer der Komponente i darstellen.

Nach Gl. 7.33 wird das Lebensdauerverhältnis der Komponente i für eine 10 %-Ausfallwahrscheinlichkeit bestimmt:

$$f_{10,i} \equiv \left(\frac{L_{10,sys}}{L_{10,i}}\right)^{\beta} \quad \text{für } i = 1, \ldots, n.$$

7.9.1 Beweis der Gl. 7.33

Nach Gl. 7.21 berechnet sich die Perzentil-Lebensdauer L_p beim Ausfallperzentil p für die 2-Parameter-Weibull-Verteilung zu

$$L_p = \eta \left[-\ln\left(1 - \frac{p}{100}\right)\right]^{1/\beta} = \eta \left(\ln \frac{1}{S}\right)^{1/\beta}$$
$$\Rightarrow \ln S = -\left(\frac{L_p}{\eta}\right)^{\beta}.$$

Für $p = 10$ % (d. h. 10 %-Ausfallwahrscheinlichkeit) ergibt sich die Lebensdauer L_{10}:

$$L_{10} = \eta \left(\ln \frac{1}{0,9}\right)^{1/\beta} \Rightarrow \frac{1}{\eta^{\beta}} = \frac{\left(\ln \frac{1}{0,9}\right)}{L_{10}^{\beta}}.$$

Die Zuverlässigkeitsfunktion S_{sys} des Systems wird in Analogie zum Gesamtwirkungsgrad eines Systems aus den individuellen Zuverlässigkeiten jeder der n Komponenten durch Multiplikation berechnet zu

$$S_{sys} = \prod_{i=1}^{n} S_i = S_1 \cdot S_2 \cdots S_n.$$

Anhand der 2-Parameter-Weibull-Verteilung ergibt sich die Zuverlässigkeitsfunktion des Systems für den Fall, dass alle Parameter β_i den Wert β annehmen:

$$\begin{aligned} S_{sys} &= \exp\left[-\left(\frac{t}{\eta_{sys}}\right)^{\beta}\right] = \prod_{i=1}^{n} S_i = \prod_{i=1}^{n} \exp\left[-\left(\frac{t}{\eta_i}\right)^{\beta_i}\right] \\ &= \exp\left[-\sum_{i=1}^{n}\left(\frac{t}{\eta_i}\right)^{\beta}\right]. \end{aligned}$$

Daraus erhält man die folgende Beziehung für $t > 0$:

$$\left(\frac{t}{\eta_{sys}}\right)^{\beta} = \sum_{i=1}^{n}\left(\frac{t}{\eta_i}\right)^{\beta} \Rightarrow \frac{1}{\eta_{sys}^{\beta}} = \sum_{i=1}^{n}\frac{1}{\eta_i^{\beta}}.$$

Anhand der Gleichung für die Lebensdauer L_{10} wird die Systemlebensdauer aus den Lebensdauern der n Komponenten berechnet zu

$$\begin{aligned} &\frac{1}{\eta_{sys}^{\beta}} = \sum_{i=1}^{n}\frac{1}{\eta_i^{\beta}} \\ \Rightarrow &\frac{\ln\left(\frac{1}{0{,}9}\right)}{L_{10,sys}^{\beta}} = \sum_{i=1}^{n}\frac{\ln\left(\frac{1}{0{,}9}\right)}{L_{10,i}^{\beta}} = \ln\left(\frac{1}{0{,}9}\right) \times \sum_{i=1}^{n}\frac{1}{L_{10,i}^{\beta}}. \end{aligned}$$

Folglich ist die Gl. 7.33 bewiesen worden:

$$\begin{aligned} &\frac{1}{L_{10,sys}^{\beta}} = \sum_{i=1}^{n}\frac{1}{L_{10,i}^{\beta}} \\ \Leftrightarrow &\sum_{i=1}^{n}\left(\frac{L_{10,sys}}{L_{10,i}}\right)^{\beta} = \sum_{i=1}^{n} f_{10,i} = 1 (q.e.d.). \end{aligned}$$

7.9.2 Rechenbeispiele

Es sei angenommen, dass in einer elektrischen Maschine zwei verschiedene unabhängige Wälzlagertypen verbaut sind. Die Lebensdauer $L_{10,g}$ der Schmierfette für beide Wälzlager betrage 5000 bzw. 7000 Betriebsstunden.

Nach Gl. 7.33 mit der Weibull-Steigung $\beta = 2{,}3$ für Schmierfette wird die Fettwartungsdauer für die elektrische Maschine berechnet:

$$\left(\frac{L_{10g,sys}}{5000}\right)^{2,3} + \left(\frac{L_{10g,sys}}{7000}\right)^{2,3} = 1$$

$$\Rightarrow \left(L_{10g,sys}\right)^{2,3} \times \left(\frac{1}{5000^{2,3}} + \frac{1}{7000^{2,3}}\right) = 1.$$

Nach Ablauf des Zeitraums $L_{10g,sys}$ ist folglich eine Fettwartung im Wartungsplan vorzusehen:

$$L_{10g,sys} \approx 4240h.$$

In ähnlicher Weise werden die Ermüdungslebensdauern $L_{10,b}$ für beide Wälzlager zu 8000 bzw. 12.000 Betriebsstunden bestimmt. Mit der Weibull-Steigung $\beta = 10/9$ für die Wälzlager ergibt sich die Ermüdungslebensdauer des Systems:

$$\left(\frac{L_{10b,sys}}{8000}\right)^{10/9} + \left(\frac{L_{10b,sys}}{12.000}\right)^{10/9} = 1$$

$$\Rightarrow \left(L_{10b,sys}\right)^{10/9} \times \left(\frac{1}{8000^{10/9}} + \frac{1}{12.000^{10/9}}\right) = 1.$$

Folglich ist ein Ausfall des Systems durch Ermüdung nach Ablauf der Zeit $L_{10b,sys}$ zu erwarten:

$$L_{10b,sys} \approx 5133\ h.$$

In der Gesamtbetrachtung muss also der Fettwartungstermin nach ca. 4240 Betriebsstunden vor dem Lageraustauschtermin nach ungefähr 5133 Betriebsstunden stattfinden.

7.10 Ausfallrate-Funktion

Die *Ausfallrate-Funktion* (hazard rate) $\lambda(t)$ ist die Kenngröße zur Beschreibung der Zuverlässigkeit einer Komponente mithilfe einer Wahrscheinlichkeitsverteilung, z. B. der Weibull-, Gamma- oder Rayleigh-Verteilung.

Die Ausfallrate-Funktion beschreibt die Ausfallwahrscheinlichkeit einer Komponente im Zeitintervall dt von t bis $t + dt$:

$$\begin{aligned}\frac{S(t) - S(t, t + dt)}{S(t)} &= -\left(\frac{S(t, t + dt) - S(t)}{S(t)}\right) \approx \frac{\left(-\frac{dS}{dt}\right) dt}{1 - F(t)} \\ &= \frac{f(t)}{1 - F(t)} dt \equiv \lambda(t) dt,\end{aligned}$$

wobei $f(t)$ mit der in Gl. 7.10 erwähnten Dichtefunktion identisch ist.

Somit ist die Ausfallrate-Funktion $\lambda(t)$ definiert als

$$\lambda(t) = \frac{f(t)}{1 - F(t)} = \frac{f(t)}{S(t)} \equiv f_r(t). \tag{7.34}$$

Die Ausfallrate-Funktion lässt sich in der Zuverlässigkeitsfunktion $S(t)$ darstellen wie folgt:

$$\begin{aligned}\lambda(t) &= \frac{f(t)}{1 - F(t)} = \frac{\left(-\frac{dS(t)}{dt}\right)}{S(t)} \\ &= \frac{d}{dt}[-\ln S(t)] = \frac{d}{dt}\left[\ln \frac{1}{S(t)}\right].\end{aligned} \tag{7.35}$$

Durch Integrieren der Gl. 7.35 über t erhält man die Zuverlässigkeitsfunktion $S(t)$:

$$\begin{aligned}&\ln S(t) = -\int_0^t \lambda(t) dt \\ &\Rightarrow S(t) = 1 - F(t) = \exp\left(-\int_0^t \lambda(t) dt\right).\end{aligned} \tag{7.36}$$

Mithilfe der Gl. 7.3 und Gl. 7.11 berechnet sich die Ausfallrate-Funktion der 2-Parameter-Weibull-Verteilung zu

$$\lambda(t) = \frac{f(t)}{S(t)} = \frac{\beta \tau^{\beta-1}}{\eta} = \frac{\beta}{\eta}\left(\frac{t}{\eta}\right)^{\beta-1} = \frac{\beta t^{\beta-1}}{\eta^\beta}. \tag{7.37}$$

Durch Integrieren von Gl. 7.37 über t erhält man die Zuverlässigkeitsfunktion der Weibull-Verteilung:

$$\int_0^t \lambda(t)dt = \frac{\beta}{\eta} \cdot \int_0^{t/\eta} \tau^{\beta-1}\eta d\tau = \left(\frac{t}{\eta}\right)^\beta$$
$$\Rightarrow S(t) = \exp\left[-\left(\frac{t}{\eta}\right)^\beta\right]. \tag{7.38}$$

Die Dichtefunktion der Gamma-Verteilung mit zwei Parametern $\gamma > 0$ und $\alpha > 0$ ist definiert als

$$\begin{aligned} f(t) &= \frac{\gamma \cdot (\gamma t)^{\alpha-1}}{\Gamma(\alpha)} \exp(-\gamma t) \, \textit{für } t \geq 0 \\ &= 0 \, \textit{für } t < 0, \end{aligned} \tag{7.39}$$

wobei die Gamma-Funktion selbst definiert ist als

$$\Gamma(\alpha) = \int_0^\infty t^{\alpha-1} \exp(-t)dt. \tag{7.40}$$

Somit wird die Ausfallrate-Funktion der Gamma-Verteilung berechnet zu

$$\lambda(t) = \frac{f(t)}{S(t)} \Rightarrow \frac{1}{\lambda(t)} = \frac{S(t)}{f(t)}. \tag{7.41}$$

Die Zuverlässigkeitsfunktion der *Gamma-Verteilung* berechnet sich zu

$$\begin{aligned} S(t) &= \int_t^\infty f(t)dt \\ &= \frac{1}{\Gamma(\alpha)} \int_t^\infty \gamma \cdot (\gamma x)^{\alpha-1} \cdot \exp(-\gamma x)dx. \end{aligned} \tag{7.42}$$

Durch Einsetzen von Gl. 7.40 und 7.42 in Gl. 7.41 erhält man die Ausfallrate der Gamma-Verteilung:

$$\begin{aligned} \frac{1}{\lambda(t)} &= \frac{\int_t^\infty \gamma \cdot (\gamma x)^{\alpha-1} \cdot \exp(-\gamma x)dx}{\gamma \cdot (\gamma t)^{\alpha-1} \cdot \exp(-\gamma t)} \\ &= \int_t^\infty \left(\frac{x}{t}\right)^{\alpha-1} \exp\left[-\gamma(x-t)\right] dx. \end{aligned} \tag{7.43}$$

Mithilfe der Substitution $u = (x - t)$ in Gl. 7.43 erfolgt die Ausfallrate der Gamma-Verteilung:

$$\lambda(t) = \left(\frac{1}{t^{\alpha-1}} \int_{u=0}^{\infty} (t+u)^{\alpha-1} e^{-\gamma u} du \right)^{-1}. \tag{7.44}$$

Die allgemeine *Rayleigh-Zuverlässigkeitsfunktion* ist definiert als

$$S(t) = \exp\left[- \left(at + \frac{bt^2}{2} \right) \right] \textit{für } t \geq 0. \tag{7.45}$$

Aus Gl. 7.45 ergibt sich die Dichtefunktion zu

$$\begin{aligned} f(t) &= -\frac{dS(t)}{dt} \\ &= (a + bt) \cdot \exp\left[- \left(at + \frac{bt^2}{2} \right) \right]. \end{aligned} \tag{7.46}$$

Somit ergibt sich die Ausfallrate-Funktion für die allgemeine Rayleigh-Zuverlässigkeitsfunktion zu

$$\lambda(t) = \frac{f(t)}{S(t)} = a + bt. \tag{7.47}$$

7.11 Weibull-Regressionsmodell

Das *Weibull-Regressionsmodell*, das auf dem Potenzgesetzmodell basiert, wird zur Beschleunigung des Testprozesses verwendet. Dabei werden zwecks Testzeitverkürzung die Testbedingungen etwas härter als die reellen Betriebsbedingungen gewählt. Die entscheidende Frage ist, wie viel härter die Testbedingungen gewählt werden sollten, um eine entsprechende Raffung zu erhalten, ohne die Schadensmechanismen zu verändern.

Das *Potenzgesetzmodell* basiert auf dem *Spannungsparameter* $s > 0$, der nur den Skalaparameter η, jedoch nicht die Steigung β der Weibull-Verteilung beeinflusst [5]:

$$\eta(s) = \eta_0 s^{-\gamma}, \tag{7.48}$$

wobei η_0 den Skalaparameter bei $s = 1$ und γ den Spannungsexponenten bezeichnen.

Nach Gl. 7.48 nimmt der Skalaparameter $\eta(s)$ mit dem Spannungsparameter $s > 0$ bei $\gamma < 0$ zu bzw. bei $\gamma > 0$ ab.

Im Falle von $s = 1$ wird der Testprozess nicht beschleunigt, da der Skalaparameter η gleich η_0 wie im normalen Testprozess ist. Zur Beschleunigung des Testprozesses muss der Spannungsparameter s größer als 1 (z. B. s = 1,1; 1,2; 1,3) und mit einem Spannungsexponenten $\gamma < 0$ gewählt werden, sodass der Skalaparameter $\eta(s)$ im Testbetrieb größer als η_0 ist. Allerdings muss sichergestellt werden, dass die auftretenden Spannungen in der Testprobe kleiner als die Streckgrenze und Zugfestigkeit des Materials sind. Ansonsten wird die Testprobe plastisch deformiert bzw. sofort zerstört. In diesem Fall tritt die Änderung des Schadensmechanismus beim Raffungstest auf.

Die Ausfallfunktion der Weibull-Verteilung mit dem Weibull-Regressionsmodell für einen Spannungsparameter $s \geq 1$ wird wie folgt definiert als

$$F(t\,|s\,) = 1 - \exp\left[-\left(\frac{t}{\eta(s)}\right)^{\beta}\right] = 1 - S(t\,|s\,). \quad (7.49)$$

Daraus ergibt sich die Zuverlässigkeitsfunktion für das Weibull-Regressionsmodell, wobei der Skalaparameter η vom Spannungsparameter s abhängig ist:

$$S(t\,|s\,) = \exp\left[-\left(\frac{t}{\eta(s)}\right)^{\beta}\right]. \quad (7.50)$$

Anhand der Maximum-Likelihood-Methode (vgl. Anhang B) wird der geschätzte Skalaparameter η_0^* für das Weibull-Regressionsmodell berechnet zu [5]

$$\eta_0^* = \left[\frac{1}{R}\sum_{i=1}^{k}\sum_{j=1}^{n_i}\left(\frac{t_{ij}}{s_i^{-\gamma *}}\right)^{\beta *}\right]^{1/\beta *}, \quad (7.51)$$

wobei

R die Gesamtanzahl an Ausfallproben während des Testprozesses,
k die Anzahl der Spannungsparameter $s_1, s_2, \ldots, s_k$ und
n_i die Anzahl an unzensierten Testproben beim entsprechenden Spannungsparameter s_i ($i = 1, 2, \ldots, k$) darstellen.

Die Gesamtanzahl R an Ausfallproben mit den k Spannungsparametern $s_1, s_2, \ldots$ bis s_k berechnet sich durch

$$R = \sum_{i=1}^{k} r_i, \quad (7.52)$$

wobei r_i die Ausfallproben mit dem Spannungsparameter s_i innerhalb der Testproben n_i bezeichnet.

Die Schätzwerte der Parameter β^* und γ^* ergeben sich aus iterativen Lösungen der nichtlinearen Gleichungen zu [5]

$$\frac{1}{R}\sum_{i=1}^{k} r_i \ln s_i - \frac{\sum_{i=1}^{k}\sum_{j=1}^{n_i} s_i^{\gamma*\beta*} \cdot (t_{ij})^{\beta*} \cdot \ln s_i}{\sum_{i=1}^{k}\sum_{j=1}^{n_i} s_i^{\gamma*\beta*} \cdot (t_{ij})^{\beta*}} = 0 \tag{7.53}$$

und

$$\frac{1}{R}\sum_{i=1}^{k}\sum_{j=1}^{r_i} \ln t_{ij} - \frac{\sum_{i=1}^{k}\sum_{j=1}^{n_i} s_i^{\gamma*\beta*} \cdot (t_{ij})^{\beta*} \cdot \ln t_{ij}}{\sum_{i=1}^{k}\sum_{j=1}^{n_i} s_i^{\gamma*\beta*} \cdot (t_{ij})^{\beta*}} + \frac{1}{\beta^*} = 0, \tag{7.54}$$

wobei t_{ij} die Lebensdauer der unzensierten Testprobe j mit dem Spannungsparameter s_i bezeichnet. Durch Einsetzen der Schätzwerte β^* und γ^* in Gl. 7.51 erhält man den geschätzten Skalaparameter η_0^*. Nach dem Potenzgesetzmodell aus Gl. 7.48 wird der Skalaparameter $\eta(s)$ zur Testbeschleunigung berechnet zu

$$\eta(s) = \eta_0^* s^{-\gamma*}. \tag{7.55}$$

Durch Einsetzen von Gl. 7.55 in Gl. 7.49 ergibt sich die Ausfallfunktion F^* für den Raffungstest der Weibull-Regression mit dem Spannungsparameter s zu

$$F^*(t\,|s\,) = 1 - \exp\left[-\left(\frac{t}{\eta_0^* s^{-\gamma*}}\right)^{\beta*}\right]. \tag{7.56}$$

Daraus ergibt sich die beschleunigte Zuverlässigkeitsfunktion S^* der Weibull-Regression mit dem Spannungsparameter s zu

$$S^*(t\,|s\,) = \exp\left[-\left(\frac{t}{\eta_0^* s^{-\gamma*}}\right)^{\beta*}\right]. \tag{7.57}$$

7.12 Monte-Carlo-Simulation

Die *Monte-Carlo-Simulation* wird zur Berechnung der approximierten Erwartungswerte für nichtparametrische statistische Versuchsproben verwendet, wobei die Dichtefunktionen der zufälligen unabhängigen Variablen nicht spezifiziert bzw. unbekannt sind.

In diesem Fall werden die *statistischen Bootstrap-Methoden* für die zufälligen unabhängigen Variablen X_i für $i = 1, 2, \ldots, N$ angewendet, um die Schätzfunktion

$d(X_1, X_2, \ldots, X_N)$ für den Parameter θ zu berechnen. Dieser Parameter kann anstelle des Erwartungswerts bzw. der Varianz der zufälligen Variablen verwendet werden.

Die Schätzfehlerfunktion wird nach [6] definiert als der quadratische Abstand zwischen der Schätzfunktion und dem Parameter θ:

$$e(X_1, X_2, ..., X_N) \equiv \left(d(X_1, X_2, ..., X_N) - \theta\right)^2. \tag{7.58}$$

In einigen Fällen ist die Reihenfolge der zufälligen Testvariablen X_i für $i = 1, 2, \ldots, N$ im Testblock unbekannt. Deshalb werden in solchen Fällen die Permutationsmethoden zur Untersuchung der statistischen Hypothesen für die zufälligen unabhängigen Variablen benutzt.

Insgesamt gibt es $N!$ Permutationen P_e für einen Testblock von N zufälligen unabhängigen Variablen:

$$P_e(X_1, X_2, ..., X_N) = N \times (N-1) \times \cdots \times 1 = N! \tag{7.59}$$

Die statistischen Bootstrap- und Permutationsmethoden sind ausführlich in [6] beschrieben. Deshalb werden sie hier nicht weiter diskutiert.

Die einheitlichen pseudozufälligen Variablen X_n zwischen 0 und 1 werden von einem Zufallszahlengenerator generiert, der auf dem Zufälligkeitsrechenschema mit einem Anfangswert x_0 (*Saatwert* genannt) basiert:

$$\begin{aligned} x_{n+1} &= (ax_n + b) \bmod m \textit{ für } n \geq 0 \\ \Rightarrow X_n &= \frac{x_n}{m} \textit{ für } n \geq 1 \text{ und } m \neq 0, \end{aligned} \tag{7.60}$$

wobei a, b und m die positiven Ganzzahlen sind.

Die generierten einheitlichen pseudozufälligen Variablen X_n werden als die zufälligen unabhängigen Variablen für die Bootstrap statistische Simulation verwendet. Es ist anzumerken, dass das Modulo m einer beliebigen Zahl Y als das Residuum r aus Y dividiert durch m definiert ist.

Als Rechenbeispiel ist vorgegeben: $a = 2$, $b = 3$, $m = 10$ und $x_0 = 1$. Nach Gl. 7.60 ergibt sich $x_1 = (5 \bmod 10) = 5$, $x_2 = (13 \bmod 10) = 3$ und $x_3 = (9 \bmod 10) = 9$. Daraus ergeben sich die einheitlichen pseudozufälligen Variablen $X_1 = 5/10$, $X_2 = 3/10$ und $X_3 = 9/10$.

Die multivariate Dichtefunktion $f(x_1, x_2, \ldots, x_N)$ der zufälligen unabhängigen Variablen $X_1, X_2, \ldots,$ und X_N ist definiert als

$$f(x_1, x_2, ..., x_N) = f(x_1) \cdot f(x_2) \cdots f(x_N). \tag{7.61}$$

Anhand der Gl. 7.61 wird der Erwartungswert der statistischen Schätzfehlerfunktion $e(X_1, X_2, \ldots, X_N)$ von N zufälligen unabhängigen Variablen für die multivariate Dichtefunktion $f(x_1, x_2, \ldots, x_N)$ berechnet zu

$$\begin{aligned} E\left[e(X_1, X_2, ..., X_N)\right] &= \int_{-\infty}^{+\infty} ... \int_{-\infty}^{+\infty} e(x_1, x_2, ..., x_N) \cdot f(x_1, x_2, ..., x_N) dx_1 ... dx_N \\ &= \int_{-\infty}^{+\infty} ... \int_{-\infty}^{+\infty} e(x_1, x_2, ..., x_N) \cdot f(x_1) .. f(x_N) dx_1 ... dx_N . \end{aligned} \tag{7.62}$$

In der Praxis kann die Berechnung des Erwartungswerts nach Gl. 7.62 nicht einfach durch numerische Integration ermittelt werden, da die Dichtefunktionen $f(x_i)$ nicht spezifiziert sind bzw. die statistische Schätzfehlerfunktion $e(X_1, X_2, \ldots, X_N)$ nicht ermittelt werden kann. Daher wird der Erwartungswert $E[\mathrm{e}(X_1, X_2, \ldots, X_N)]$ der Schätzfehlerfunktion mithilfe der Monte-Carlo-Simulation berechnet, die auf dem starken Gesetz der großen Zahlen basiert [6] (vgl. Anhang F):

$$E\left[e(X_1, X_2, ..., X_N)\right] \approx \lim_{M \to \infty} \left(\frac{1}{M} \sum_{j=1}^{M} Y_j \right) = E\left[Y_j\right], \tag{7.63}$$

wobei Y_j die statistische Schätzfehlerfunktion des Blocks j aus der Gesamtheit von M Testblöcken bezeichnet.

Durch den in Gl. 7.60 beschriebenen Variablenzufallsgenerator werden N pseudozufällige unabhängige Variablen X_1^j, $X_2^j, \ldots$ und X_N^j generiert, aus denen sich die statistische Schätzfehlerfunktion Y_j ergibt zu

$$\begin{aligned} Y_j &= e(X_1^j, X_2^j ..., X_N^j) \\ &= \left(d(X_1^j, X_2^j ..., X_N^j) - \theta\right)^2 \quad \text{für } j = 1, 2, ..., M. \end{aligned} \tag{7.64}$$

Literatur

1. Harris, T.A., Kotzalas, M.N.: Advanced Concepts of Bearing Technology 4. Aufl. CRC Taylor & Francis Inc., Boca Raton (2006)
2. Lugt, P.M.: Grease Lubrication in Rolling Bearings. Tribology Series. Wiley, The Netherlands (2013)
3. DIN-Taschenbuch 24: Wälzlager 1 (in German), Neunte Auflage. Verlag Beuth, Germany (2012)
4. Johnson, L.: Theory and Technique of Variation Research. Elsevier, New York (1970)
5. McCool, J.I.: Using the Weibull Distribution. Wiley, Hoboken (2012)
6. Ross, S.M.: Introduction to Probability and Statistics for Engineers and Scientists 4. Aufl. Academic Press, Elsevier, Amsterdam (2009)

Lagerreibung und Versagenmechanismen 8

8.1 Reibungen in Wälzlagern

Das Gesamtreibmoment auf das Lager entsteht aus den Lagerbelastungen, der viskosen Reibung und der durch die Lagerdichtlippen verursachten Reibung:

$$M_t = M_l + M_v + M_s, \tag{8.1}$$

wobei

M_l das Lastmoment aufgrund radialer und axialer Belastungen auf das Lager,
M_v das Reibmoment aufgrund viskoser Reibung des Schmieröls im Lager und
M_s das Reibmoment aufgrund der Reibung zwischen den Dichtelippen und Lagerringen darstellen.

Das Lastmoment M_l ($\text{N} \cdot \text{mm}$) berechnet sich aus der empirischen Formel von Palmgren [1, 2]:

$$M_l = f_1 F_\beta D_{pw}, \tag{8.2}$$

wobei D_{pw} (mm) den Teilkreisdurchmesser bezeichnet. Der dimensionslose Faktor f_1 ist von der Lagerbelastung und der statischen Betriebstragzahl C_o abhängig:

$$f_1 = x \cdot \left(\frac{P_m}{C_o}\right)^y, \tag{8.3}$$

H. Nguyen-Schäfer, *Numerische Auslegung von Wälzlagern*,
DOI 10.1007/978-3-662-54989-6_8

wobei die experimentellen Werte $x \approx 0,0005$ und $y = 0,55$ für radiale Rillenkugellager verwendet werden. Aus der radialen und axialen Kraft F_r bzw. F_a ergibt sich die äquivalente dynamische Radiallast zu

$$P_m = X \cdot F_r + Y \cdot F_a. \tag{8.4}$$

Der dimensionsbehaftete Faktor F_β (N) wird mit der radialen und axialen Kraft F_r bzw. F_a berechnet zu

$$F_\beta = (0,9 \cot \alpha) F_a - 0,1 F_r, \tag{8.5}$$

wobei α den Betriebskontaktwinkel bezeichnet.

Wenn ausschließlich eine radiale Belastung vorliegt, ist der Faktor F_β gleich F_r; bei ausschließlich axialer Belastung ist der Faktor F_β gleich F_a:

$$F_\beta = F_r \text{ wenn } F_a = 0;$$
$$F_\beta = F_a \text{ wenn } F_r = 0.$$

Das viskose Reibmoment M_v (N · mm) aufgrund des Schmieröls im Lager berechnet sich aus der empirischen Formel von Palmgren [1] zu

$$\begin{aligned} M_v &= 160 \times 10^{-7} f_0 D_{pw}^3 \text{ für } \nu \cdot N < 2000 \\ &= 10^{-7} f_0 (\nu \cdot N)^{2/3} D_{pw}^3 \text{ für } \nu \cdot N \geq 2000, \end{aligned} \tag{8.6}$$

wobei ν (mm²/s) die kinematische Ölviskosität und N (U/min) die Rotordrehzahl darstellen.

Der dimensionslose Faktor f_0 wird für Rillenkugellager in Abhängigkeit der Schmierungsart gewählt wie folgt:

- Schmierfette: $f_0 = 0,7$ (leichte Lagerlast) bis zu $f_0 = 2$ (schwere Lagerlast),
- Ölnebel: $f_0 = 1$,
- Ölbad: $f_0 = 2$ und
- Ölstrahl: $f_0 = 4$.

Das Reibmoment M_s (N · mm) aufgrund der Reibung zwischen den Dichtelippen und Lagerringen wird nach SFK [3] empirisch berechnet zu

$$M_s = \left(\frac{d + D}{f_2} \right)^2 + f_3, \tag{8.7}$$

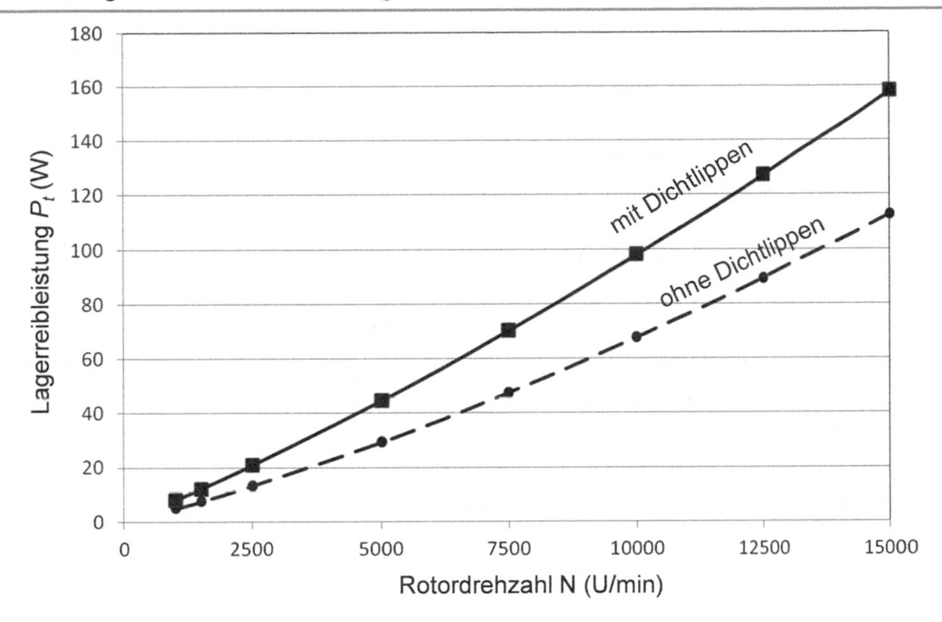

Abb. 8.1 Reibleistungen in Abhängigkeit der Rotordrehzahl (Lagertyp 6305)

wobei d (mm) den Bohrungsdurchmesser und D (mm) den äußeren Lagerdurchmesser bezeichnet. Die Faktoren f_2 und f_3 werden für verschiedene Lagertypen nach SKF [3] ausgewählt:

- Rillenkugellager: $f_2 = 20; f_3 = 10$ und
- Zylinderrollenlager: $f_2 = 10; f_3 = 50$.

Die Gesamtreibleistung P_t (W) im Lager wird aus den Einzelreibmomenten (N · mm) nach Gl. 8.2–8.7 und der Rotordrehzahl N (U/min) berechnet:

$$
\begin{aligned}
P_t &= 10^{-3} \times M_t\omega = 10^{-3} \times (M_l + M_v + M_s)\omega \\
&= 10^{-3} \times (M_l + M_v + M_s) \times \left(\frac{2\pi N}{60}\right).
\end{aligned}
\tag{8.8}
$$

Abb. 8.1 stellt die Gesamtreibleistung eines Rillenkugellagers vom Typ 6305 mit und ohne Dichtlippen unter einer äquivalenten Radiallast P_m von 6500 N und einer Öltemperatur von 120 °C vergleichend dar.

8.2 Versagenmechanismen in Wälzlagern

Der Aufbau des Ölfilms in Wälzlagern basiert auf hydrodynamischen Effekten bei verschiedenen Betriebszuständen, z. B. im Bereich der voll ausgebildeten hydrodynamischen

Schmierung, der Misch- und der Grenzschmierung, die im Stribeck-Diagramm in Abb. 4.1 gezeigt sind. Aufgrund von hohen Belastungen, die im Betrieb auftreten, werden Wälzlager jedoch meist im elastohydrodynamischen Schmierungszustand (EHD) betrieben. Der EHD-Schmierungszustand ist dadurch gekennzeichnet, dass elastische Deformationen der Wälzelemente und Laufbahnen in der Kontaktzone auftreten, vgl. Kap. 4.

Im voll ausgebildeten hydrodynamischen Schmierungszustand ist die Reibung im Wälzlager sehr gering, da die Ölfilmdicke relativ groß ist. Sind allerdings harte Partikel in kontaminiertem Öl vorhanden, verursachen diese Verschleiß durch adhäsive und abrasive Reibungen auf den Kontaktflächen. Sinkt die Ölfilmdicke unter die Grenzölfilmdicke, treten Misch- und Grenzreibungen im elastohydrodynamischen Schmierungszustand (EHL) in der Kontaktzone auf, wobei sich die Rauspitzen der Oberflächen der Wälzelemente und Laufbahnen berühren. Die hierbei wirkenden mechanischen Belastungen führen zur plastischen Deformation der Rauspitzen.

Abb. 8.2 zeigt einige typische Versagensmechanismen in Wälzlagern, die in die zwei Hauptgruppen mechanisches und oxidatives Versagen aufgeteilt sind. Das *mechanische Versagen* entsteht durch den adhäsiven bzw. abrasiven Verschleiß und die

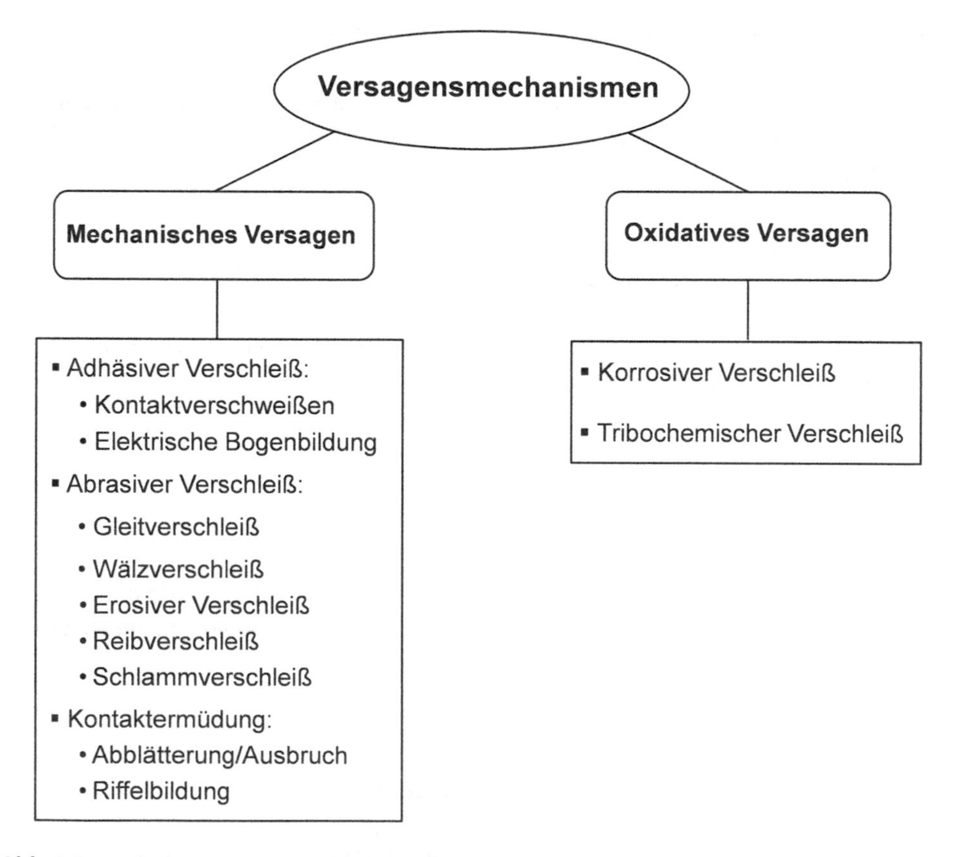

Abb. 8.2 Typische Versagensmechanismen bei Wälzlagern

Hertzsche Kontaktermüdung. Diese reduzieren die Lebensdauer des Lagers und rufen den Lagerausfall hervor. Das *oxidative Versagen* wird durch korrosiven bzw. tribochemischen Verschleiß verursacht [3–5].

Der *adhäsive Verschleiß* ist das Ergebnis der lokalen Verschweißung der Rauspitzen durch den Kontakt und die elektrische Bogenbildung (electric erosion pitting) in der Kontaktzone des Wälzlagers. Die elektrische Feldstärke E berechnet sich aus der elektrischen Spannung U zwischen den Kugeln und Laufbahnen und der Ölfilmdicke h zu

$$E = \frac{U}{h}.$$

Bei einem sehr kleinen Ölfilm und einer hohen elektrischen Spannung an der Kontaktfläche tritt dort die elektrische Bogenbildung auf, wenn die elektrische Feldstärke E die elektrische Mindestfeldstärke E_{min} von ca. 35,5 V/μm überschreitet:

$$E \geq E_{\text{min}}.$$

Durch die große Scherspannung im Ölfilm brechen die Rauspitzen ab, die entstehenden Bruchstücke verursachen dann den abrasiven Verschleiß auf der Kontaktfläche.

Unter dem Oberbegriff *abrasiver Verschleiß* werden folgende Verschleißmechanismen zusammengefasst:

- *Gleitverschleiß* tritt auf, wenn sich eine harte und eine weiche Oberfläche relativ zueinander bewegen. Die Rauspitzen des harten Werkstoffs gleiten über die weiche Oberfläche, deren Material durch Abrasion abtragen wird. Gleitverschleiß führt früher oder später zur Oberflächenabschürfung (surface distress). Eine fortgeschrittene Oberflächenabschürfung verursacht Mikroausbrüche (microspalling) aus der Oberfläche.
- *Wälzverschleiß* tritt auf, wenn sich im Öl harte Partikel befinden, die auf den Kontaktoberflächen überrollt werden. Die Rauspitzen brechen ab, und abrasiver Verschleiß auf den Oberflächen in Abrollrichtung der Wälzkörper ist die Folge.
- *Erosiver Verschleiß* wird durch den Aufprall der im Öl schwimmenden harten Partikel und Bruchstücke der Rauspitzen auf der bewegten Oberfläche verursacht. Wird bei diesem Aufprall die Zugfestigkeit des Materials überschritten, werden die Rauspitzen durch die kinetische Aufprallenergie deformiert und ein Abtrag von Oberflächenmaterial ist die Folge.
- *Reibverschleiß* wird durch die oszillierenden Mikroschwingungen zwischen zwei Kontaktflächen unter Belastung besonders im Stillstand des Lagers z. B. während des Transports der Maschine verursacht. Nach mehreren Schwingungszyklen schwächen sich unter dem Einfluss der Reibkraft die Bindungen zwischen den Atomen des Materials. Dieser Prozess wird als Materialermüdung bezeichnet. Reibverschleiß (false brinelling oder fretting wear) ist anhand der charakteristischen, länglichen „*Rattermarken*" (*Riffelbildung*) auf den Oberflächen der Wälzelemente und Laufbahnen erkennbar.
- *Schlammverschleiß* tritt auf, wenn die im Öl schwimmenden abrasiven Partikel die Lageroberflächen in der Kontaktzone abreißen.

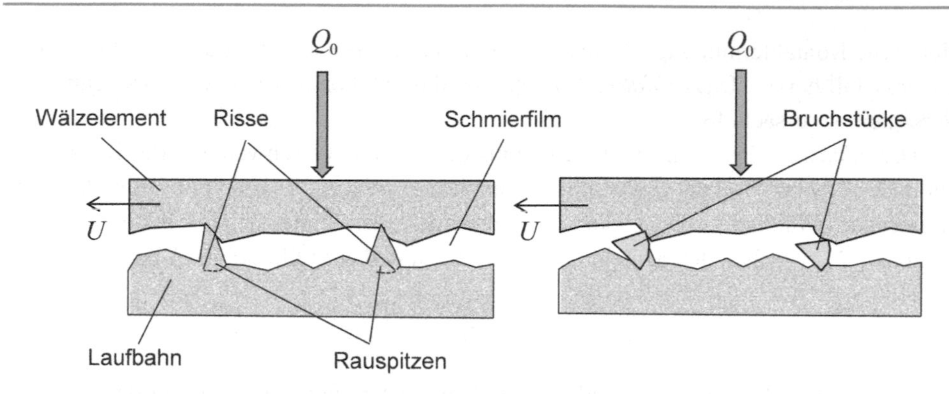

Abb. 8.3 Adhäsiver (links) und abrasiver Verschleiß in Wälzlagern

Abb. 8.3 zeigt die adhäsiven und abrasiven Verschleißmechanismen, bei denen sich die Rauspitzen der weichen Oberfläche der Laufbahn und der bewegten härteren Oberfläche des Wälzelements (hochlegierte Stähle) unter den radialen und axialen Belastungen berühren. Der adhäsive Verschleiß entsteht durch die lokale Verschweißung der Rauspitzen bei der Berührung in der Kontaktzone. Die weitere Schädigung wird durch den abrasiven Verschleiß hervorgerufen.

In den Misch- und Grenzreibungszuständen beginnt der Verschleißprozess zunächst mit der adhäsiven Reibung an den Rauspitzen der bewegten Oberflächen in der Kontaktzone. Mit abnehmender Ölfilmdicke nimmt die Reibkraft drastisch zu. Deshalb brechen die Rauspitzen ab, und die Bruchstücke werden auf den Laufbahnen überrollt, vgl. Abb. 8.4. Beim abrasiven Verschleiß reißen die im Öl schwimmenden harten Partikel die

Abb. 8.4 Typen des abrasiven Verschleißes in Wälzlagern

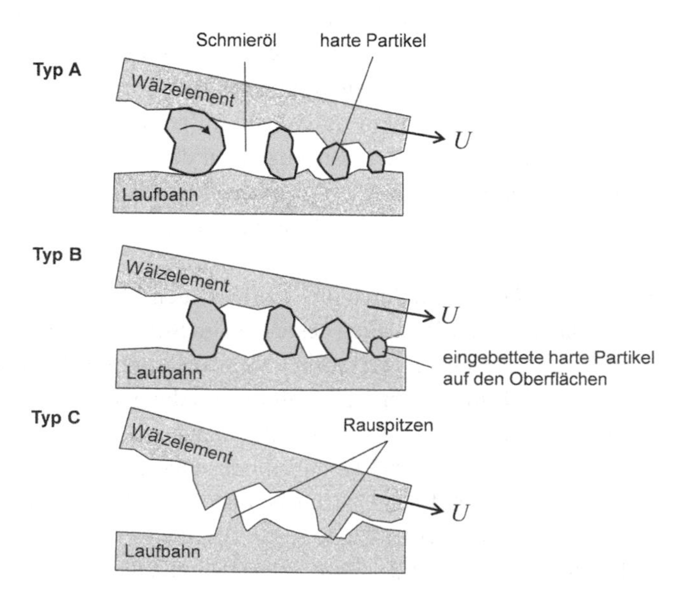

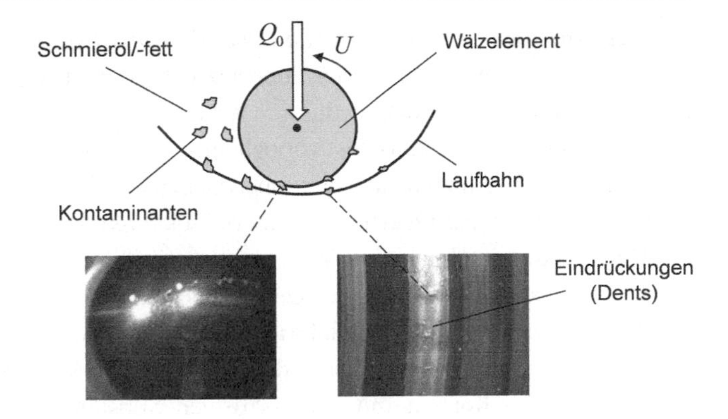

Abb. 8.5 Abrasiver Verschleißmechanismus in Wälzlagern

Rauspitzen ab, deren Bruchstücke wiederum die weiche Oberfläche weiter schädigen. Das Lagermaterial wird also stetig weiter abgetragen, der fortschreitende abrasive Verschleiß macht sich in Form von *Eindrückungen* (*Dents* bzw. *Nicks*) bemerkbar, vgl. Abb. 8.5.

Der abrasive Verschleiß wird nach [6] in drei verschiedene Verschleißmechanismen der Typen A, B und C aufgeteilt (vgl. Abb. 8.4), wobei angenommen ist, dass das Material des Wälzelements etwas härter als das der Laufbahn ist:

- Typ A, *abrasiver Drei-Körper-Verschleiß* genannt, zeigt, dass die harten Partikel auf den Oberflächen des Wälzelements und der Laufbahnen gleiten und abrollen. Dabei berühren sich die Rauspitzen der Oberflächen, die plastisch deformiert und anschließend abgetragen werden.
- Typ B, *abrasiver Zwei-Körper-Verschleiß* genannt, zeigt, dass die harten Partikel und Bruchstücke der Rauspitzen auf der weichen Oberfläche der Laufbahn eingebettet sind. Während des Abrollens reißt die mit eingebetteten harten Partikeln versehene Oberfläche bei höheren Geschwindigkeiten U die Oberfläche des Wälzelements auf, ähnlich wie bei der Bearbeitung einer Oberfläche mit einem Schleifpapier.
- Typ C, *abrasiver Oberflächenverschleiß* genannt, zeigt, dass die harten Rauspitzen des Wälzelements die weiche Oberfläche der Laufbahn abreißen, sobald der Grenzschmierungszustand bei der minimalen Ölfilmdicke in der Kontaktzone auftritt.

Bei der Betrachtung der tribologischen Verschleißmechanismen müssen neben dem adhäsiven und dem abrasiven Verschleiß zusätzlich die Kontaktermüdung und der korrosive bzw. tribochemische Verschleiß berücksichtigt werden. Die wechselnden Belastungen auf zwei bewegte Oberflächen in der Kontaktzone verursachen nach einer bestimmten Anzahl Lastzyklen die *Hertzsche Kontaktermüdung*. Die Kontaktermüdung tritt auf der Oberfläche und in der Unterfläche der Kontaktzone auf, da dort die Ermüdungsgrenze des Materials mit steigender Anzahl Lastzyklen abnimmt (vgl. Wöhler-Kurve in Abb. 6.1). Zwei dominante Folgen der Hertzschen Kontaktermüdung in den Wälzlagern sind Abblätterung/Ausbruch (flaking/spalling) und Riffelbildung (false brinelling).

Der *korrosive* und der*tribochemische Verschleiß* treten auf, wenn das Material der Oberflächen mit einer korrosiven Substanz (Flüssigkeit oder Gas) in Berührung kommt, z. B. eingeschlossenes Wasser, flüssige Kraftstoffe oder eingeschlossene Luft im Schmieröl. Die korrosive Substanz löst tribochemische Reaktionen (d. h. chemische und elektrochemische Reaktionen) auf den Oberflächen der Wälzelemente und Laufbahnen aus. Dadurch wird dort das Oberflächenmaterial lokal oxidiert und verschlissen.

Der adhäsive und abrasive Verschleiß sowie die Hertzsche Kontaktermüdung treten nach einer initialen plastischen Deformation (d. h. permanenten Deformation) und anschließendem lokalen Materialbruch auf. Daher werden sie als *mechanischer Verschleiß* bezeichnet. Im Gegensatz dazu werden der korrosive und der tribochemische Verschleiß beim Kontakt mit der korrosiven Substanz durch tribochemische Reaktionen hervorgerufen. Deswegen werden diese als *oxidativer Verschleiß* bezeichnet, vgl. Abb. 8.2.

In Wälzlagern treten häufig einige typische Versagensmechanismen auf, z. B. die Abblätterung/Ausbruch (flaking/spalling) und die Riffelbildung (false brinelling) durch die Kontaktermüdung bzw. Oberflächenabschürfung (surface distress) durch abrasiven Verschleiß. Diese Versagensmechanismen reduzieren die Lagerlebensdauer drastisch und führen zum vorzeitigen Lagerausfall. Darüber hinaus kann elektrische Bogenbildung (electric erosion pitting), die meist bei kleineren Ölfilmdicken unter höheren Belastungen auftritt, den Prozess der Abblätterung/Ausbrüche intensivieren. Allerdings ist die elektrische Bogenbildung keine Hauptursache für die Abblätterung/Ausbrüche.

In Folgenden werden die Versagensmechanismen aufgrund der Hertzschen Kontaktermüdung und des abrasiven Verschleißes näher untersucht.

8.2.1 Initiierte Oberflächenmikrorisse

Die Hauptursachen für das Auftreten von Abblätterungen/Ausbrüchen (flaking/spalling) sind initiierte Oberflächen- und Unterflächenmikrorisse. Diese extrem kleinen Risse in der Größenordnung von einigen Nanometern bis zu wenigen Mikrometern auf der Oberfläche bzw. in der Unterfläche der Kontaktzone entstehen durch Verunreinigung des Lagerstahls bzw. den Fertigungsprozess selbst.

Die viskose Reibkraft auf die Rauspitzen in tangentialer Richtung ist auf die Scherspannungen im Ölfilm beim hydrodynamischen Schmierungszustand in der Hertzschen Kontaktzone zurückzuführen, vgl. Kap. 3 und 4. Allerdings nimmt die Reibkraft wesentlich zu, wenn das Lager im Grenz- und Mischschmierungszustand betrieben wird.

Die Reibkraft berechnet sich aus der Scherspannung und der Kontaktfläche zu

$$\begin{aligned} F_T &= \tau \cdot A \\ &= \eta(\dot{\gamma}, T)\frac{\partial U}{\partial h}A \approx \eta(\dot{\gamma}, T) \cdot \left(\frac{U}{h}\right)A, \end{aligned} \tag{8.9}$$

wobei

- η die dynamische Viskosität des Öls, die von der Scherrate und Temperatur abhängig ist,
- U die Umfangsgeschwindigkeit des Wälzelements,
- h die Ölfilmdicke in der Kontaktzone und
- A die effektive Kontaktfläche der Kontaktzone darstellen.

Nach Gl. 8.9 gilt: Je höher die Umfangsgeschwindigkeit U, desto größer die Reibkraft. Weiterhin gilt auch: Je kleiner die Ölfilmdicke, desto größer die Reibkraft auf die Rauspitzen der bewegten Grenzflächen der Wälzelemente, wie in Abb. 8.6 dargestellt.

Die Rauspitzen auf der stehenden Laufbahn nach Abb. 8.6 (z. B. feste äußere Laufbahn) deformieren sich unter der tangentialen Kraft F_T, die wiederum ein Biegemoment in positiver Drehrichtung (d. h. Gegenuhrzeigersinn) auf den Rauspitzenfuß ausübt, ähnlich der Belastung auf den Zahnfuß bei einem Zahnrad. Als Folge ergeben sich eine Zugspannung auf der RHS (rechte Handseite) und eine Druckspannung auf der LHS (linke Handseite) des Rauspitzenfußes der Laufbahn. Auf den Rauspitzenfuß des Wälzelements wirkt durch die entgegengesetzte Reibkraft $-F_T$ ebenfalls ein Biegemoment. Dieses verursacht eine Druckspannung auf der RHS und eine Zugspannung auf der LHS des Rauspitzenfußes.

Überschreitet die Zugspannung die Zugfestigkeit des Materials, bricht die Rauspitze ab. Als Folge werden weitere Mikrorisse an den Zug- und Druckzonen auf der Oberfläche bzw. in der Unterfläche initiiert.

Die Reibkraft F_T öffnet die initiierten Mikrorisse auf der Oberfläche der Laufbahn in Abrollrichtung in dem Moment, wenn das Wälzelement sie überrollt. Sobald die Reibkraft nicht mehr wirkt, schließen sich die Mikrorisse wieder.

In ähnlicher Weise tritt derselbe Effekt bei den initiierten Mikrorissen auf der Oberfläche des Wälzelements auf. Die Mikrorisse öffnen und schließen sich abwechselnd, wenn

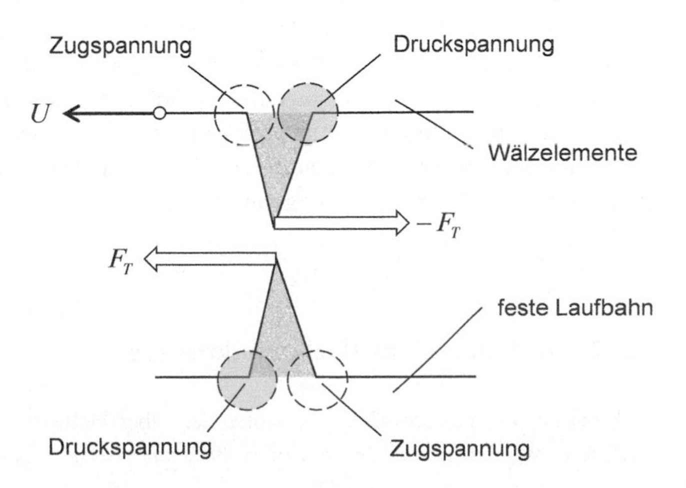

Abb. 8.6 Spannungszonen auf den Lageroberflächen

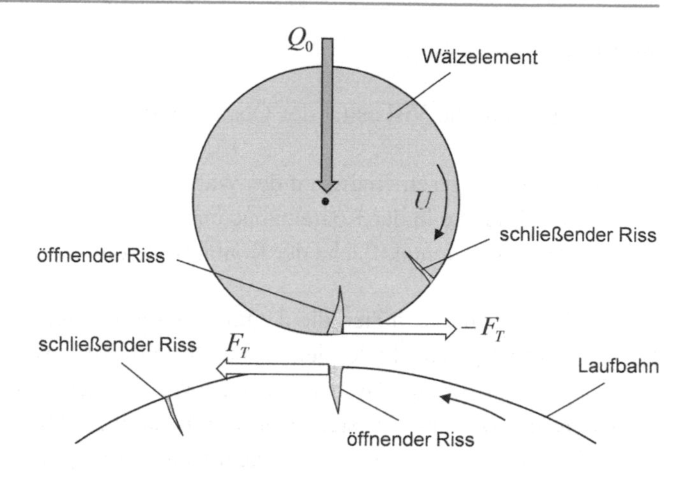

Abb. 8.7 Rissausbreitung auf den Lageroberflächen

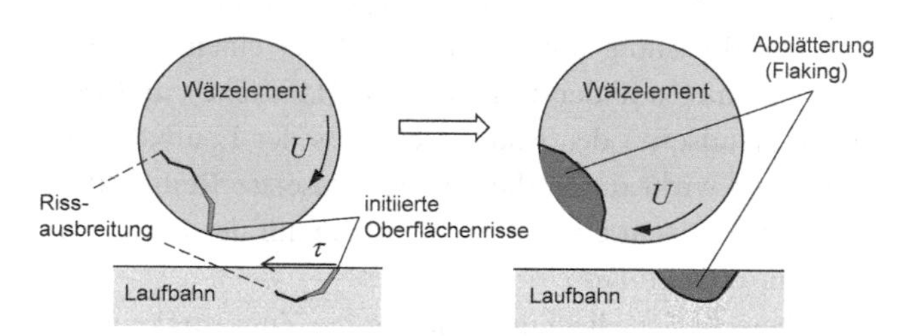

Abb. 8.8 Initiierte Mikrorisse und Rissausbreitung bis hin zur Abblätterung

sie in die Kontaktzone eintreten bzw. diese verlassen. Folglich werden die Mikrorisse an der engsten Kontaktstelle zyklisch mit einem Lastwechsel pro Rotorumdrehung belastet. Nach einer bestimmten Anzahl von Lastwechseln breiten sich die initiierten Mikrorisse aus und werden in Makrorisse umgewandelt, wie in Abb. 8.7 dargestellt. Generell nimmt die Ermüdungsgrenze mit der Anzahl an Lastwechselzyklen ab (vgl. Kap. 6), bis sie die durch die Kerbwirkung verstärkte Zugspannung unterschreitet. Als Folge entsteht ein Ermüdungsversagen auf der Oberfläche.

Durch hydrodynamische Effekte des Schmieröls wird die Ausbreitung der Makrorisse in Abrollrichtung noch weiter verstärkt. Je höher die Scherspannung ist, desto schneller entwickelt sich die Rissausbereitung. Wenn der Riss die Oberfläche durchbricht, wird das Material wegen des erzwungenen Bruchs abgetragen. Dies führt zur Abblätterung bzw. zu Ausbrüchen (flaking bzw. spalling) auf den Oberflächen des Lagers, wie in Abb. 8.8 und 8.11 gezeigt.

8.2.2 Initiierte Unterflächenmikrorisse

Mikrorisse, die ca. 150–200 μm unter der Oberfläche in der Hertzschen Kontaktzone auftreten, werden als *initiierte Unterflächenmikrorisse* bezeichnet (vgl. Abb. 8.9). Trotz

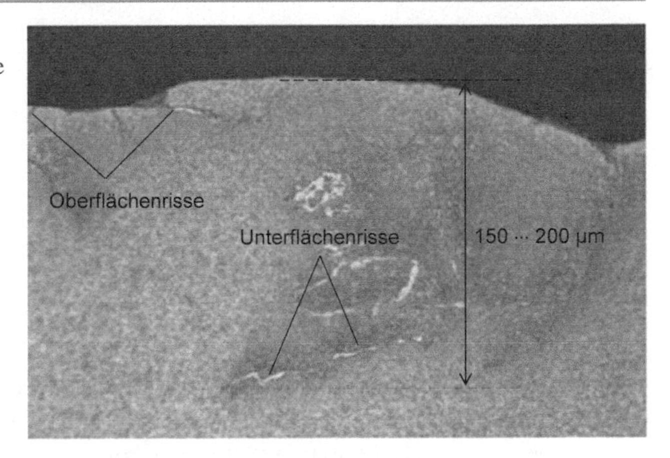

Abb. 8.9 Mikro- und Makrorisse in einer Schliffprobe nach einem Versuch

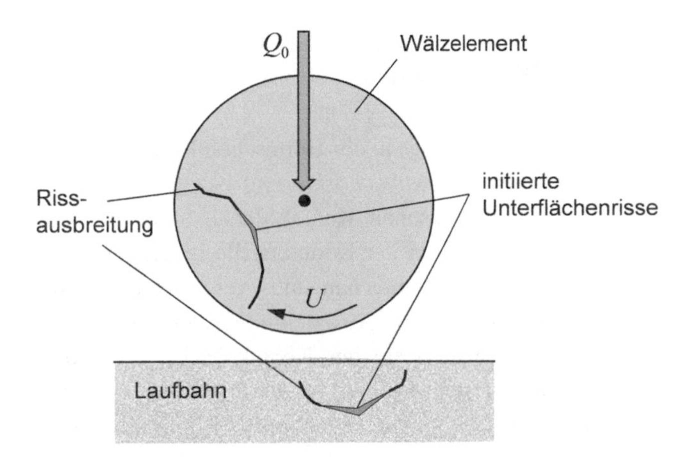

Abb. 8.10 Initiierte Unterflächenrisse und Rissausbreitung

Verbesserung der Stahlqualität in den letzten Jahrzehnten entstehen Unterflächenmikrorisse ab und zu durch Verunreinigungen des Lagerstahls bei Fertigungsprozessen. Die initiierten Unterflächenmikrorisse haben Abmessungen in der Größenordnung weniger Mikrometer und werden als *Rissnukleus* im Lagermaterial bezeichnet.

Die maximale Scherspannung in der Unterfläche der Hertzschen Kontaktzone beträgt zirka ein Drittel der maximalen Hertzschen Pressung, vgl. Abs. 3.4. Diese Scherspannung wirkt auf den initiierten Mikroriss in der Unterfläche und verursacht die Rissausbereitung in allen Richtungen bis hin zur Oberfläche, vgl. Abb. 8.10.

Wegen der zyklisch wechselnden Scherspannung pro Rotorumdrehung wird die Fortpflanzung der Rissausbreitung in der Unterfläche mit jedem Lastzyklus weiter verstärkt. Sobald die Makrorisse die Oberflächen des Wälzelements und der Laufbahn erreichen, entstehen dort Abblätterungen und Ausbrüche, vgl. Abb. 8.11.

Die Abblätterungen und Ausbrüche hinterlassen große und tiefe Hohlräume auf den Oberflächen der Lagerelemente, vgl. Abb. 8.11. Als Folgen resultieren eine intensive Geräuschentwicklung (NVH) und eine wesentliche Reduzierung der Lagerlebensdauer.

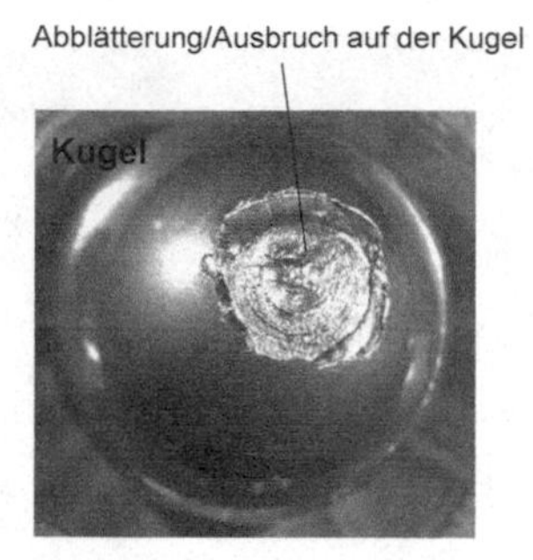

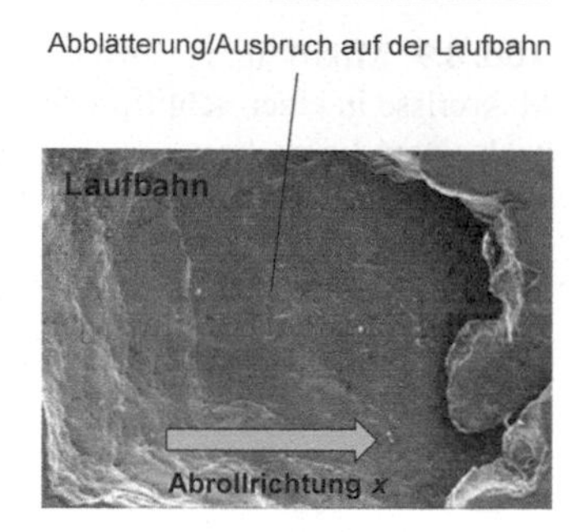

Abb. 8.11 Abblätterung/ Ausbruch in einem Kugellager (EM-motive)

Erfahrungsgemäß führen Abblätterungen und Ausbrüche bei Wälzlagern, die für Elektro- oder Hybridfahrzeuge eingesetzt werden, wenige Hundert Kilometer nach dem erstmaligen Auftreten von starken NVH-Auffälligkeiten zu einem Lagerausfall.

8.2.3 Riffelbildung

Reibverschleiß (fretting) in der Hertzschen Kontaktzone wird auch als *Riffelbildung* (false brinelling) oder *Stillstandsmarkierung* bezeichnet, vgl. Kap. 4. Generell tritt Reibverschleiß an der Hertzschen Kontaktfläche unter Belastungen im Stillstand auf, wobei Mikroschwingungen an der Kontaktstelle in axialer Richtung y mit höheren Frequenzen für diesen Schädigungsmechanismus verantwortlich sind. Als Folge der Mikroschwingungen entstehen flache Ausbuchtungen in Form von langgezogenen Ellipsen, sog. Riffel (fretting marks) auf der Kontaktfläche, vgl. Abb. 8.12. Die Ausprägung dieser Verschleißabdrücke hängt nur von der Schwingfrequenz ab und ist von der Schwingungsamplitude unabhängig. Die Ursache der Riffelbildung ist also ein *Schwingverschleiß* oder *Reibverschleiß*.

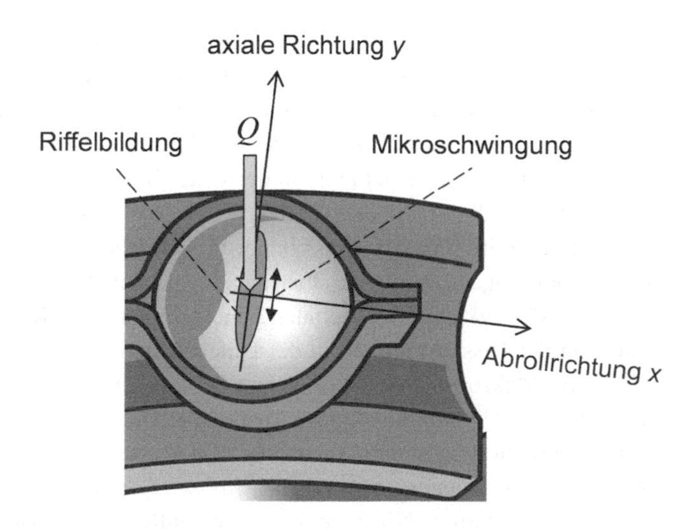

Abb. 8.12 Riffelbildung in einem Kugellager

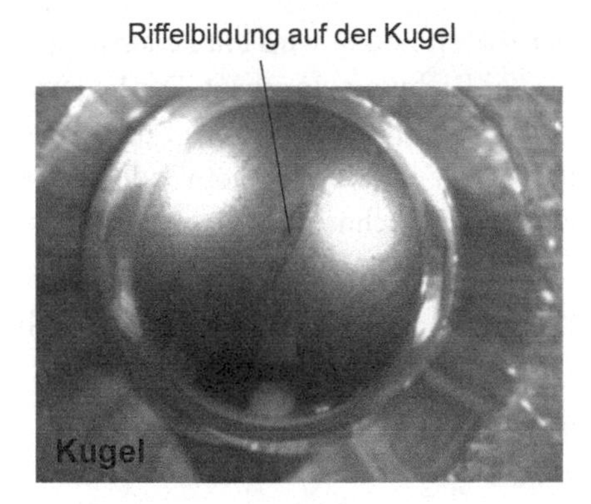

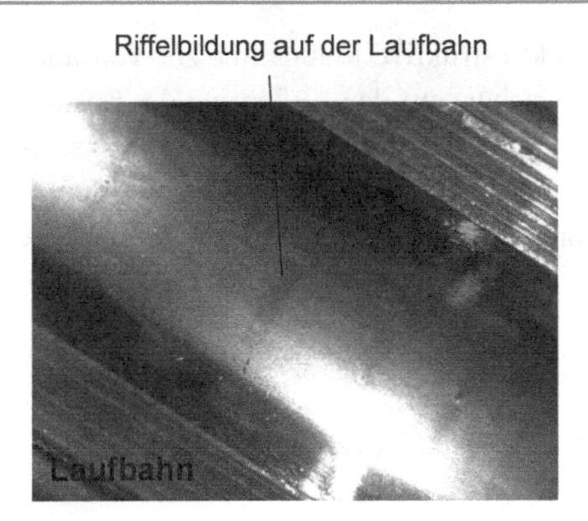

Abb. 8.13 Riffelbildungen in einem Kugellager (EM-motive)

Die Riffelbildung tritt während des Stillstands des Lagers auf, wobei das Lager selbst unter Belastungen steht, die z. B. durch das Gewicht des Rotors, eine radiale Vorspannkraft, axiale Schüttelbelastungen beim Transport und durch dreidimensionale Aufprallkräfte aufgrund des Aufbaus einer Elektromaschine direkt an einen Verbrennungsmotor in Hybridfahrzeugen im Leerlaufbetrieb hervorgerufen werden können.

Abb. 8.13 zeigt den Riffelbildungsabdruck auf der Kugel und der Laufbahn eines Rillenkugellagers. Der Riffelabdruck hat eine schmale elliptische Form in axialer Richtung y senkrecht zur Abrollrichtung x.

Folgende Eigenschaften beeinflussen die Riffelbildung in Wälzlagern [7]:

- Je härter die Materialien sind, desto geringer ist die Riffelbildung.
- Je glatter die Kontaktfläche ist, desto kleiner ist der Riffelabdruck.
- Plastische Deformationen und chemische Beschichtungen reduzieren die Riffelbildung.
- Additive im Schmieröl vermeiden bzw. reduzieren die Riffelbildung.

Folgende negativen Auswirkungen gehen mit der Riffelbildung einher [7]:

- Geräuschentwicklung (NVH) während des Betriebs.
- Reduzierung der Lebensdauer des Lagers.
- Fortgeschrittene Riffelbildung führt zu Mikrorissen in der Oberfläche und ist damit der Ausgangspunkt für folgende Abblätterungen und Ausbrüche (flaking und spalling).
- Riffelbildung verschlechtert die Oberflächenrauheit. Eine größere Oberflächenrauheit verstärkt Oberflächenabschürfungen (surface distress) als weitere Vorstufe von Abblätterungen und Ausbrüchen (flaking und spalling).
- Riffelbildung kann Mikrorisse auf der Oberfläche initiieren, die unter der Einwirkung von Scherspannungen zu Makrorissen anwachsen. Diese führen schließlich zu Abblätterungen und zu Ausbrüchen auf den Kontaktoberflächen.

Als konstruktive Maßnahme zur Verminderung der Riffelbildung wird ein Federring (wave washer) auf den Außenring des Loslagers in axialer Richtung eingebaut. Der Federring verursacht eine axiale Vorspannkraft sowohl auf das Fest- als auch auf das Loslager, sodass das axiale Lagerspiel im Stillstand eliminiert wird. Die hierfür notwendige axiale Vorspannkraft F_{VK} (N) auf das Loslager wird nach NSK berechnet zu

$$F_{VK} = (4 \cdots 8) \times d, \tag{8.10}$$

wobei d den Bohrungsdurchmesser (mm) des Loslagers bezeichnet.

8.2.4 Oberflächenabschürfung

Wenn der Kennwert λ der Ölfilmdicke in der Hertzschen Kontaktzone kleiner als 3 ist, operiert das Lager im Grenz- und Mischschmierungszustand, vgl. Kap. 4. In diesem Fall tritt Gleitverschleiß in der Kontaktzone auf. Die harten Rauspitzen gleiten über die weiche Oberfläche, das Material wird plastisch deformiert und teilweise durch abrasiven Verschleiß abtragen. Dieser Gleitverschleiß führt zu *Oberflächenabschürfung* (surface distress). Oberflächenabschürfung im fortgeschrittenen Stadium verursacht Mikroausbrüche (microspalling) auf der Oberfläche.

Abb. 8.14 zeigt Oberflächenabschürfungen auf der Kugel und der Laufbahn eines Rillenkugellagers. Schwere Oberflächenabschürfung verursacht Mikrorisse auf der Oberfläche, die ihrerseits wiederum zu Abblätterungen und Ausbrüchen führen.

Zur Verminderung der Oberflächenabschürfung müssen die Lager außerhalb der Grenz- und Mischreibung mit einem Kennwert λ der Ölfilmdicke größer als 3 betrieben werden. Geeignete Maßnahmen hierzu sind z. B. die Reduzierung der Lagerbelastung, die Erhöhung der Rotordrehzahl, die Verwendung von Schmierölen mit höheren Viskositäten

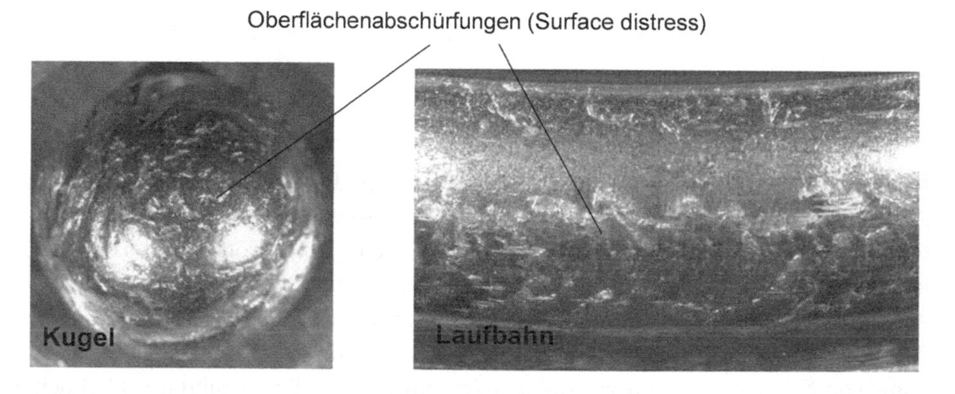

Abb. 8.14 Abschürfungen in einem Kugellager (EM-motive)

und eine geringe Oberflächenrauheit nach der Bearbeitung der Oberflächen während des Herstellprozesses des Lagers, vgl. Kap. 4 und 5.

Literatur

1. Harris, T.A., Kotzalas, M.N.: Essential Concepts of Bearing Technology, 5. Aufl. CRC Taylor & Francis Inc., Boca Raton (2006)
2. Harris, T.A., Kotzalas, M.N.: Advanced Concepts of Bearing Technology, 5. Aufl. CRC Taylor & Francis Inc., Boca Raton (2006).
3. Hamrock, B., Schmid, S.R., Jacobson, B.O.: Fundamentals of Fluid Film Lubrication, 2. Aufl. Marcel Dekker Inc., New York (2004)
4. Khonsari, M., Booser, E.: Applied Tribology and Bearing Design and Lubrication 2. Aufl. Wiley, Somerset (2008)
5. Nguyen-Schäfer, H.: Rotordynamics of Automotive Turbochargers 2. Aufl. Springer, Cham, Switzerland (2015)
6. Mate, C.M.: Tribology on the Small Scale. Oxford University Press, Oxford (2008)
7. Tallian, T.E.: Failure Atlas for Hertz Contact Machine Elements, 2. Aufl..ASME Press, New York (1999)

9 Rotorauswuchten und NVH in Wälzlagern

9.1 Gründe für Rotorauswuchten

Durch Fertigungsprozesse des Rotors entsteht die sog. *Urunwucht*, d. h. aufgrund unsymmetrischer Massenverteilung liegt der Schwerpunkt des Rotors nicht exakt auf der Rotationsachse. Je nach der Lage des Rotors auf der Rotationsachse entstehen während der Rotation Unwuchtkräfte bzw. Unwuchtmomente. Die großen Unwuchtkräfte und -momente verursachen entsprechend große Rotorauslenkungen. Diese können zu Lagerverschleiß, Lagerausfall und sogar zum Kontakt zwischen Rotor und Stator führen. Darüber hinaus ist die Urunwucht für das Auftreten des sog. *Unwuchtpfeifens* verantwortlich. Das Unwuchtpfeifen ist eine Geräuschart in rotierenden Maschinen, die durch Luftschall übertragen wird und deren Frequenz mit der Rotordrehzahl synchronisiert.

Die Fertigung des Rotors wird entweder *mit* oder *ohne* Auswuchten durchgeführt. Im Fall *ohne* Auswuchten müssen die Lamellenpakete des Elektrorotors extrem genau produziert werden, sodass der Rotorschwerpunkt nach dem Zusammenbau nur geringste Abweichungen in der Größenordnung einiger Mikrometer (10^{-6} m) gegenüber der Rotationsachse aufweist. Diese Anforderung führt zu einer hohen Ausschussrate und folglich zu hohen Fertigungskosten. Der Produktpreis ist jedoch ein wichtiger Erfolgsfaktor für das Produkt. Deshalb ist die Fertigung des Rotors *mit* Auswuchten der richtige und wirtschaftliche Weg. Hierbei können die Toleranzen für die Herstellung der Einzelbauteile größer gewählt werden, die Kosten sinken entsprechend. Trotz größerer Toleranzen bei der Fertigung erreicht der Rotor nach dem Auswuchten eine akzeptable Restunwucht. Durch den Auswuchtprozess wird die Massenverteilung derart verändert, dass der Rotorschwerpunkt näher an die Rotationsachse rückt.

H. Nguyen-Schäfer, *Numerische Auslegung von Wälzlagern*,
DOI 10.1007/978-3-662-54989-6_9

9.2 Auswuchttypen

In der Fertigung von Rotoren kommt üblicherweise eine der beiden folgenden Auswuchtarten zum Einsatz. Bei sehr hohen Anforderungen an die Restunwucht, z. B. bei Laufzeugen von hochtourig drehenden Maschinen wie Turboladern, werden beide Auswuchtarten kombiniert.

Niedertouriges Auswuchten wird für starre Rotoren bei niedrigeren Wuchtdrehzahlen verwendet. Die Wuchtdrehzahlen liegen im Bereich von ca. 1000–3000 U/min und sind von der Größe der auszuwuchtenden Rotoren und den zur Verfügung stehenden Auswuchtmaschinen abhängig. Das niedertourige Auswuchten wird generell mit zwei Auswuchtebenen an den Rotorenden durchgeführt. Das Ziel des Auswuchtens ist die Minimierung der Unwuchtkräfte, der Unwuchtmomente und des Unwuchtpfeifens im Betrieb. Durch die geringeren Unwuchtkräfte wird der Verschleiß im Lager bei höheren Betriebsdrehzahlen reduziert und ein Lagerausfall aufgrund hoher Unwuchtkräfte und damit einhergehend hohen Belastungen auf das Lager verhindert.

Hochtouriges Auswuchten wird für flexible Rotoren, die später bei höheren Drehzahlen betrieben werden, eingesetzt. Die Wuchtdrehzahl muss hierbei in jedem Fall höher als die Drehzahl zur Anregung der ersten Biege-Eigenschwingform sein. Neben den Kräften und Momenten aufgrund der Urunwucht bei hohen Rotordrehzahlen entstehen zusätzliche Unwuchtkräfte und -momente durch Veränderungen des Schwerpunkts und der Lage des Rotors (z. B. Schiefstellung) im Betrieb. Diese Positionsveränderungen gegenüber der Rotationsachse entstehen z. B. durch Kippen der Lammellenpakete auf der Rotorwelle, und damit einhergehende Versetzung und Verkippung des Rotors rufen die sog. *Momentenunwucht* hervor. Das hochtourige Auswuchten wird ebenfalls mit zwei Auswuchtebenen an den Rotorenden durchgeführt. Das Ziel des hochtourigen Auswuchtens ist die Reduzierung des Unwuchtpfeifens bei hohen Betriebsdrehzahlen insbesondere bei Pkw-Anwendungen.

Rotoren von elektrischen Maschinen sind üblicherweise ziemlich robust. Sie bestehen häufig aus mehreren größeren Lamellenpaketen, die auf eine relativ kurze Welle gefügt werden. Die erste Resonanzdrehzahl liegt meist sehr hoch bei einigen Hunderttausend U/min. Übliche Betriebsdrehzahlen von elektrischen Maschinen liegen zwischen 7000 und 18.000 U/min, sodass keine Biegeresonanz im Betriebsdrehzahlbereich auftritt. Diese Rotoren müssen daher nicht unbedingt hochtourig ausgewuchtet werden, meist genügt ein niedertouriges Wuchten in den beiden Auswuchtebenen.

9.3 Niedertouriges Zwei-Ebenen-Auswuchten für starre Rotoren

Die statischen und dynamischen *Urunwuchten* entstehen bei den Fertigungsprozessen der Einzelbauteile und der Montage zum Rotorverbund. Nach dem Auswuchten bleibt wegen der Auswuchttoleranz trotzdem eine kleinere *Unwucht* auf dem Rotor. Deshalb werden die Begriffe *Urunwucht* und *Unwucht* für *vor dem Auswuchten* bzw. *nach dem Auswuchten*

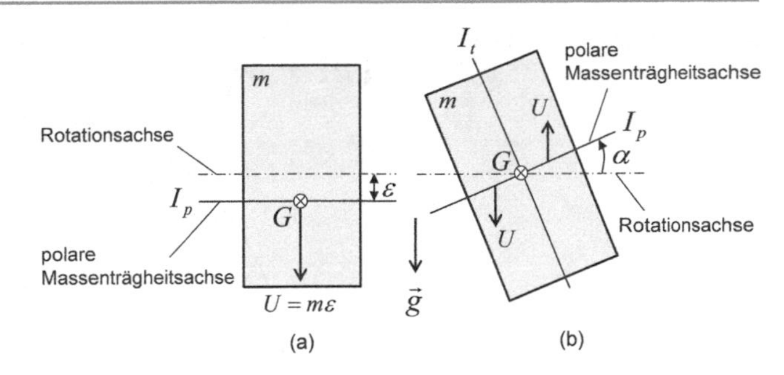

Abb. 9.1 (**a**) Statische Unwucht; (**b**) unsymmetrische Unwucht eines Rotors

verwendet; d. h., das Auswuchten bringt die Urunwucht des Rotors auf die Unwucht, d. h. Restunwucht.

Die statische Urunwucht tritt auf, wenn die Achse des polaren Massenträgheitsmoments I_p nicht auf der Rotationachse liegt, sondern um eine Exzentrizität ε parallel versetzt ist, vgl Abb. 9.1a. Die statische Unwucht wird verursacht durch Fertigungsfehler, z. B. asymmetrische Lamellenpakete, inhomogene Lamellenwerkstoffe oder einen Versatz der Lamellenpakete zur Rotorwelle. Sie tritt nach der Montage oder wegen der Unwuchtveränderung während des Betriebs zu Tage.

Im Gegensatz dazu tritt eine weitere Form der Unwucht, die sog. *unsymmetrische Unwucht* dann auf, wenn die Achse des polaren Massenträgheitsmoments I_p um einen kleinen Winkel α zur Rotationsachse gekippt ist, der Rotormassenschwerpunkt G jedoch auf der Rotationsachse liegt, vgl. Abb. 9.1b. Die unsymmetrische Unwucht wird durch das Kippen der Lamellenpakete auf der Rotorwelle bei der Montage hervorgerufen. Es ist anzumerken, dass trotz des Auswuchtens der Kippwinkel α erhalten bleibt.

Unter dynamischer Unwucht wird das gleichzeitige Vorhandensein von sowohl statischer als auch unsymmetrischer Unwucht auf dem Rotor verstanden. In diesem Fall liegt der Rotormassenschwerpunkt G nicht mehr auf der Rotationsachse, wie in Abb. 9.2 gezeigt. In der Praxis treten üblicherweise beide Phänomene auf, daher findet man meistens dynamische Unwucht auf den Rotoren.

Im Falle der statischen Unwucht liegt der Rotormassenschwerpunkt im Gleichgewichtszustand wegen der Schwerkraft immer unterhalb der Rotationsachse des Rotors. Das hat zur Folge, dass sich der Rotormassenschwerpunkt ausgehend von einer beliebigen Position immer zur Gleichgewichtsposition drehen wird.

Im Gegensatz dazu bleibt der Rotor bei einer unsymmetrischen Unwucht in Ruhe, da sein Massenschwerpunkt direkt auf der Rotationsachse liegt und somit jeder beliebige

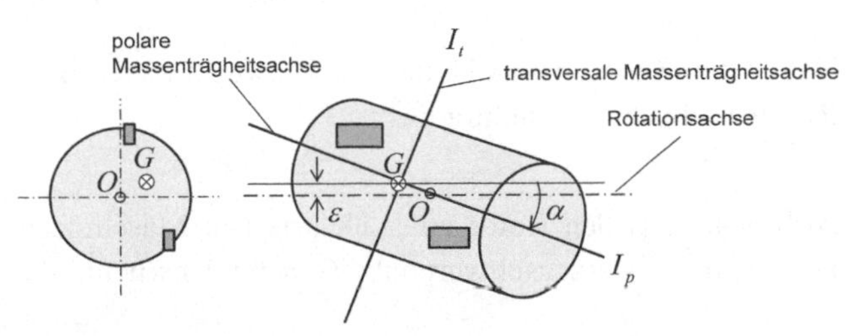

Abb. 9.2 Dynamische Unwucht eines Rotors

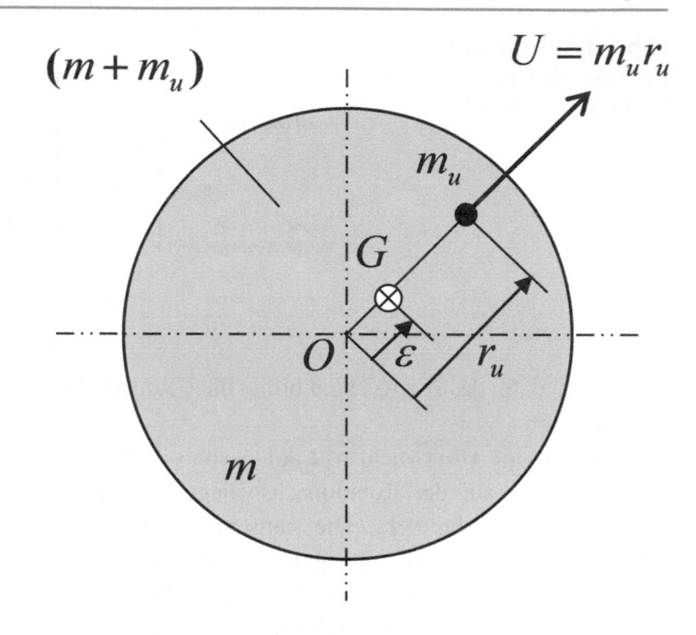

Abb. 9.3 Unwuchtradius ε

Rotationswinkel einem Gleichgewichtszustand entspricht. Daher ist die unsymmetrische Unwucht nur durch die *Momentenunwucht* bei rotierendem Rotor bemerkbar. Dabei erzeugt die rotierende Masse das wirkende *Unwuchtmoment* auf den Rotor.

Die dynamische Unwucht des Rotors besteht aus der Exzentrizität ε des Massenschwerpunkts (statische Unwucht) und dem Kippwinkel α der Rotorachse zur Rotationsachse (unsymmetrische Unwucht), vgl. Abb. 9.2. Es sei angenommen, dass ein Rotor eine Unwuchtmasse m_u bei einem Radius r_u hat, vgl. Abb. 9.3. Daraus wird die statische Unwucht des Rotors berechnet zu

$$U = m_u r_u. \tag{9.1}$$

Wegen der Unwuchtmasse liegt der Massenschwerpunkt G des Rotors beim Unwuchtradius ε. Daher ergibt sich die Rotorunwucht zu

$$U = (m + m_u)\varepsilon. \tag{9.2}$$

Durch Einsetzen von Gl. 9.2 in Gl. 9.1 ergibt sich der Unwuchtradius ε für $m_u \ll m$ zu

$$\varepsilon = \frac{m_u r_u}{(m + m_u)} \approx \frac{U}{m}. \tag{9.3}$$

Nach Gl. 9.3 berechnet sich die Rotorunwucht näherungsweise aus der Gesamtmasse des Rotors und dem Unwuchtradius zu

$$U \approx m\varepsilon.$$

Abb. 9.4 zeigt den Rotor einer elektrischen Maschine mit einer statischen Urunwucht U_ε auf dem Massenschwerpunkt G beim Unwuchtradius ε. Der Rotor wird in zwei

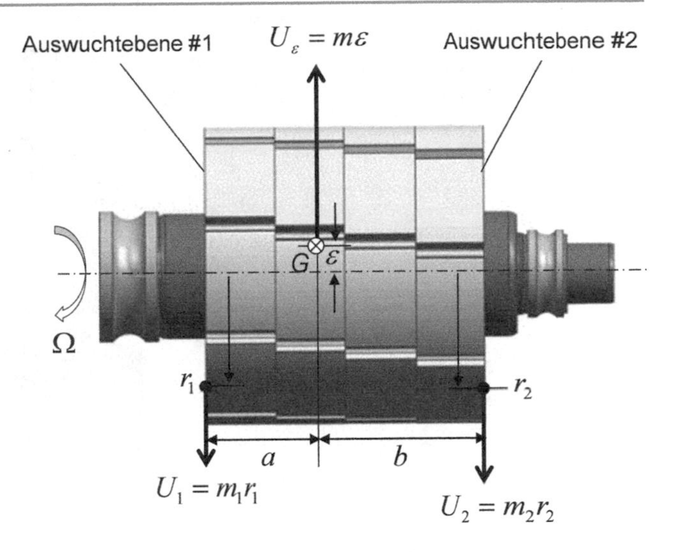

Abb. 9.4 Zwei-Ebenen-Auswuchten der statischen Unwucht eines Rotors

Auswuchtebenen #1 und #2, die an den Rotorenden liegen, mithilfe der Auswuchtvektoren U_1 und U_2 niedertourig ausgewuchtet.

Wegen der Magnetisierung der in den Lamellenpaketen eingebetteten Magneten ist es sehr schwierig, subtraktiv auszuwuchten, d. h. Material beim Auswuchten abzutragen. Daher wird in diesem Fall additiv ausgewuchtet, d. h. Auswuchtmassen an den Auswuchtstellen hinzugefügt, sodass die Urunwucht durch die Auswuchtvektoren ausgeglichen wird. Hierbei werden die Auswuchtmassen m_1 und m_2 an den gewählten Radien r_1 und r_2 in den Auswuchtebenen #1 und #2 in der zur Urunwucht U_ε entgegengesetzten Richtung dem Rotor hinzugefügt. Als Ergebnis entstehen zwei Auswuchtvektoren $U_1 = m_1 r_1$ und $U_2 = m_2 r_2$ an den Auswuchtstellen zum Ausgleichen der Urunwucht U_ε.

Die Auswuchtmassen m_1 und m_2 werden aus den Auswuchtvektoren und Auswuchtmomenten im Gleichgewichtszustand berechnet zu

$$
\begin{aligned}
\sum U_G &= U_\varepsilon - U_1 - U_2 \\
&= m\varepsilon - m_1 r_1 - m_2 r_2 = 0, \\
\sum M_G &= U_1 a - U_2 b \\
&= m_1 r_1 a - m_2 r_2 b = 0.
\end{aligned}
\tag{9.4}
$$

Aus Gl. 9.4 erhält man die Auswuchtmassen m_1 und m_2 an den entsprechenden Auswuchtstellen mit den Radien r_1 und r_2:

$$
\begin{aligned}
m_1 &= \frac{m\varepsilon b}{r_1 (a+b)} = \frac{U_\varepsilon b}{r_1 (a+b)}, \\
m_2 &= \frac{m\varepsilon a}{r_2 (a+b)} = \frac{U_\varepsilon a}{r_2 (a+b)}.
\end{aligned}
\tag{9.5}
$$

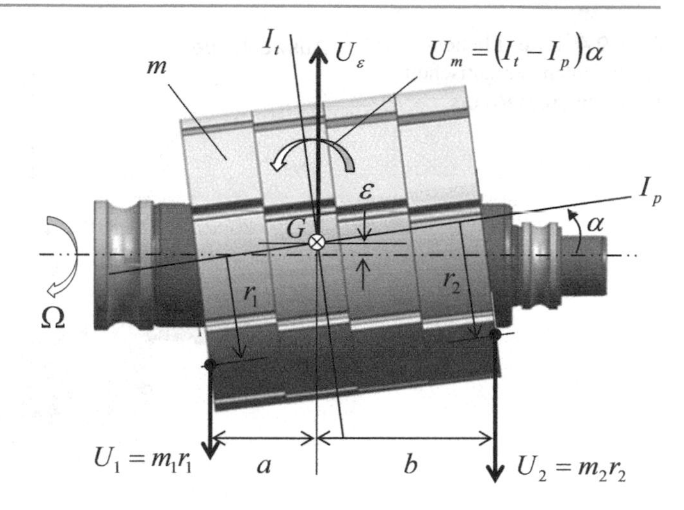

Abb. 9.5 Zwei-Ebenen-Auswuchten der dynamischen Unwucht eines Rotors

Die nach dem Auswuchten resultierende Unwuchtkraft F_U auf den Rotor wird aus der Unwucht und der Rotordrehzahl berechnet zu

$$F_U = U_\varepsilon \Omega^2 = m\varepsilon\Omega^2, \tag{9.6}$$

wobei Ω (rad/s) die Winkelgeschwindigkeit ist, die sich aus der Rotordrehzahl N (U/min) ergibt zu

$$\Omega = \frac{2\pi N}{60}. \tag{9.7}$$

Im Falle einer dynamischen Unwucht mit einem Kippwinkel α wirken die Urunwucht U_ε und die Momentenurunwucht U_m auf den Rotor, wie in Abb. 9.5 gezeigt.

Der Momentenunwuchtvektor steht senkrecht zur Rotorachse und sein Betrag wird für einen sehr kleinen Kippwinkel α berechnet zu [1]

$$|U_m| = (I_t - I_p)\alpha, \tag{9.8}$$

wobei

U_m (g·mm^2) die Momentenurunwucht bezeichnet, die für den Rotor neben der statischen Urunwucht U_ε (g · mm) eine zusätzliche Momentenurunwucht ist,
α den in Abb. 9.5 gezeigten Kippwinkel ($\alpha < 0{,}1°$) sowie
I_t und I_p das transversale bzw. polare Massenträgheitsmoment (kg·mm^2) darstellen.

Die Momentenunwucht U_m induziert ein Unwuchtmoment $M_u$auf den Rotor in Richtung des Vektors U_m [1] mit dem Beitrag

$$|M_u| = |U_m|\,\Omega^2 = (I_t - I_p)\alpha\Omega^2. \tag{9.9}$$

Zur Bestimmung der Auswuchtvektoren U_1 und U_2 werden wiederum die Auswuchtvektoren und Auswuchtmomente im Gleichgewichtszustand formuliert in

$$\begin{aligned}
\sum U_G &= -U_1 - U_2 + U_\varepsilon = 0,\\
\sum M_G &= U_1 a - U_2 b + U_m = U_1 a - U_2 b + (I_t - I_p)\alpha = 0.
\end{aligned} \tag{9.10}$$

Aus Gl. 9.10 ergeben sich dann die Auswuchtvektoren in den Auswuchtebenen zu (vgl. Abb. 9.5)

$$\begin{aligned}
U_1 &= \frac{U_\varepsilon b - (I_t - I_p)\alpha}{(a+b)} = m_1 r_1,\\
U_2 &= \frac{U_\varepsilon a + (I_t - I_p)\alpha}{(a+b)} = m_2 r_2.
\end{aligned} \tag{9.11}$$

Die Auswuchtmassen m_1 und m_2 an den Auswuchtstellen bei dem Radius r_1 bzw. r_2 ergeben sich aus Gl. 9.11 zu

$$\begin{aligned}
m_1 &= \frac{U_\varepsilon b - (I_t - I_p)\alpha}{r_1(a+b)},\\
m_2 &= \frac{U_\varepsilon a + (I_t - I_p)\alpha}{r_2(a+b)}.
\end{aligned}$$

Aufgrund des starken Rotorkippens (misalignment) bei größerem Winkel α tritt meistens die Rotorschwingung mit einer superharmonischen Frequenz 2X auf [1, 2].

Als Wuchtgüte (Wuchtqualitätsgrad) wird für elektrische Maschinen in Pkw- und Lkw-Anwendungen G2.5 bzw. G6.3 nach DIN ISO 1940-1 ausgewählt. Meistens wird die Wuchtgüte G6.3 für die elektrischen Maschinen in der Automobilindustrie gewählt.

Als Beispiel für die Berechnung des Auswuchtens wird ein kleiner Rotor mit einer Masse von 9 kg und einer maximalen Drehzahl von 12.000 U/min für eine Pkw-Anwendung gewählt. Die vorgegebene Wuchtgüte von G6.3 gibt den Grenzauswuchtradius e_{lim} (mm) bei der maximalen Winkelgeschwindigkeit Ω (rad/s) des Rotors vor:

$$e_{\text{lim}}\Omega = 6{,}3\ \tfrac{\text{mm}}{\text{s}}.$$

Bei der maximalen Drehzahl $N_{\max} = 12.000$ U/min ergibt sich aus Gl. 9.7 die Winkelgeschwindigkeit zu

$$\Omega = 1256\ \tfrac{\text{rad}}{\text{s}}.$$

Daraus ergibt sich der Grenzauswuchtradius e_{lim} zu

$$e_{\text{lim}} = \frac{6{,}3\ \frac{\text{mm}}{\text{s}}}{1256\ \frac{\text{rad}}{\text{s}}} \approx 5 \times 10^{-3}\text{mm}.$$

Nach dem niedertourigen Auswuchten ergibt sich nach Gl. 9.3 die maximale Grenzunwucht bei der Wuchtgüte von G6.3 zu

$$\begin{aligned}U_{\text{lim}} &= me_{\text{lim}}\\ &= (9\,\text{kg}) \times (5 \times 10^{-3}\text{mm}) \approx 45\text{g} \cdot \text{mm}.\end{aligned}$$

Aus der Rotorgeometrie ergeben sich die Grenzunwuchten an den entsprechenden Auswuchtebenen (vgl. Abb. 9.4):

$$\begin{aligned}U_1 &= \frac{b}{(a+b)}U_{\text{lim}};\\ U_2 &= \frac{a}{(a+b)}U_{\text{lim}}.\end{aligned} \tag{9.12}$$

Aus Gl. 9.12 berechnen sich die hinzuzufügenden Grenzauswuchtmassen an den entsprechenden Auswuchtstellen bei dem Radius r_1 bzw. r_2 zu

$$\begin{aligned}m_1 &= \frac{U_1}{r_1} = \frac{b}{r_1(a+b)}U_{\text{lim}};\\ m_2 &= \frac{U_2}{r_2} = \frac{a}{r_2(a+b)}U_{\text{lim}}.\end{aligned} \tag{9.13}$$

Aus Gl. 9.6 wird die maximale Unwuchtkraft auf den Rotor berechnet zu

$$\begin{aligned}F_{U,\text{max}} &= U_{\text{lim}}\Omega^2\\ &= (45 \times 10^{-6}\text{kg} \cdot \text{m}) \times (1256\text{rad/s})^2 \approx 71\,\text{N}.\end{aligned}$$

Theoretisch würde der Rotor durch die Auswuchtmassen zu einem unwuchtfreien Rotor vollständig ausgewuchtet, wenn die nach Gl. 9.13 erforderlichen Auswuchtmassen exakt an den geforderten Radien positioniert würden. In der Praxis besitzen die hinzugefügten Massen eine Massentoleranz von $\pm\Delta m$ und haben gleichzeitig eine räumliche Ausdehnung um die Auswuchtstellen in radialer bzw. Umfangsrichtung im Gegensatz zur Annahme einer Punktmasse bei der Herleitung der Gleichungen. Deshalb existieren nach dem Auswuchten immer noch relativ kleine Restunwuchten $U_{1,res}$ und $U_{2,res}$ in den entsprechenden Auswuchtebenen.

Die Restunwuchtvektoren in den Auswuchtebenen und der resultierende Restunwuchtvektor sind in Abb. 9.6 dargestellt.

Aus den Restunwuchtvektoren ergibt sich der Beitrag der Restunwucht am Rotorschwerpunkt G zu

$$|\mathbf{U}_{rotor}| = \left|\mathbf{U}_{1,res} + \mathbf{U}_{2,res}\right| \le U_{\text{lim}}. \tag{9.14}$$

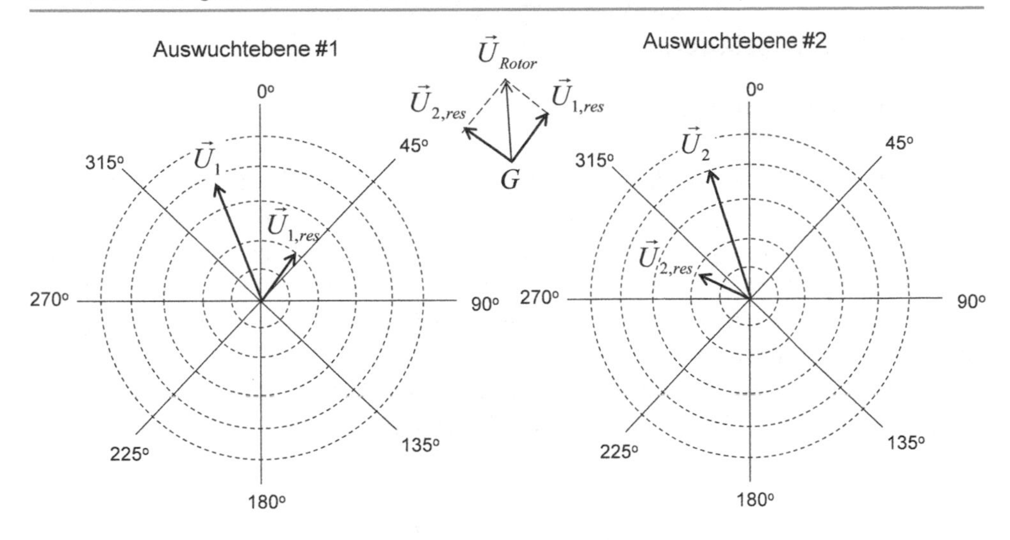

Abb. 9.6 Restunwuchtvektor U_{Rotor} eines ausgewuchteten Rotors

Diese Restunwucht muss kleiner als ein definierter Grenzwert U_{lim} sein. Der Grenzwert wird derart gewählt, dass die durch die Unwucht verursachten Geräusche in vordefinierten Grenzen gehalten werden.

Die Geräusche und ihre Frequenzanalyse lassen sich entsprechend ihrer Ursache in Schwingungsakustik (VA: vibroacoustics), Aeroakustik (AA: aeroacoustics) und elektromagnetische Akustik (EMA: electromagnetic acoustics) einteilen.

Schwingungsakustik entsteht durch Unwuchtpfeifen des Rotors (1X), Kippen des Rotors (2X), lose Statorzähne und Lager- sowie Getriebegeräusche [2].

Aeroakustik wird durch Strömungsgeräusche und Druckpulsationen im Gehäuse hervorgerufen, die durch die Bewegung des Rotors entstehen.

Elektromagnetische Akustik umfasst folgende Phänomene: die magnetische Unwucht (UMP: unbalanced magnetic pull) aufgrund der magnetischen Asymmetrie im Luftspalt, die Exzentrizität des Rotors, eine eventuell vorhandene ungerade Anzahl an Statorspulen und das Rastmoment (CT: cogging torque). Das Rastmoment wird durch unterschiedliche Luftspaltleitwerte (Permeanz genannt) zwischen dem Rotor und dem Stator induziert. Der Unterschied des Luftspaltleitwerts verursacht Pulsationen des Drehmoments (torque pulsations) und Stromwelligkeiten (current ripples) in den Statorspulen. Darüber hinaus wird das Rastmoment verstärkt durch ungeeignetes Gestalten der Statornuten und der Rotorgeometrie, ungünstige Kombinationen des Verhältnisses der Anzahl Statornuten zur Anzahl Rotorpolen und nichtsinusförmige Stromverläufe in den Statorspulen aufgrund der Verwendung der PWM-Signale, die durch Pulsweitenmodulation (PWM) aus der Leistungselektronik erzeugt werden [3].

Das Unwuchtpfeifen wurde bereits im Abs. 9.3 behandelt, und die magnetischen Geräusche aufgrund UMP und CT in elektrischen Maschinen sind in anderen Literaturstellen, z. B. in [1–3], zu finden. Im Folgenden werden daher lediglich nur die induzierten Lagergeräusche behandelt.

9.4 NVH in Wälzlagern

9.4.1 Erregungsfrequenzen

Schwingungen im Lager und damit Erregungen für Schallabstrahlung werden durch wellige Oberflächen der Lagerkomponenten, d. h. der inneren und äußeren Laufbahn, dem Lagerkäfig und den Wälzelementen, hervorgerufen. Durch die Fertigungsprozesse werden Oberflächen mit globalem sinusförmigen Verlauf erzeugt [4, 5], vgl. Kap. 5. Die Amplitude dieser Oberflächenwelligkeit liegt bei kleineren Wälzlagern in der Größenordnung von einigen Hundert Nanometern [6].

Zur Analyse der Oberflächenwelligkeit wird die *Winkelwellenzahl* K in rad/m (*Wellenzahl* genannt) definiert als das Verhältnis der Winkelfrequenz ω zur Schallgeschwindigkeit c in der Lagerkomponente:

$$K \equiv \frac{\omega}{c} = \frac{\omega T}{cT} = \frac{2\pi}{\lambda}, \tag{9.15}$$

wobei T die Periode der Oberflächenwellenlänge darstellt.

Gl. 9.15 zeigt, dass die Wellenzahl K mit kürzer werdender Wellenlänge λ steigt. Im Falle einer großen Wellenzahl hat also die Oberfläche mehrere Wellenspitzen auf ihrem Umfang, da die Wellenlänge kurz ist. Während die welligen Wälzelemente mit einer Winkelgeschwindigkeit ω_b über die innere und äußere Laufbahn abrollen, werden dadurch die Erregungsfrequenzen auf der Lageroberfläche induziert, vgl. Abb. 9.7. Die resultierenden Schwingungen mit diesen Erregungsfrequenzen verursachen Geräusche, die über das Lagergehäuse an die Umgebung als Luftschall abstrahlen. Die Luftschallintensität nimmt hierbei mit der Amplitude der Oberflächenwelligkeit zu.

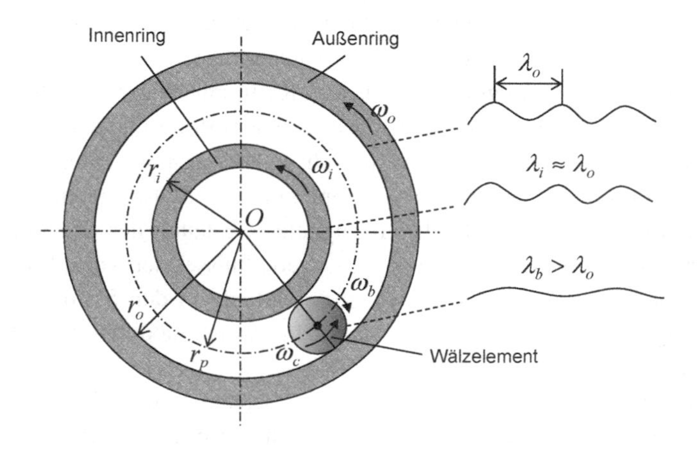

Abb. 9.7 Winkelgeschwindigkeiten und Wellenlängen der Oberflächenprofile

Im Falle des fest auf der Rotorwelle montierten Innenrings ist die Winkelgeschwindigkeit ω_i des Innenrings gleich der Winkelgeschwindigkeit ω_R des Rotors. Die Winkelgeschwindigkeit ω_i (rad/s) wird aus der Rotordrehzahl N (U/min) berechnet:

$$\omega_i = \omega_R = \frac{2\pi N}{60}. \tag{9.16a}$$

Die Frequenzordnung F der Erregungsfrequenz einer Schwingung wird definiert als das Verhältnis der Erregungsfrequenz f zur Rotorfrequenz f_R:

$$F \equiv \frac{f}{f_R} = \frac{\omega}{\omega_R} = \frac{60\omega}{2\pi N}. \tag{9.16b}$$

Für die Erregerfrequenz erster Ordnung $F = 1X$ ist die Schwingung *harmonisch* (*synchron*) mit der Rotordrehzahl; bei Erregerfrequenzen höherer Ordnung $F > 1X$ wird die Schwingung als *supersynchron* und bei Ordnungen $F < 1X$ als *subsynchron* bezeichnet [1].

Als Schwingungsmode k wird die Ganzzahl des Verhältnisses von Umfang der Schwingoberfläche zur Wellenlänge λ definiert:

$$k = int\left(\frac{2\pi r}{\lambda}\right) = int\,(Kr)\,, \tag{9.17}$$

wobei r den Radius der Schwingoberfläche bezeichnet, die den Luftschall an die Umgebung abstrahlt. Die Schwingungsmode k ist also proportional zum Radius r der Schwingoberfläche mit der Wellenzahl K als Proportionalitätskonstante. Bei ganzzahligen Schwingungsmoden treten die folgenden Fälle auf:

a) Für $k = 0$ wird als Beispiel die Schwingungsmode des Innenrings als *Erweiterungsmode* (*Pumpmode*) bezeichnet, die in radialer Richtung schwingt, vgl. Abb. 9.8.

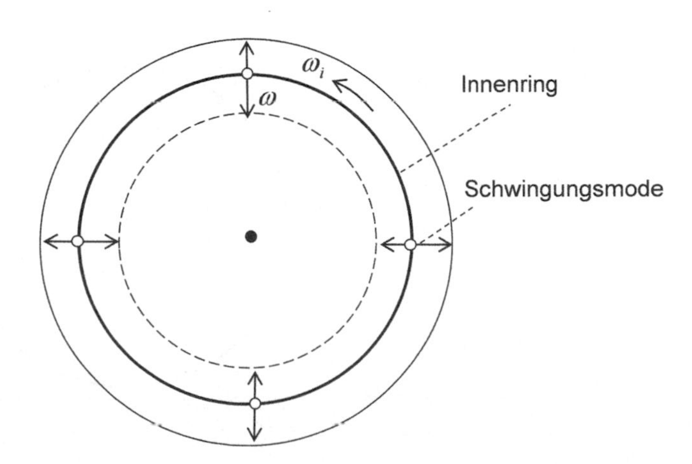

Abb. 9.8 Pumpmode eines flexiblen Innenrings ($k = 0$)

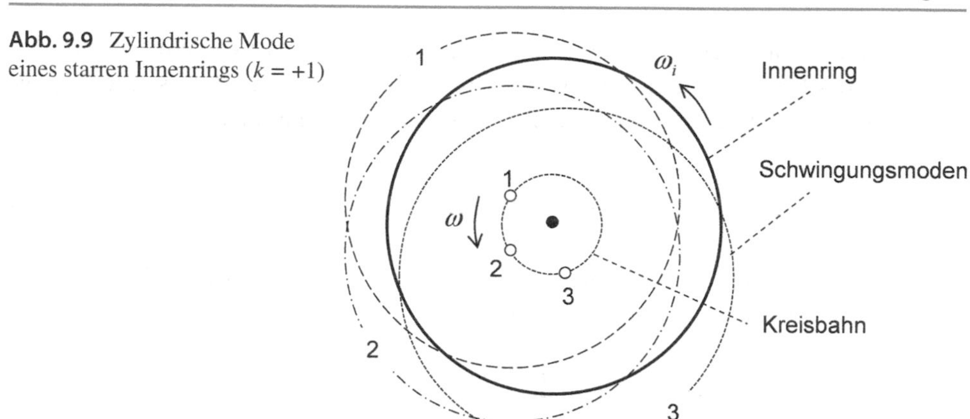

Abb. 9.9 Zylindrische Mode eines starren Innenrings ($k = +1$)

b) Für $k = \pm 1$ wird als Beispiel die Schwingungsmode des Innenrings als *zylindrische Mode* bezeichnet, bei der sich die Mitte des rotierenden Innenrings auf einer Kreisbahn bewegt. Wenn die Drehrichtung der Erregungsfrequenz ω mit der Drehrichtung des Rotors *übereinstimmt*, führt die Schwingung eine *Vorwärtsbewegung* ($k = +1$) aus. Bei *entgegengesetzter* Drehrichtung führt die Schwingung folglich eine *Rückwärtsbewegung* ($k = -1$) aus [1].

Die in Abb. 9.9 gezeigte zylindrische Mode tritt derart isoliert nur im theoretischen Fall eines starren Innenrings auf. In der Praxis ist der Innenring immer in radialer Richtung flexibel. Deshalb besteht in diesem Fall die Schwingungsmode bei der Erregungsfrequenz ω aus einer Überlagerung der Erweiterungsmode ($k = 0$) und der zylindrischen Mode mit der Vorwärtsbewegung ($k = +1$), vgl. Abb. 9.10.

c) Für $k = \pm 2, \ldots, \pm N$ hat als Beispiel der flexible Innen- bzw. Außenring eine*harmonische k-Mode*, die bei der Erregungsfrequenz ω in radialer Richtung für $k > 0$

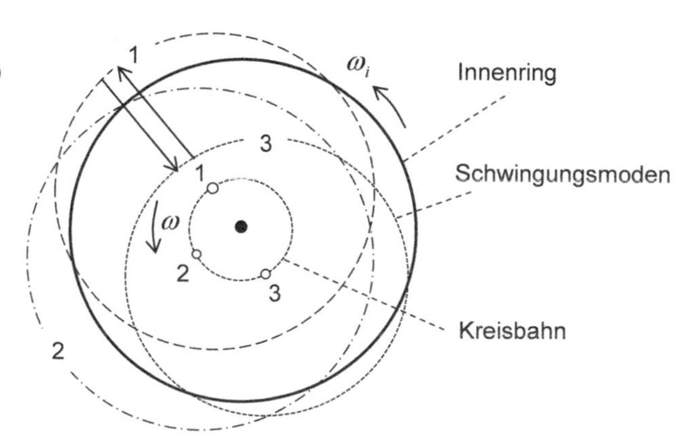

Abb. 9.10 Schwingungsmoden eines flexiblen Innenrings ($k = 0$ und $k = +1$)

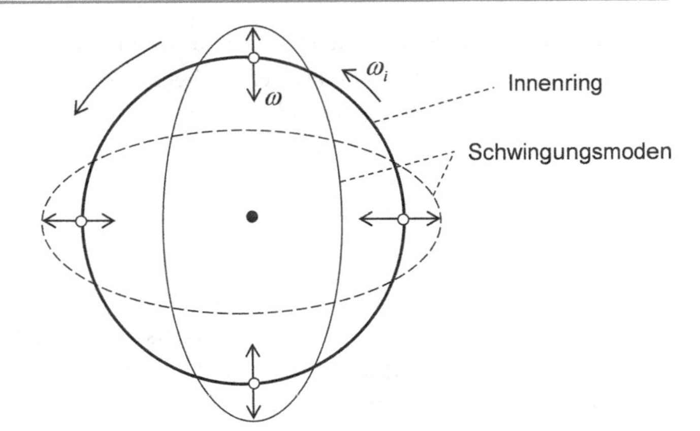

Abb. 9.11 Elliptische Schwingungsmode eines flexiblen Innenrings (k = +2)

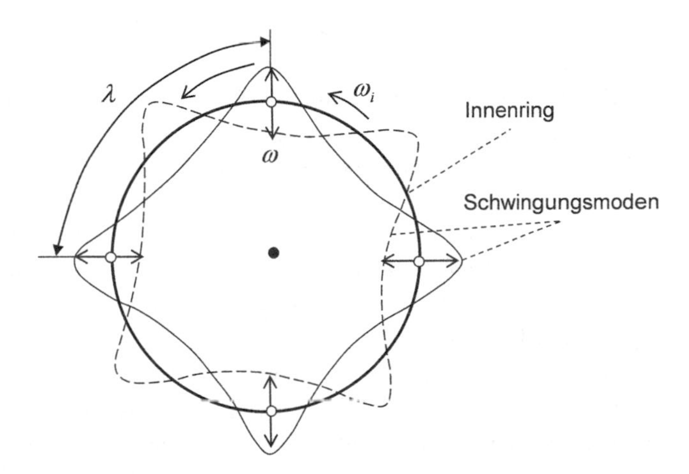

Abb. 9.12 Vierte Schwingungsmode eines flexiblen Innenrings (k = +4)

in einer Vorwärtsbewegung bzw. für $k < 0$ in einer Rückwärtsbewegung schwingt [1]. Im Fall der zweiten Mode (k = 2) wird die Schwingform auch als *elliptische Mode* bezeichnet. Abb. 9.11 und 9.12 stellen die elliptische Schwingungsmode (k = +2) bzw. die vierte Schwingungsmode (k = +4) eines flexiblen Innenrings bei der Erregungsfrequenz ω in radialer Richtung dar.

In Folgenden werden Maßnahmen zur Reduzierung der Schallabstrahlung eines Lagers diskutiert. Die Wellenlänge des emittierten Luftschalls berechnet sich zu

$$\lambda_a = cT = \frac{c}{f}$$
$$\Rightarrow \log_{10} \lambda_a = -\log_{10} f + \log_{10} c, \qquad (9.18)$$

wobei c die Schallgeschwindigkeit in der Umgebungsluft bei 20 °C (d. h. $c \approx$ 340 m/s) und f die hörbare Frequenz der Luftschallschwingung darstellen. Die induzierte Oberflächenwellenlänge λ_r wird als Funktion der Schwingungsmode k und der Oberflächenfrequenz f_s beschrieben, wobei die induzierte Oberflächenwellenlänge mit steigender Oberflächenfrequenz und größerer Schwingungsmode kleiner wird:

$$\lambda_r = F(k, f_s).$$

Ist die induzierte Oberflächenwellenlänge kürzer als die Wellenlänge des emittierten Luftschalls (d. h. $\lambda_r < \lambda_a$), kann aus physikalischen Gründen nicht die gesamte Schalleistung an die Umgebung abgestrahlt werden, sondern nur ein Teil davon [7]. Folglich emittieren Schwingungen mit höheren Schwingungsmoden bei höheren Oberflächenfrequenzen weniger Geräusche an die Umgebung durch Luftschall als Schwingungen mit niedrigen Schwingungsmoden bei niedrigeren Oberflächenfrequenzen bei einer hörbaren Luftschallfrequenz f.

Zur Reduzierung der emittierten Geräusche ist es also erstrebenswert, durch fertigungstechnische und konstruktive Gestaltung der Lagerkomponenten möglichst hohe Schwingungsmoden k und möglichst hohe Oberflächenfrequenzen f_s zu erreichen, sodass $\lambda_r < \lambda_a$ z. B. bei $k > 2$ ist. Die Erfahrung zeigt, dass Schwingungen mit der Pumpmode ($k = 0$), der zylindrischen Mode ($k = +1$) und der elliptischen Mode ($k = +2$) deutlich mehr Luftschall an die Umgebung abstrahlen als Schwingungen mit höheren Schwingungsmoden ($k > 2$). Abb. 9.13 zeigt diese Zusammenhänge zwischen λ und f_s in einer logarithmischen Darstellung.

Die Berechnung der ungedämpften Eigenfrequenzen des Außenrings eines Lagers in radialer Richtung wird normalerweise auf Basis der Schwingungstheorie des Kurzrings durchgeführt. In vereinfachter Form kann die Berechnung nach NSK mithilfe der empirischen Formkonstante K erfolgen:

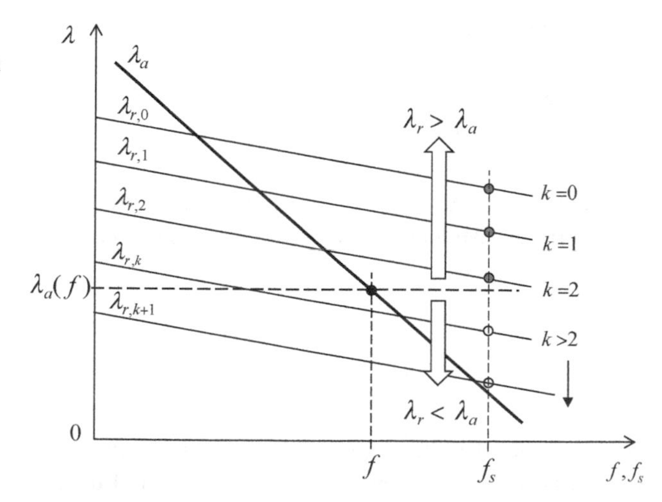

Abb. 9.13 Wellenlängen in Abhängigkeit der Frequenzen in logarithmischem Plot

$$f(kHz) = \frac{941K(D-d)}{[D-K(D-d)]^2} \times \frac{k(k^2-1)}{\sqrt{k^2+1}}, \tag{9.19}$$

wobei

D (mm) den Außendurchmesser des Lagers, d (mm) den Bohrungsdurchmesser und k die Schwingungsmode darstellen. Der Wert der empirischen Formkonstante für den Außenring beträgt $K = 0{,}150$ (ohne Dichtlippennuten) bzw. $K = 0{,}125$ (mit Dichtlippennuten).

Zur Vermeidung von Resonanzerscheinungen im Außenring sollten die Erregungsfrequenzen oberhalb der ungedämpften Eigenfrequenzen liegen.

Abb. 9.14 zeigt den Verlauf der ungedämpften Eigenfrequenz mit und ohne Dichtlippennuten über der Schwingungsmode für den Außenring eines Lagers vom Typ NSK-6305 mit $D = 62$ mm und $d = 25$ mm.

9.4.2 Induzierte Geräusche in Wälzlagern

Üblicherweise wird der Lageraußenring am Lagergehäuse befestigt. Somit ist die äußere Winkelgeschwindigkeit ω_o gleich Null. Neben den Winkelgeschwindigkeiten der Komponenten des Wälzlagers spielen drei weitere Parameter eine wichtige Rolle in Bezug auf die Lagergeräusche: erstens die Schwingungsmode k, die der Wellenzahl für eine wellige

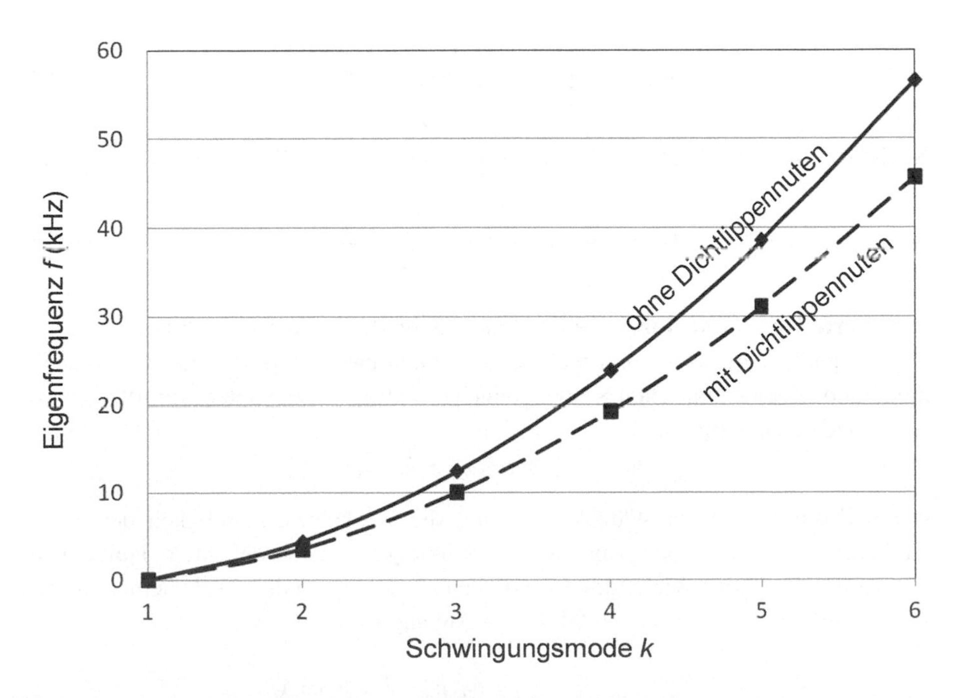

Abb. 9.14 Verläufe der Eigenfrequenz über der Schwingungsmode

Oberfläche entspricht. Zweitens die Frequenzordnung $p = 1, 2, \ldots, n$; $p = 1$ für harmonische Schwingungen ($p = 1$X), $p > 1$ für supersynchrone Schwingungen ($p > 1$X) und $p < 1$ für subsynchrone Schwingungen ($p < 1$X) [1]. Drittens die Anzahl Z der Wälzelemente.

a) Induzierte Geräusche durch wellige Oberfläche der Innenlaufbahn

Die Erregungsfrequenz $\omega_{b,i}$ der welligen Innenlaufbahn wird aus der Frequenzmodulation der harmonischen Schwingungen ($p = 1,2,\ldots,n$) mit den Abrollfrequenzen der Wälzelemente berechnet [6]:

$$\omega_{b,i} = pZ\omega_{ci} \pm k_i\omega_i, \tag{9.20}$$

wobei Z die Anzahl der Wälzelemente, ω_i die Winkelgeschwindigkeit der Innenlaufbahn bzw. des Rotors und k_i die Schwingungsmode der Innenlaufbahn bezeichnen. Die relative Winkelgeschwindigkeit ω_{ci} zwischen dem Wälzelement und der Innenlaufbahn ergibt sich nach Gl. D.6 in Anhang D zu

$$\omega_{ci} = |\omega_i - \omega_c| = \frac{\omega_i}{2}\left(1 + \frac{D_w \cos\alpha}{D_{pw}}\right). \tag{9.21}$$

Durch Einsetzen von Gl. 9.21 in Gl. 9.20 erhält man die Erregungsfrequenz $\omega_{b,i}$ der welligen Innenlaufbahn:

$$\omega_{b,i} = \omega_i\left[\frac{pZ}{2}\left(1 + \frac{D_w \cos\alpha}{D_{pw}}\right) \pm k_i\right]. \tag{9.22}$$

Nach Gl. 9.16b berechnet sich die Frequenzordnung der welligen Innenlaufbahn zu

$$F_{b,i} \equiv \frac{\omega_{b,i}}{\omega_i} = \frac{pZ}{2}\left(1 + \frac{D_w \cos\alpha}{D_{pw}}\right) \pm k_i. \tag{9.23}$$

b) Induzierte Geräusche durch wellige Oberfläche der Außenlaufbahn

Die Erregungsfrequenz $\omega_{b,o}$ der welligen Außenlaufbahn ergibt sich aus der Frequenzmodulation der harmonischen Schwingungen ($p = 1,2,\ldots,n$) mit den Abrollfrequenzen der Wälzelemente [6]:

$$\omega_{b,o} = pZ\omega_{co} \pm k_o\omega_o, \tag{9.24}$$

wobei Z die Anzahl der Wälzelemente, ω_o die Winkelgeschwindigkeit der Außenlaufbahn (meistens $\omega_o = 0$) und k_o die Schwingungsmode der Außenlaufbahn bezeichnen. Die relative Winkelgeschwindigkeit ω_{co} zwischen dem Wälzelement und der Außenlaufbahn ergibt sich nach Gl. D.7 in Anhang D zu

$$\omega_{co} = |\omega_o - \omega_c| = \frac{\omega_i}{2}\left(1 - \frac{D_w \cos\alpha}{D_{pw}}\right). \tag{9.25}$$

Durch Einsetzen von Gl. 9.25 in Gl. 9.24 erhält man die Erregungsfrequenz $\omega_{b,o}$ der welligen Außenlaufbahn:

$$\omega_{b,o} = \frac{pZ\omega_i}{2}\left(1 - \frac{D_w \cos\alpha}{D_{pw}}\right). \tag{9.26}$$

Nach Gl. 9.16b berechnet sich die Frequenzordnung der welligen Außenlaufbahn zu

$$F_{b,o} \equiv \frac{\omega_{b,o}}{\omega_i} = \frac{pZ}{2}\left(1 - \frac{D_w \cos\alpha}{D_{pw}}\right). \tag{9.27}$$

c) Induzierte Geräusche durch wellige Oberflächen der Wälzelemente

Schwingungen der welligen Wälzelemente mit *ungeraden* Schwingungsmoden treten in Wälzlagern nicht auf, da die Schwingungsamplitude an einer Stelle auf den Laufbahnen durch die Schwingungsamplitude an der gegenüberliegenden Stelle aufgehoben wird. Allerdings treten im Lager Schwingungen mit *geraden* Schwingungsmoden $2p$ auf.

Die Erregungsfrequenz ω_{re} der welligen Wälzelemente wird mit den Abrollfrequenzen der Wälzelemente ω_b und des Lagerkäfigs ω_c moduliert [6]:

$$\begin{aligned} &\omega_{re} = 2pZ\omega_b \pm k\omega_c; \\ &k \neq pZ \pm 1. \end{aligned} \tag{9.28}$$

Die Winkelgeschwindigkeit des Wälzelements ω_b und die Käfigdrehzahl ω_c berechnen sich für $\omega_o = 0$ nach Gl. D.10 bzw. D.4 in Anhang D zu

$$\begin{aligned} \omega_b &= \frac{\omega_i D_{pw}}{2D_w}\left(1 - \left(\frac{D_w \cos\alpha}{D_{pw}}\right)^2\right), \\ \omega_c &= \frac{\omega_i}{2}\left(1 - \frac{D_w \cos\alpha}{D_{pw}}\right). \end{aligned} \tag{9.29}$$

Durch Einsetzen von Gl. 9.29 in Gl. 9.28 erhält man die Erregungsfrequenz ω_{re} der welligen Wälzelemente:

$$\omega_{re} = \omega_i \left[\frac{pZD_{pw}}{D_w}\left(1 + \frac{D_w \cos\alpha}{D_{pw}}\right) \pm \frac{k}{2}\right] \cdot \left(1 - \frac{D_w \cos\alpha}{D_{pw}}\right). \tag{9.30}$$

Nach Gl. 9.16b wird die Frequenzordnung der welligen Wälzelemente berechnet zu

$$F_{re} \equiv \frac{\omega_{re}}{\omega_i} = \left[\frac{pZD_{pw}}{D_w}\left(1 + \frac{D_w \cos\alpha}{D_{pw}}\right) \pm \frac{k}{2}\right] \cdot \left(1 - \frac{D_w \cos\alpha}{D_{pw}}\right). \tag{9.31}$$

d) Induzierte Geräusche durch abweichende Wälzelementdurchmesser

Die Erregungsfrequenz ω_{dev} durch die Durchmesserabweichung der Wälzelemente ergibt sich aus der Abrollfrequenz des Lagerkäfigs ω_c [6]:

$$\omega_{dev} = k\omega_c; \quad k \neq pZ \pm 1. \tag{9.32}$$

Aus Gl. 9.29 und 9.32 ergibt sich die Erregungsfrequenz ω_{dev} zu

$$\omega_{dev} = \frac{k\omega_i}{2}\left(1 - \frac{D_w \cos\alpha}{D_{pw}}\right). \tag{9.33}$$

Aus Gl. 9.33 berechnet sich die Frequenzordnung der Schwingungen aufgrund der Durchmesserabweichung der Wälzelemente zu

$$F_{dev} \equiv \frac{\omega_{dev}}{\omega_i} = \frac{k}{2}\left(1 - \frac{D_w \cos\alpha}{D_{pw}}\right). \tag{9.34}$$

e) Induzierte Geräusche durch Planlauftoleranz des Lagerkäfigs

Die Erregungsfrequenz $\omega_{ro,c}$ der *Planlauftoleranz* des Lagerkäfigs wird aus dessen Abrollfrequenz ω_c berechnet [6]:

$$\omega_{ro,c} = pZ\omega_c \pm k_c\omega_c = (pZ \pm k_c)\omega_c, \tag{9.35}$$

wobei k_c die Schwingungsmode des Lagerkäfigs bezeichnet.

Aus Gl. 9.29 und 9.35 ergibt sich die Erregungsfrequenz $\omega_{ro,c}$ zu

$$\omega_{ro,c} = \omega_i\left(\frac{pZ \pm k_c}{2}\right) \cdot \left(1 - \frac{D_w \cos\alpha}{D_{pw}}\right). \tag{9.36}$$

Die Frequenzordnung der Schwingungen aufgrund der Planlauftoleranz des Lagerkäfigs wird aus Gl. 9.36 berechnet zu

$$F_{ro,c} \equiv \frac{\omega_{ro,c}}{\omega_i} = \left(\frac{pZ \pm k_c}{2}\right) \cdot \left(1 - \frac{D_w \cos\alpha}{D_{pw}}\right). \tag{9.37}$$

9.4.3 Induzierte Geräusche durch Lagerdefekte

Defekte an der Innenlaufbahn, der Außenlaufbahn, dem Lagerkäfig und den Wälzelementen induzieren asynchrone Schwingungen in den Lagerkomponenten mit höheren Frequenzordnungen und *Seitenbandfrequenzen* durch Frequenzmodulationen [1, 2]. Die induzierten Frequenzen aufgrund solcher Lagerdefekte lassen sich aus der Lagergeometrie, der Anzahl der Wälzelemente und der Rotordrehzahl nach [1, 2] berechnen.

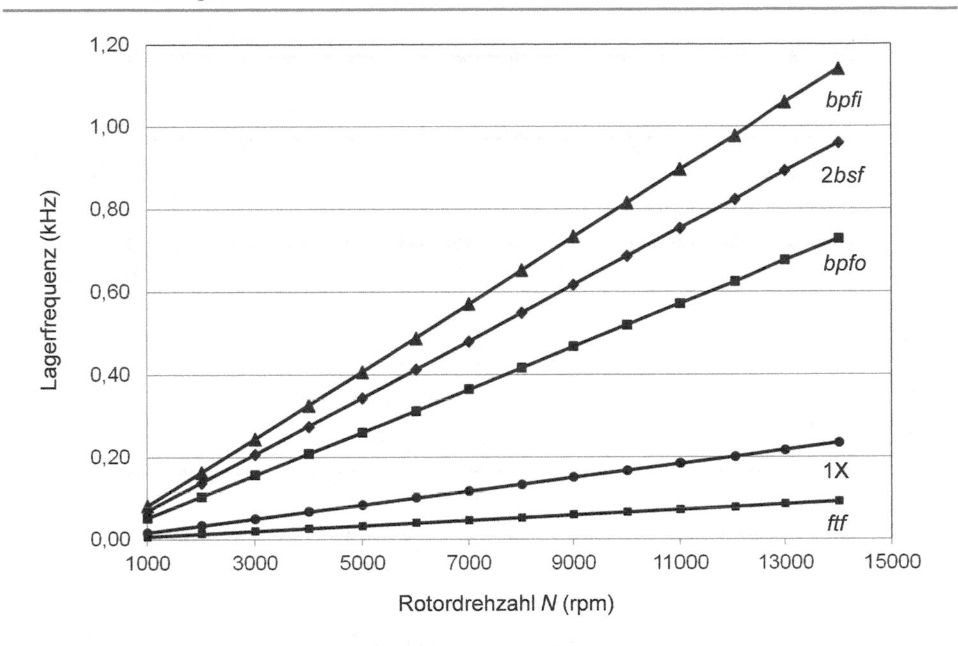

Abb. 9.15 Frequenzen wegen Lagerdefekten in Abhängigkeit der Rotordrehzahl

Exemplarisch sind in Abb. 9.15 und 9.16 die derart berechneten Frequenzen aufgrund von Lagerdefekten für ein Rillenkugellager vom Typ 6305 mit $Z = 8$ Kugeln, einem Kugeldurchmesser von $D_w = 10{,}32$ mm, einem Teilkreisdurchmesser von $D_{pw} = 44{,}6$ mm für einen Betriebsdruckwinkel von $\alpha = 17{,}42°$ dargestellt. Die Ergebnisse zeigen, dass die Frequenzen *bpfi*, *2bsf* und *bpfo* supersynchronen Schwingungen ($f > 1X$) und die Frequenz*ftf* einer subsynchronen Schwingung ($f < 1X$) entsprechen.

a) **Grundschleppfrequenz ftf (fundamental train frequency)**
Die Grundschleppfrequenz wird durch einen Defekt des Lagerkäfigs hervorgerufen. Die Grundschleppfrequenz *ftf* wird in Abhängigkeit der Rotordrehzahl *N* (U/min) u. a. berechnet zu

$$ftf = \frac{N}{120} \times \left(1 - \frac{D_w \cos\alpha}{D_{pw}}\right). \tag{9.38}$$

b) **Innere Überrollfrequenz der defekten Innenlaufbahn bpfi (ball passing frequency over defective inner race)**
Die innere Überrollfrequenz tritt auf, wenn die Wälzelemente auf einer defekten Innenlaufbahn abrollen. Die innere Überrollfrequenz *bpfi* berechnet sich zu

$$bpfi = \frac{ZN}{120} \times \left(1 + \frac{D_w \cos\alpha}{D_{pw}}\right). \tag{9.39}$$

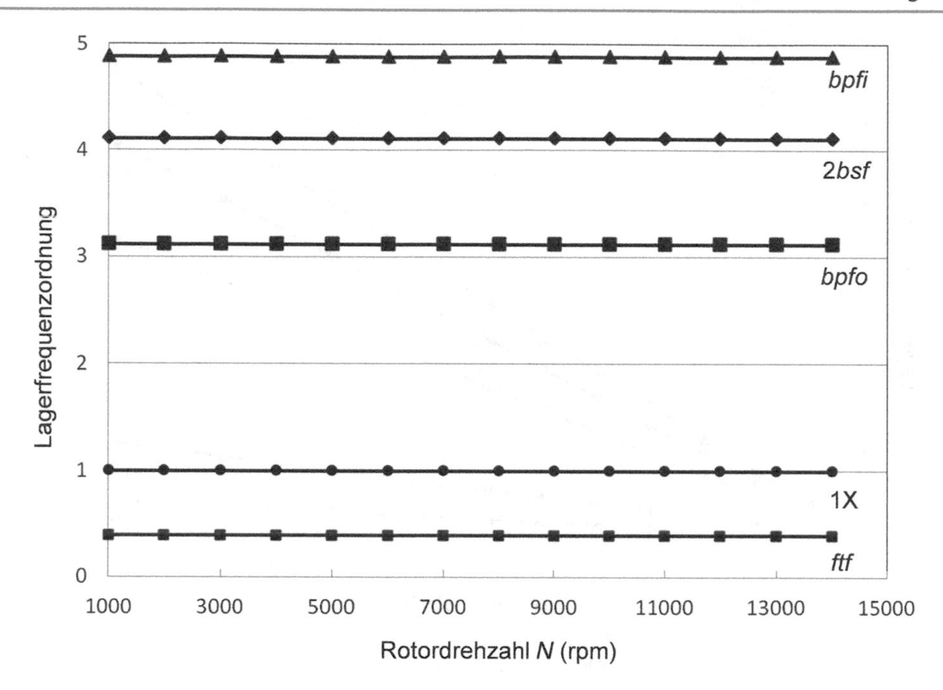

Abb. 9.16 Frequenzordnungen wegen Lagerdefekten in Abhängigkeit der Rotordrehzahl

c) **Äußere Überrollfrequenz der defekten Außenlaufbahn bpfo (ball passing frequency over defective outer race)**
Die äußere Überrollfrequenz tritt auf, wenn die Wälzelemente auf einer defekten Außenlaufbahn abrollen. Die äußere Überrollfrequenz *bpfo* berechnet sich zu

$$bpfo = \frac{ZN}{120} \times \left(1 - \frac{D_w \cos\alpha}{D_{pw}}\right), \tag{9.40}$$

wobei Z die Anzahl der Wälzelemente bezeichnet.

d) **Spinfrequenz bsf (ball spin frequency)**
Während die Spinfrequenz durch das Abrollen von defekten Wälzelementen auf der inneren und äußeren Laufbahn bei Kugellagern hervorgerufen wird, tritt meistens bei Zylinderrollenlagern die Zweifachspinfrequenz auf. Die Spinfrequenz *bsf* und Zweifachspinfrequenz $2bsf$ in Wälzlagern berechnen sich zu

$$\begin{aligned} bsf &= \frac{N}{120} \times \left(\frac{D_{pw}}{D_w}\right) \times \left[1 - \left(\frac{D_w \cos\alpha}{D_{pw}}\right)^2\right]; \\ 2bsf &= \frac{N}{60} \times \left(\frac{D_{pw}}{D_w}\right) \times \left[1 - \left(\frac{D_w \cos\alpha}{D_{pw}}\right)^2\right]. \end{aligned} \tag{9.41}$$

e) **Abschürfungsgeräusche (False-Brinelling-Geräusche)**
Abschürfungsgeräusche werden durch die Riffelbildung (false brinelling) zwischen den Wälzelementen und Laufbahnen induziert, vgl. Kap. 8. Die Frequenz und Amplitude der Abschürfungsgeräusche sind von den Riffelstrukturen bzw. Riffeltiefen abhängig.

Zur Vermeidung der Abschürfungsgeräusche bei Wälzlagern wird ein Federring (wave washer) auf den Außenring des Loslagers in axialer Richtung eingebaut. Der Federring ist mit einer nach Gl. 8.10 berechneten axialen Vorspannkraft auszulegen, um axiale Mikroschwingungen in den Los- und Festlagern und damit die Hauptursache für die Riffelbildung auf den Lageroberflächen und die hieraus resultierenden Geräusche zu beseitigen.

9.5 Körperschall und Luftschall in Wälzlagern

Körperschall (structure-borne noise) wird durch Schwingungen an den Kontaktstellen zwischen den Wälzelementen und Laufbahnen induziert und vom Entstehungsort in den Festkörperstrukturen bis zur Grenzoberfläche an der Umgebung übertragen [8]. Der Körperschall wird dann an diesen Grenzflächen über die innere und äußere Laufbahn, die Rotorwelle oder das Lagergehäuse durch Luftschall an die Umgebung abgestrahlt.

Die Umwandlung von Körperschall in Luftschall geschieht durch die Schwingungsgeschwindigkeit der Oberfläche in normaler Richtung der Oberflächen, die sog. *Oberflächenschnelle*. Die Oberflächenschnelle verursacht in unmittelbarer Nähe der Grenzoberfläche kleine lokale Druckschwankungen (perturbed noise pressure) in der Luft. Diese Druckschwankungen pflanzen sich als quasi-längslaufende Wellen in der Umgebungsluft als *Luftschall* (air-borne noise) fort, der für das menschliche Ohr als Geräusche wahrzunehmen ist [2]. Die Lautstärke des Luftschalls in Dezibel (dB) ist definiert als [2]

$$L_p\,[dB] = 10\log_{10}\left(\frac{p'_{rms}}{p_{ref}}\right)^2 = 20\log_{10}\left(\frac{p'_{rms}}{p_{ref}}\right), \tag{9.42}$$

wobei der Referenzgeräuschdruck p_{ref} üblicherweise gewählt wird:

$$p_{ref} = 2\times 10^{-5}\,\frac{N}{m^2}. \tag{9.43}$$

Der quadratische Mittelwert (rms-Wert) der Druckschwankungen berechnet sich nach [2] zu

$$p'_{rms} = \sqrt{\frac{1}{T}\int_0^T p'^2(t)dt}. \tag{9.44}$$

Es sei angenommen, dass der quadratische Mittelwert des Geräuschdrucks p'_{rms} = 20 N/m^2 beträgt. Nach Gl. 9.42 und 9.43 berechnet sich dann das Dezibelniveau des Luftschalls zu

$$L_p\,[dB] = 20\log_{10}\left(\frac{p'_{rms}}{p_{ref}}\right) = 20\log_{10}\left(\frac{20}{2\times 10^{-5}}\right) \approx 120\,dB.$$

Nach der Norm DIN EN ISO 1683 (09/2015) wird anhand der mittleren Oberflächenschnelle v das Dezibelniveau des Körperschalls definiert als

$$L_v\,[dB] = 10\log_{10}\left(\frac{v}{v_{ref}}\right)^2 = 20\log_{10}\left(\frac{v}{v_{ref}}\right), \tag{9.45}$$

wobei die Referenzgeschwindigkeit v_{ref} üblicherweise gewählt wird (vgl. Gl. 9.48):

$$v_{ref} = 5\times 10^{-8}\,\tfrac{m}{s}. \tag{9.46}$$

Die Beziehung zwischen der Druckschwankung p' und der Oberflächenschnelle v wird in [2] formuliert als

$$p' = \rho_0 c v, \tag{9.47}$$

wobei ρ_0 die Luftdichte bei Umgebungsbedingungen mit $p_0 = 10^5$ N/m^2 und $T_0 = 20\,°C$ und c die Schallgeschwindigkeit ebenfalls bei Umgebungsbedingungen darstellen.

Mithilfe der Gl. 9.43 und 9.47 ergibt sich aus dem Wert $\rho_0 c \approx 415$ kg/(m^{2}s) die Referenzgeschwindigkeit zu

$$v_{ref} = \frac{p_{ref}}{\rho_0 c} = \frac{2\times 10^{-5}\,\frac{N}{m^2}}{415\,\frac{kg}{m^2 s}} \approx 5\times 10^{-8}\,\tfrac{m}{s}. \tag{9.48}$$

Es sei angenommen, dass die mittlere Oberflächenschnelle v = 0,05 m/s beträgt. Aus Gl. 9.45 und 9.46 ergibt sich dann das Dezibelniveau des Körperschalls zu

$$L_v\,[dB] = 20\log_{10}\left(\frac{v}{v_{ref}}\right) = 20\log_{10}\left(\frac{0{,}05}{5\times 10^{-8}}\right) \approx 120\,dB.$$

Literatur

1. Nguyen-Schäfer, H.: Rotordynamics of Automotive Turbochargers, 2. Aufl. Springer, Switzerland (2015)
2. Nguyen-Schäfer, H.: Aero and Vibroacoustics of Automotive Turbochargers. Springer, Berlin-Heidelberg (2013)

3. Gieras, J., Wang, C., Lai, J.: Noise of Polyphase Electric Motors. Marcel Dekkel Inc., Boca Raton (2005)
4. Albert, M., Köttritsch, H.: Wälzlager – Theorie und Praxis (in German). Springer-Verlag, Wien (1987)
5. Brändlein, E., Hasbargen, W.: Die Wälzlagerpraxis (in German) 3. Aufl. Vereinigte Fachverlage, Mainz (2009)
6. Wensing, J.A.: On the Dynamics of Ball Bearings – Ph.D. Thesis. University of Twente. Enschede, The Netherlands (1998)
7. Pflüger, M.E.A.: Fahrzeugakustik (in German). Springer, Wien (2010)
8. Fahy, F.: Foundations of Engineering Acoustics. Elsevier, U.K (2007)

Anhang A: Dichtefunktion und Kumulative Funktion der Gaußschen Verteilung

Die Dichtefunktion $p(z)$ der Gaußschen Verteilung (Normalverteilung) ist definiert als

$$p(z) = \frac{1}{\sigma\sqrt{2\pi}} \exp\left[-\frac{1}{2}\left(\frac{z-\bar{z}}{\sigma}\right)^2\right], \quad \text{(A.1)}$$

wobei $\bar{z}$ den arithmetischen Mittelwert und σ die Standardabweichung der Testproben darstellen.

Die Standardabweichung σ der Normalverteilung wird mit den gemessenen Werten z_i der Testproben berechnet zu

$$\sigma = \sqrt{\frac{1}{(N-1)} \sum_{i=1}^{N} (z_i - \bar{z})^2}, \quad \text{(A.2)}$$

wobei der arithmetische Mittelwert berechnet wird als

$$\bar{z} = \frac{1}{N} \sum_{i=1}^{N} z_i. \quad \text{(A.3)}$$

Die Dichtefunktion der Normalverteilung wird als die *Gaußsche Dichtefunktion* bezeichnet. Sie hat den bekannten glockenförmigen Verlauf, vgl. Abb. A.1. Durch Integrieren der Dichtefunktion $p(z)$ von $-\infty$ bis ζ erhält man die kumulative Verteilungsfunktion $P(\zeta)$. Daher ist die kumulative Verteilungsfunktion $P(\zeta)$ mit $z \leq \zeta$ als schraffierte Fläche unter der Dichtefunktionskurve $p(z)$ von $-\infty$ bis ζ in Abb. A.1 dargestellt:

$$P(\zeta) = \int_{-\infty}^{\zeta} p(z)dz = \frac{1}{\sigma\sqrt{2\pi}} \int_{-\infty}^{\zeta} \exp\left[-\frac{1}{2}\left(\frac{z-\bar{z}}{\sigma}\right)^2\right]dz. \quad \text{(A.4)}$$

H. Nguyen-Schäfer, *Numerische Auslegung von Wälzlagern*,
DOI 10.1007/978-3-662-54989-6

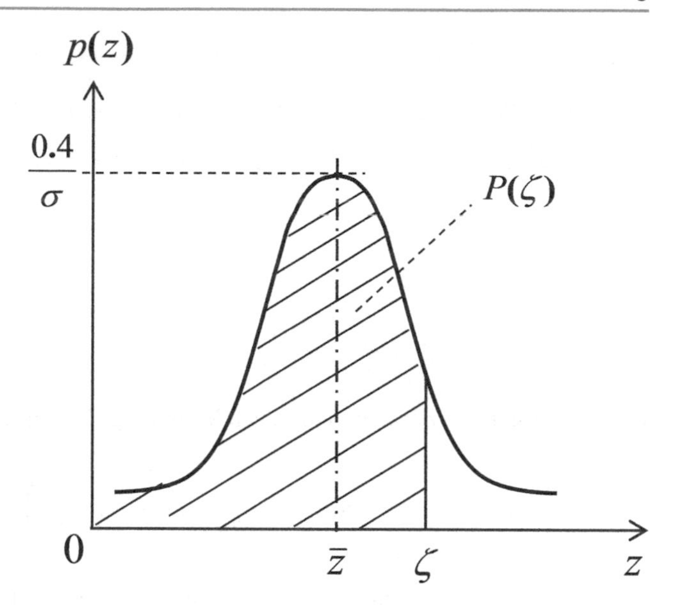

Abb. A.1 Dichtefunktion $p(z)$ und ihre Verteilungsfunktion $P(\zeta)$

Durch Substitution der dimensionslosen Variable

$$c \equiv \frac{z - \bar{z}}{\sigma} \tag{A.5}$$

in Gl. A.1 lässt sich die Gaußsche Dichtefunktion $p(z)$ in die normierte Dichtefunktion $p(c)$ transformieren, vgl. Abb. A.2:

$$p(c) = \frac{1}{\sqrt{2\pi}} \exp\left[-\frac{c^2}{2}\right]. \tag{A.6}$$

Die transformierte normierte kumulative Verteilungsfunktion $P(c)$ wird aus Gl. A.6 in der neuen Variable c formuliert als

$$P(c) = \frac{1}{\sqrt{2\pi}} \int_{-\infty}^{c} \exp\left[-\frac{c^2}{2}\right] dc. \tag{A.7}$$

Die normierte kumulative Verteilungsfunktion $P(-\delta \le c \le +\delta)$ beschreibt die Auftrittswahrscheinlichkeit einer Probe, die zwischen den Werten $c = -\delta$ und $c = +\delta$ liegt, wie in Abb. A.2 dargestellt:

$$P(-\delta \le c \le +\delta) = \frac{1}{\sqrt{2\pi}} \int_{-\delta}^{+\delta} \exp\left[-\frac{c^2}{2}\right] dc. \tag{A.8}$$

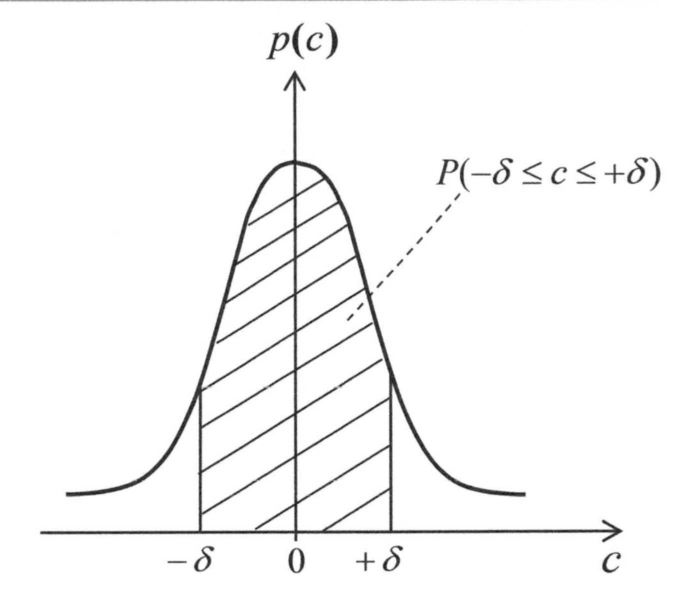

Abb. A.2 Normierte Dichtefunktion $p(c)$ und ihre Verteilungsfunktion $P(c)$

Nach Gl. A.8 ergeben sich die Auftrittswahrscheinlichkeiten einer Probe bei verschiedenen Grenzbereichen zu

$$\begin{aligned} P(-1 \leq c \leq +1) &= 68,30\% \\ P(-2 \leq c \leq +2) &= 95,40\% \\ P(-3 \leq c \leq +3) &= 99,70\% \\ P(-4 \leq c \leq +4) &= 99,99\%. \end{aligned} \tag{A.9}$$

Diese Ergebnisse zeigen, dass die Fertigungstoleranz z. B. bei einer Genauigkeit von $\pm 3\sigma$ (d. h. c = ± 3) eine Zuverlässigkeit von 99,7% erreicht.

Anhang B: Maximum-Likelihood-Methode

Zur Abschätzung der Form- und Skalaparameter β bzw. η der 2-Parameter-Weibull-Verteilung wird die *Maximum-Likelihood-Methode* verwendet, die auf der Auswertung einer großen Datenmenge von mehreren wiederholten Versuchen basiert.

Die *Likelihood-Funktion* L_f der Weibull-Verteilung ist definiert als

$$L_f(r,n) = \prod_{i=1}^{r} f(t_i) \cdot \prod_{j=r+1}^{n} S(t_j), \tag{B.1}$$

wobei

r die Anzahl von Ausfallproben aus n Testproben während des Tests ($1 \leq r \leq n$),
t die Testzeit,
$f(t)$ die Dichtefunktion und
$S(t)$ die Zuverlässigkeitsfunktion darstellen.

Durch Logarithmieren mit dem natürlichen Logarithmus lässt sich die Likelihood-Funktion L_f nach Gl. B.1 in eine Summe umschreiben:

$$\ln L_f(r,n) = \sum_{i=1}^{r} \ln f(t_i) + \sum_{j=r+1}^{n} \ln S(t_j). \tag{B.2}$$

Durch Einsetzen von $f(t)$ und $S(t)$ in Gl. B.2 wird schließlich die Likelihood-Funktion der Weibull-Verteilung berechnet zu

$$\ln L_f(r,n) = r(\ln\beta - \beta\ln\eta) + (\beta - 1)\sum_{i=1}^{r} \ln t_i - \sum_{i=1}^{n} \left(\frac{t_i}{\eta}\right)^{\beta}. \tag{B.3}$$

Die möglichst besten Schätzwerte für die Parameter β und η sind zu ermitteln, wenn die Extremwerte der Likelihood-Funktion nach den entsprechenden Parametern maximiert

H. Nguyen-Schäfer, *Numerische Auslegung von Wälzlagern*,
DOI 10.1007/978-3-662-54989-6

werden. Somit ergeben sich zwei notwendige Bedingungen für die Parameter β und η zu

$$\frac{\partial L_f(r,n)}{\partial \eta} = 0 \tag{B.4}$$

$$\frac{\partial L_f(r,n)}{\partial \beta} = 0. \tag{B.5}$$

Durch partielles Ableiten der Likelihood-Funktion L_f aus Gl. B.3 nach dem Parameter η ergibt sich für die Gleichung der ersten Bedingung Gl. B.4 zu

$$\begin{aligned}\frac{\partial \ln L_f}{\partial \eta} &= \frac{1}{L_f}\cdot\frac{\partial L_f}{\partial \eta} = -r\cdot\frac{\beta}{\eta} + \frac{\beta}{\eta}\cdot\sum_{i=1}^{n}\left(\frac{t_i}{\eta}\right)^{\beta-1}\cdot\frac{t_i}{\eta}\\ &= \frac{\beta}{\eta}\left[-r + \sum_{i=1}^{n}\left(\frac{t_i}{\eta}\right)^{\beta}\right] = 0.\end{aligned}$$

Für $\beta \neq 0$ und $\eta \neq 0$ erhält man die Anzahl von Ausfallproben

$$r = \sum_{i=1}^{n}\left(\frac{t_i}{\eta}\right)^{\beta}. \tag{B.6}$$

Analog ergibt sich aus der zweiten Bedingung Gl. B.5 die Gleichung des Formparameters β zu

$$\frac{\partial \ln L_f}{\partial \beta} = \frac{1}{L_f}\frac{\partial L_f}{\partial \beta} = r\left(\frac{1}{\beta} - \ln\eta\right) + \sum_{i=1}^{r}\ln t_i - \sum_{i=1}^{n}\left(\frac{t_i}{\eta}\right)^{\beta}\ln\left(\frac{t_i}{\eta}\right) = 0.$$

Nach einigen logarithmischen Berechnungen erhält man die nichtlineare Gleichung des Formparameters β (Weibull-Steigung):

$$\begin{aligned}\frac{1}{\beta} &= \ln\eta - \frac{\sum_{i=1}^{r}\ln t_i}{r} + \frac{\sum_{i=1}^{n}\left(\frac{t_i}{\eta}\right)^{\beta}\ln\left(\frac{t_i}{\eta}\right)}{\sum_{i=1}^{n}\left(\frac{t_i}{\eta}\right)^{\beta}}\\ &= \ln\eta - \frac{\sum_{i=1}^{r}\ln t_i}{r} + \frac{\sum_{i=1}^{n}(t_i)^{\beta}\ln t_i}{\sum_{i=1}^{n}(t_i)^{\beta}} - \frac{\ln\eta\sum_{i=1}^{n}(t_i)^{\beta}}{\sum_{i=1}^{n}(t_i)^{\beta}}\\ &= -\frac{\sum_{i=1}^{r}\ln t_i}{r} + \frac{\sum_{i=1}^{n}(t_i)^{\beta}\ln t_i}{\sum_{i=1}^{n}(t_i)^{\beta}}.\end{aligned}$$

Daraus ergibt sich die Gleichung des Schätzwerts β^* für den Formparameter zu

$$\frac{\sum_{i=1}^{r} \ln t_i}{r} - \frac{\sum_{i=1}^{n} (t_i)^{\beta^*} \cdot \ln t_i}{\sum_{i=1}^{n} (t_i)^{\beta^*}} + \frac{1}{\beta^*} \approx 0. \tag{B.7}$$

Den Schätzwert β^* für den Formparameter erhält man durch iteratives Lösen der Gl. B.7, z. B. mittels des Newton-Raphson-Verfahrens.

Setzt man den berechneten Schätzwert β^* in Gl. B.6 ein, lässt sich der Schätzwert η^* für den Skalaparameter berechnen:

$$r = \sum_{i=1}^{n} \left(\frac{t_i}{\eta^*} \right)^{\beta*} = \frac{1}{(\eta^*)^{\beta*}} \sum_{i=1}^{n} (t_i)^{\beta*}$$

$$\Rightarrow \eta^* = \left(\frac{1}{r} \sum_{i=1}^{n} (t_i)^{\beta*} \right)^{1/\beta*}, \tag{B.8}$$

wobei r die Anzahl der bekannten Ausfallproben aus n Testproben während des Tests darstellt.

Anhang C: Die Simpsonsche Regel

Die Simpsonsche Regel wird zur numerischen Berechnung des Integrals einer differenzierbaren und kontinuierlichen Funktion $f(x)$ von a nach $b > a$ verwendet, vgl. Abb. C.1.

Das Integrationsintervall $(b - a)$ wird in $2n$-Intervalle aufgeteilt, deren äquidistanter Abstand h beträgt:

$$h = \frac{|x_{2n} - x_0|}{2n} = \frac{|b - a|}{2n}. \tag{C.1}$$

Anhand der Simpsonschen Regel wird das Integral der Funktion $f(x)$ von a nach b numerisch berechnet:

$$\begin{aligned} A &= \int_a^b f(x)dx \\ &\approx \frac{h}{3}\left[f(x_0) + 2\sum_{i=1}^{n-1} f(x_{2i}) + 4\sum_{i=1}^{n} f(x_{2i-1}) + f(x_{2n})\right] \\ &= \frac{h}{3}\left[f(a) + 2I_{gerade} + 4I_{ungerade} + f(b)\right]. \end{aligned} \tag{C.2}$$

Das sog. gerade Integral I_{gerade} von $f(x)$ ist definiert als

$$I_{gerade} \equiv \sum_{i=1}^{n-1} f(x_{2i}) = f(x_2) + f(x_4) + \cdots + f(x_{2n-2}). \tag{C.3}$$

Das sog. ungerade Integral $I_{ungerade}$ von $f(x)$ ist definiert als

$$I_{ungerade} \equiv \sum_{i=1}^{n} f(x_{2i-1}) = f(x_1) + f(x_3) + \cdots + f(x_{2n-1}). \tag{C.4}$$

H. Nguyen-Schäfer, *Numerische Auslegung von Wälzlagern*,
DOI 10.1007/978-3-662-54989-6

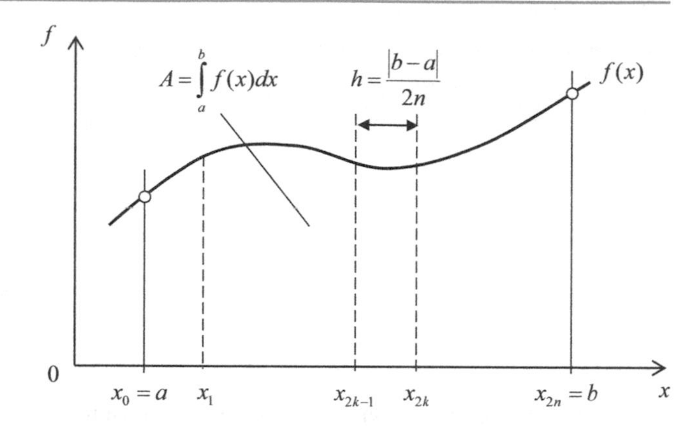

Abb. C.1 Integral einer Funktion $f(x)$ von a nach b

Der absolute Rechenfehler des Flächenintegrals anhand der Simpsonschen Regel ist proportional zu h^4:

$$\|\delta A\| = \frac{h^4}{180}\|b-a\| \cdot \max \left\|f^{(4)}(\xi)\right\| \propto h^4 << 1; \xi \in [a,b], \tag{C.5}$$

wobei $f^{(4)}$ die Ableitung vierter Ordnung von $f(x)$ nach x bezeichnet.

Die Gl. C.5 zeigt, dass der Rechenfehler vernachlässigbar klein ist, wenn der äquivalente Abstand h sehr klein oder die Anzahl der Stützpunkte zwischen a und b groß genug ist.

Im Folgenden wird die Simpsonsche Regel zur numerischen Berechnung der verwendeten Integrale benutzt.

Das elliptische Integral erster Art ist mit der Elliptizitätsratio t formuliert als

$$K(t) = \int_0^{\pi/2} \frac{dx}{\sqrt{1-(1-t^2)\sin^2 x}}. \tag{C.6}$$

Das elliptische Integral zweiter Art ist mit der Elliptizitätsratio t formuliert als

$$E(t) = \int_0^{\pi/2} \sqrt{1-(1-t^2)\sin^2 x}dx. \tag{C.7}$$

Beide elliptischen Integrale $K(t)$ und $E(t)$ werden mithilfe des Programms **Simpson_KE** numerisch berechnet, dessen MATLAB-Code im Folgenden aufgeführt ist.

```
%=================================================================
%   Simpson's Rule: Computing Elliptic Integrals K(t)and E(t)
%   Book: Computational Design of Rolling Bearings
%   by Hung Nguyen-Schäfer
%=================================================================
```

```
function Simpson_KE
clear all;
fid1 = fopen ('Simpson_KE_Output.mat','w');
% Data Input:
 a = 0;% x(0) = a
 b = pi/2.;% x(2*Nint) = b
 t = 0.3;% elliptic ratio t <= 1
 Nint = 10;% 2*Nint intervals between a and b
%==========================================================
fprintf (fid1,'Simpson Rule to compute elliptic integrals\n');
fprintf (fid1,'Book: Computational Design of Rolling Bearings\n');
fprintf (fid1,'by Hung Nguyen-Schäfer\n');
fprintf (fid1,'\n');
%-----------------------------------------------------------------------
%     Computing Integral using the Simpson's Rule
%-----------------------------------------------------------------------
array_y = 1:1:2*Nint+1;
array_x = 1:1:2*Nint;
y_array = zeros(size(array_y));% generating zero vector
x_array = zeros(size(array_x));% generating zero vector
y = y_array;
x = x_array;
% Interval length
h = (b - a)/(2.*Nint);
%
for i = 1:1:2*Nint+1
 y(i) = a +(i-1)*h;
end
%
[Kt, Et] = Elliptic_KE(y(1),t);
Kt_a = Kt;
Et_a = Et;
%
[Kt, Et] = Elliptic_KE(y(2*Nint+1),t);
Kt_b = Kt;
Et_b = Et;
%
for i = 2:1:2*Nint
 x(i-1) = y(i);
end
K_even = 0.;
E_even = 0.;
for i = 1:1:Nint-1
 [Kt, Et] = Elliptic_KE(x(2*i),t);
 K_even = K_even + Kt;
 E_even = E_even + Et;
end
K_odd = 0.;
E_odd = 0.;
for i = 1:1:Nint
 [Kt, Et] = Elliptic_KE(x(2*i-1),t);
 K_odd = K_odd + Kt;
 E_odd = E_odd + Et;
end
```

```
% Computing integral of function f(x) with x from a to b
K_ab = h/3.*(Kt_a + 2.*K_even + 4.*K_odd + Kt_b);
E_ab = h/3.*(Et_a + 2.*E_even + 4.*E_odd + Et_b);
% Printing
fprintf (fid1,'DATA INPUT: \n');
fprintf (fid1,'Number of intervals 2n =%3.0f \n', 2*Nint);
fprintf (fid1,'x(0) =%5.2f \n', a);
fprintf (fid1,'x(2n) =%5.2f \n', b);
fprintf (fid1,'Elliptic ratio t =%5.2f \n', t);
fprintf (fid1,'\n');
fprintf (fid1,'RESULTS: \n');
fprintf (fid1,'Interval length h =%5.3f \n', h);
fprintf (fid1,'Elliptic Integral K(t) =%5.3f \n', K_ab);
fprintf (fid1,'Elliptic Integral E(t) =%5.3f \n', E_ab);
return
end
% ----------------------------------------------------------------------
        function [Kt, Et] = Elliptic_KE(x,t)
% ----------------------------------------------------------------------
% Elliptic function of first kind K(t)
Kt = (1. - (1. - t^2)*sin(x)^2.)^-0.5;
% Elliptic function of second kind E(t)
Et = (1. - (1.- t^2)*sin(x)^2.)^0.5;
return
end
```

Ergebnisse anhand der Simpsonschen Regel

Eingaben:

Anzahl der Integrationsintervalle 2n = 20
x(0) = 0,00
x(2n) = π/2
Elliptizitätsratio t = 0,30

Rechenergebnisse:

Intervall-Abstand h = 0,079
Elliptisches Integral K(t) = 2,628
Elliptisches Integral E(t) = 1,096.

Die Rechenergebnisse für $0 \leq t \leq 1$ stimmen mit den Ergebnissen der MATLAB-Funktionen ellipticK und ellipticE exakt überein, vgl. Abb. 3.3 und 3.4.

Das radiale Lastintegral $J_r(\varepsilon)$ ist definiert als

$$J_r(\varepsilon) = \frac{1}{2\pi} \int_{-\gamma_L}^{+\gamma_L} \left[1 - \left(\frac{1 - \cos\gamma}{2\varepsilon} \right) \right]^n \cos\gamma \, d\gamma. \tag{C.8}$$

Das axiale Lastintegral $J_a(\varepsilon)$ ist definiert als

$$J_a(\varepsilon) = \frac{1}{2\pi} \int_{-\gamma_L}^{+\gamma_L} \left[1 - \left(\frac{1 - \cos\gamma}{2\varepsilon} \right) \right]^n d\gamma. \tag{C.9}$$

Die radialen und axialen Lastintegrale $J_r(\varepsilon)$ und $J_a(\varepsilon)$ werden mithilfe des Programms **Simpson_JrJa** numerisch berechnet, dessen MATLAB-Code im Folgenden aufgeführt ist.

```
%===================================================================
% Simpson's Rule: Computing Load Integrals Jr(ε) and Ja(ε)
% Book: Computational Design of Rolling Bearings
% Hung Nguyen-Schäfer
%===================================================================
function Simpson_JrJa
clear all;
fid1 = fopen('SimpsonJrJa_Output.mat','w');
% Data Input:
 emin = 0.1;% First value of epsilon
 emax = 10.;% Last value of epsilon
 n = 3/2;% Ball bearings
%n = 10/9;% Roller bearings
 Ne = 198;% Number of the parameter e (198: 0.1 to 10)
 Nint = 100;%(2*Nint) dividing intervals between a and b
%===================================================================
fprintf(fid1,'Simpson Rule to compute load integrals\n');
fprintf(fid1,'Book: Computational Design of Rolling Bearings\n');
fprintf(fid1,'Hung Nguyen-Schäfer\n');
fprintf(fid1,'\n');
%-----------------------------------------------------
% Computing Integral of Load Function f(x)
%-----------------------------------------------------
array_e = 1:1:Ne+1;
array_y = 1:1:2*Nint+1;
array_x = 1:1:2*Nint;
y_array = zeros(size(array_y));% generating zero vector
x_array = zeros(size(array_x));% generating zero vector
e_array = zeros(size(array_e));% generating zero vector
y = y_array;
x = x_array;
e = e_array;
hinv = e_array;
Jrab = e_array;
Jaab = e_array;
FrFa = e_array;
gamma_Ld = e_array;
%
for k = 1:1:Ne+1
 e(k) = emin +(emax-emin)*(k-1)/Ne;
 ek = e(k);
 gamma_L = acos(1.- 2.*ek);% in radian
 gamma_Ld(k) = gamma_L*180./pi;% in degree
```

```
 if (ek >= 1)
  gamma_L = pi;
 end
 a = -gamma_L;
 b = +gamma_L;
 h = (b-a)/(2.*Nint);
 hinv(k) = h;
 for i = 1:1:2*Nint+1
  y(i) = a +(i-1)*h;
 end
 [Jr,Ja] = LoadInt_JrJa(y(1),ek,n);
 Jr_a = Jr;
 Ja_a = Ja;
 [Jr,Ja] = LoadInt_JrJa(y(2*Nint+1),ek,n);
 Jr_b = Jr;
 Ja_b = Ja;
%
 for i = 2:1:2*Nint
  x(i-1) = y(i);
 end
 Jr_even = 0.;
 Ja_even = 0.;
 for i = 1:1:Nint-1
 [Jr,Ja] = LoadInt_JrJa(x(2*i),ek,n);
 Jr_even = Jr_even + Jr;
 Ja_even = Ja_even + Ja;
 end
Jr_odd = 0.;
 Ja_odd = 0.;
 for i = 1:1:Nint
 [Jr, Ja] = LoadInt_JrJa(x(2*i-1),ek,n);
  Jr_odd = Jr_odd + Jr;
  Ja_odd = Ja_odd + Ja;
 end
% Computing integral of function f(x) with x from a to b
  Jr_ab = h/3.*(Jr_a + 2.*Jr_even + 4.*Jr_odd + Jr_b);
  Ja_ab = h/3.*(Ja_a + 2.*Ja_even + 4.*Ja_odd + Ja_b);
  Jrab(k) = Jr_ab;
  Jaab(k) = Ja_ab;
  FrFa(k) = real(Jr_ab)/real(Ja_ab);
end
% Printing
fprintf(fid1,'RESULTS: \n');
if (n == 3/2)
    fprintf(fid1,'Ball Bearings \n');
elseif (n == 10/9)
    fprintf(fid1,'Roller Bearings \n');
end
for k = 1:1:Ne+1
 fprintf(fid1,'*Parameter e =%5.2f \n', e(k));
 fprintf(fid1,' Interval length h =%5.3f \n', hinv(k));
 fprintf(fid1,' Load integral Jr_bb(e) =%6.4f \n', Jrab(k));
 fprintf(fid1,' Load integral Ja_bb(e) =%6.4f \n', Jaab(k));
 fprintf(fid1,' Fr*tan(alpha)/Fa(e) =%6.4f \n', FrFa(k));
```

```
end
% Result File
copyfile('SimpsonJrJa_Output.mat','Resultfile.mat','f')
edit Resultfile.mat
return
end
% ----------------------------------------------------------------------
        function [Jr,Ja] = LoadInt_JrJa(x,e,n)
% ----------------------------------------------------------------------
% Load function Jr
Jr = 1/(2*pi)*(1. -(1.-cos(x))/(2.*e))^n *cos(x);
% Load function Ja
Ja = 1/(2*pi)*(1. -(1.-cos(x))/(2.*e))^n;
return
end
```

Ergebnisse anhand der Simpsonschen Regel

Die Rechenergebnisse der Lastintegrale für $0,1 \leq \varepsilon \leq 10$ sind in den Abb. 2.10, 2.11 und 2.12 dargestellt.

Anhang D: Kinematik der Wälzlager

Zur Berechnung der Winkelgeschwindigkeiten des Lagerkäfigs ω_c und des Wälzelements ω_b wird das einfache Lagermodell in Abb. D.1 verwendet.

Der Lagerinnenring wird fest an die Rotorwelle montiert und rotiert deshalb mit der Rotorwinkelgeschwindigkeit ω_i. Der Lageraußenring rotiert mit der Winkelgeschwindigkeit ω_o. Die Wälzelemente liegen auf der Innen- und Außenlaufbahn beim Radius r_i bzw. r_o an. Dabei entsprechen D_w dem Durchmesser des Wälzelements und D_{pw} dem Teilkreisdurchmesser des Lagers, vgl. Abb. D.1.

Die Winkelgeschwindigkeit des Lagerkäfigs ω_c um die axiale Richtung O_{ba} wird berechnet zu

$$\omega_c = \frac{v_i + v_o}{2r_p} = \frac{v_i + v_o}{D_{pw}}. \tag{D.1}$$

Die Umfangsgeschwindigkeit v_i an der Kontaktstelle zwischen dem Wälzelement und der inneren Laufbahn für Rillenkugellager wird berechnet:

$$\begin{aligned} v_i = \omega_i r_i &= \frac{\omega_i}{2}(D_{pw} - D_w \cos\alpha) \\ &= \frac{\omega_i D_{pw}}{2}\left(1 - \frac{D_w \cos\alpha}{D_{pw}}\right). \end{aligned} \tag{D.2}$$

In ähnlicher Weise wird die Umfangsgeschwindigkeit v_o an der Kontaktstelle zwischen dem Wälzelement und der äußeren Laufbahn für Rillenkugellager berechnet:

$$\begin{aligned} v_o = \omega_o r_o &= \frac{\omega_o}{2}(D_{pw} + D_w \cos\alpha) \\ &= \frac{\omega_o D_{pw}}{2}\left(1 + \frac{D_w \cos\alpha}{D_{pw}}\right). \end{aligned} \tag{D.3}$$

H. Nguyen-Schäfer, *Numerische Auslegung von Wälzlagern*,
DOI 10.1007/978-3-662-54989-6

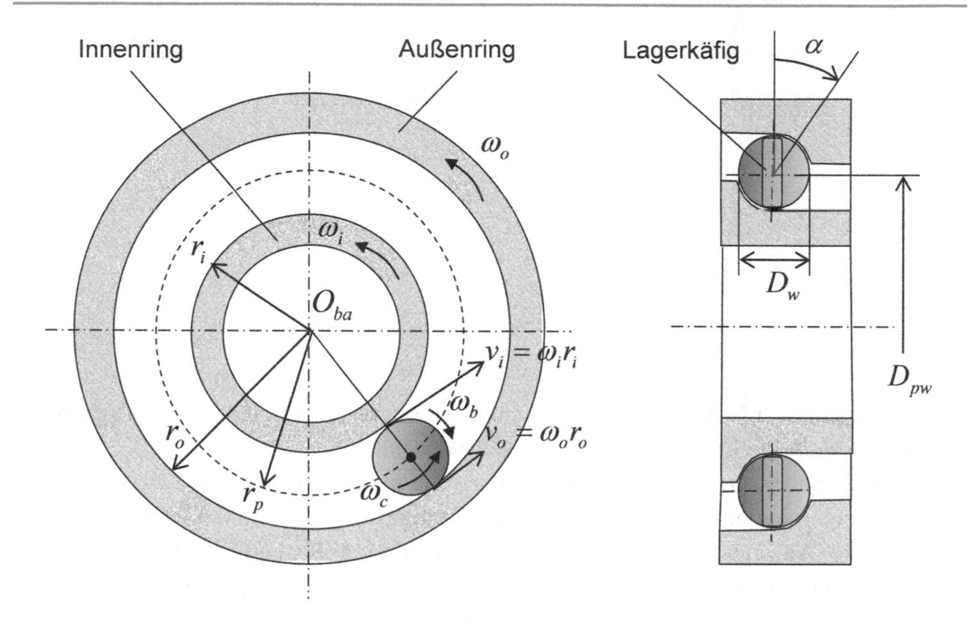

Abb. D.1 Winkel- und Umfangsgeschwindigkeiten in einem Kugellager

Durch Einsetzen von Gl. D.2 und D.3 in Gl. D.1 erhält man die Winkelgeschwindigkeit des Lagerkäfigs für Rillenkugellager:

$$\omega_c = \left(1 - \frac{D_w \cos\alpha}{D_{pw}}\right)\frac{\omega_i}{2} + \left(1 + \frac{D_w \cos\alpha}{D_{pw}}\right)\frac{\omega_o}{2}. \tag{D.4}$$

Aus der Lagergeometrie wird die Umfangsgeschwindigkeit des Lagerkäfigs für Rillenkugellager berechnet:

$$\begin{aligned} v_c &= r_p \omega_c = \frac{D_{pw}}{2}\omega_c \\ &= (D_{pw} - D_w \cos\alpha)\frac{\omega_i}{4} + (D_{pw} + D_w \cos\alpha)\frac{\omega_o}{4}. \end{aligned} \tag{D.5}$$

Aus Gl. D.5 ergibt sich die Umfangsgeschwindigkeit des Lagerkäfigs für Rillenkugellager des festmontierten Außenrings bei $\omega_o = 0$ zu

$$v_c = \frac{\omega_i D_{pw}}{4}\left(1 - \frac{D_w \cos\alpha}{D_{pw}}\right).$$

Die Winkelgeschwindigkeit der Umlaufbahn der Kontaktstelle zwischen dem Wälzelement und der inneren Laufbahn für Rillenkugellager wird berechnet zu

$$\omega_{ci} = \omega_i - \omega_c = \frac{(\omega_i - \omega_o)}{2}\left(1 + \frac{D_w \cos\alpha}{D_{pw}}\right). \tag{D.6}$$

In gleicher Weise wird die Winkelgeschwindigkeit der Umlaufbahn der Kontaktstelle zwischen dem Wälzelement und der äußeren Laufbahn für Rillenkugellager berechnet zu

$$\omega_{co} = \omega_o - \omega_c = \frac{(\omega_o - \omega_i)}{2}\left(1 - \frac{D_w \cos\alpha}{D_{pw}}\right). \tag{D.7}$$

Die Spingeschwindigkeit der Kugel ist für Rillenkugellager definiert als die Winkelgeschwindigkeit der um die eigene Achse rotierenden Kugel:

$$\omega_b = \frac{\omega_{co} D_{co}}{D_w}. \tag{D.8}$$

Der Durchmesser der Umlaufbahn der Kontaktstelle zwischen dem Wälzelement und der äußeren Laufbahn wird für *Rillenkugellager* berechnet zu

$$D_{co} = D_{pw} + D_w \cos\alpha = \left(1 + \frac{D_w \cos\alpha}{D_{pw}}\right) D_{pw}. \tag{D.9}$$

Durch Einsetzen von Gl. D.7 und D.9 in Gl. D.8 erhält man die Spingeschwindigkeit der Kugel für Rillenkugellager:

$$\omega_b = \frac{(\omega_o - \omega_i)}{2} \cdot \frac{D_{pw}}{D_w}\left(1 - \left(\frac{D_w \cos\alpha}{D_{pw}}\right)^2\right). \tag{D.10}$$

Die relative Umfangsgeschwindigkeit an der Kontaktstelle zwischen dem Wälzelement und der inneren Laufbahn für Rillenkugellager wird berechnet zu

$$\begin{aligned} u_{ci} &= \frac{\omega_{ci} D_{ci}}{2} = \frac{\omega_{ci} D_{pw}}{2}\left(1 - \frac{D_w \cos\alpha}{D_{pw}}\right) \\ &= \frac{D_{pw}(\omega_i - \omega_o)}{4}\left(1 - \left(\frac{D_w \cos\alpha}{D_{pw}}\right)^2\right). \end{aligned} \tag{D.11}$$

Der Durchmesser der Umlaufbahn der Kontaktstelle zwischen dem Wälzelement und der inneren Laufbahn für Rillenkugellager wird berechnet zu

$$D_{ci} = D_{pw} - D_w \cos\alpha = \left(1 - \frac{D_w \cos\alpha}{D_{pw}}\right) D_{pw}. \tag{D.12}$$

In ähnlicher Weise ergibt sich die relative Umfangsgeschwindigkeit an der Kontaktstelle zwischen dem Wälzelement und der äußeren Laufbahn für Rillenkugellager zu

$$u_{co} = \frac{\omega_{co} D_{co}}{2} = \frac{\omega_{co} D_{pw}}{2}\left(1 + \frac{D_w \cos\alpha}{D_{pw}}\right)$$
$$= \frac{D_{pw}(\omega_o - \omega_i)}{4}\left(1 - \left(\frac{D_w \cos\alpha}{D_{pw}}\right)^2\right). \tag{D.13}$$

Aus den Gl. D.11 und D.13 ergibt sich die mittlere relative Geschwindigkeit an den Kontaktstellen zwischen den Wälzelementen und Laufbahnen:

$$U = |u_{ci}| = |u_{co}|$$
$$= \frac{D_{pw}\,|\omega_i - \omega_o|}{4}\left(1 - \left(\frac{D_w \cos\alpha}{D_{pw}}\right)^2\right). \tag{D.14}$$

Aus Gl. D.14 ergibt sich die mittlere relative Geschwindigkeit an den Kontaktstellen im Falle eines festmontierten Außenrings bei $\omega_o = 0$ in der Rotordrehzahl N (U/min) zu

$$U = \frac{\omega_i D_{pw}}{4}\left(1 - \left(\frac{D_w \cos\alpha}{D_{pw}}\right)^2\right)$$
$$= \frac{\pi N D_{pw}}{120}\left(1 - \left(\frac{D_w \cos\alpha}{D_{pw}}\right)^2\right). \tag{D.15}$$

Aus Gl. D.4 erhält man die Winkelgeschwindigkeit des Lagerkäfigs bei $\alpha = 0$:

$$\omega_c = \left(1 - \frac{D_w}{D_{pw}}\right)\frac{\omega_i}{2} + \left(1 + \frac{D_w}{D_{pw}}\right)\frac{\omega_o}{2}. \tag{D.16}$$

Aus Gl. D.16 ergibt sich die Winkelgeschwindigkeit des Lagerkäfigs im Falle eines festmontierten Außenrings bei $\omega_o = 0$ zu

$$\omega_c = \left(1 - \frac{D_w}{D_{pw}}\right)\frac{\omega_i}{2} < \frac{\omega_i}{2}. \tag{D.17}$$

Gl. D.17 zeigt, dass die Winkelgeschwindigkeit des Lagerkäfigs immer kleiner als die Hälfte der Winkelgeschwindigkeit des Rotors ist.

Aus Gl. D.10 ergibt sich die Winkelgeschwindigkeit der Kugel bei $\alpha = 0$ zu

$$\omega_b = \frac{(\omega_o - \omega_i)}{2} \cdot \frac{D_{pw}}{D_w}\left(1 - \left(\frac{D_w}{D_{pw}}\right)^2\right). \tag{D.18}$$

Aus Gl. D.18 erhält man die Winkelgeschwindigkeit des Wälzelements im Falle eines festmontierten Außenrings bei $\omega_o = 0$:

$$\omega_b = \frac{\omega_i D_{pw}}{2D_w}\left(1 - \left(\frac{D_w}{D_{pw}}\right)^2\right) < \frac{\omega_i}{2}\left(\frac{D_{pw}}{D_w}\right). \tag{D.19}$$

Anhang E: Regression mithilfe der Methode der kleinsten Fehlerquadrate

1. Lineare Regressionsmodelle

Bei der einfachen *linearen Regression* mittels der kleinsten Fehlerquadrate wird eine Gerade derart durch n Werte von gemessenen Daten gelegt, dass dabei die Summe aller quadratischen Fehler des linearen Regressionsmodells ein Minimum annimmt. Der Fehler ε_i ist definiert als der vertikale Abstand zwischen dem gemessenen Wert P_i und dem geschätzten Wert anhand der angepassten Gerade (*Regressionsgerade*), vgl. Abb. E.1.

Die angepasste Geradengleichung wird in den Koordinaten x und y formuliert:

$$y = a + bx. \tag{E.1}$$

Jeder beobachtete Wert der n Testproben wird als $P_i(x_i, y_i)$ für $i = 1, 2, \ldots, n$ in den Koordinaten x und y dargestellt. Die gemessene Ordinate y_i des beobachteten Werts P_i wird bei der entsprechenden Abszisse x_i mit dem individuellen Fehler ε_i berechnet zu

$$\begin{aligned} y_i &= y + \varepsilon_i = (a + bx_i) + \varepsilon_i \\ \Rightarrow \varepsilon_i &= y_i - a - bx_i \end{aligned} \tag{E.2}$$

Bei der Methode der kleinsten Fehlerquadrate werden die zu schätzenden Modellparameter a und b der Regressionsgerade derart bestimmt, dass die Summe S_R der quadratischen Abweichungen zwischen den beobachteten Werten und den geschätzten Werten minimal wird:

$$\begin{aligned} S_R(a, b) &\equiv \sum_{i=1}^{n} \varepsilon_i^2 \\ &= \sum_{i=1}^{n} (y_i - a - bx_i)^2 = \min. \end{aligned} \tag{E.3}$$

H. Nguyen-Schäfer, *Numerische Auslegung von Wälzlagern*,
DOI 10.1007/978-3-662-54989-6

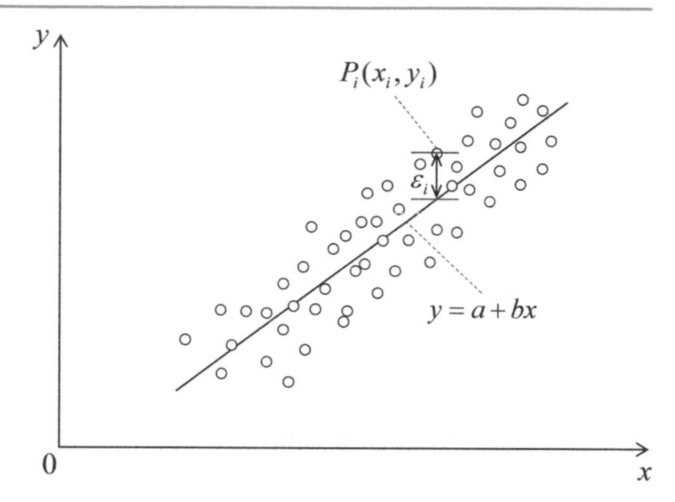

Abb. E.1 Lineares Regressionsmodell von n Versuchsproben

Zum Erreichen des Minimums der Summe S_R müssen folgende notwendige Bedingungen für die partiellen Ableitungen der Summe S_R nach den Parametern a und b erfüllen:

$$\frac{\partial S_R(a,b)}{\partial a} = -2\sum_{i=1}^{n}(y_i - a - bx_i) = 0;$$

$$\frac{\partial S_R(a,b)}{\partial b} = -2\sum_{i=1}^{n}\left[(y_i - \bar{y}) - b(x_i - \bar{x})\right] \cdot (x_i - \bar{x}) = 0. \tag{E.4}$$

Aus Gl. E.4 ergeben sich die Schätzwerte der Steigung b^* und des y-Achsenabschnitts a^* der Regressionsgerade in Gl. E.1 zu

$$b^* = \frac{\sum_{i=1}^{n}(x_i - \bar{x}) \cdot (y_i - \bar{y})}{\sum_{i=1}^{n}(x_i - \bar{x})^2} = \frac{\sum_{i=1}^{n} x_i y_i - \frac{1}{n}\sum_{i=1}^{n} x_i \cdot \sum_{j=1}^{n} y_j}{\sum_{i=1}^{n} x_i^2 - \frac{1}{n}\left(\sum_{i=1}^{n} x_i\right)^2}$$

$$= \frac{n \cdot \left[\overline{xy} - (\bar{x} \cdot \bar{y})\right]}{n \cdot \left[\overline{x^2} - \bar{x}^2\right]} = \frac{n \cdot \sigma_{xy}}{n \cdot \sigma_x^2} = \frac{n \cdot Cov(x,y)}{n \cdot Var(x)} = \frac{Cov(x,y)}{Var(x)} \tag{E.5}$$

und

$$a^* = \bar{y} - b^*\bar{x} = \frac{1}{n}\left(\sum_{j=1}^{n} y_j - b^* \sum_{i=1}^{n} x_i\right), \tag{E.6}$$

wobei $\bar{x}$ und $\bar{y}$ die arithmetischen Mittelwerte von x bzw. y darstellen.

Daraus wird die Gleichung der geschätzten Regressionsgerade formuliert als

$$y \approx f(x) = a^* + b^* x. \tag{E.7}$$

Durch Einsetzen der Gl. E.5 und E.6 in Gl. E.7 ergibt sich die Steigung der Regressionsgerade durch den Mittelpunkt der Messwerte zu

$$r_{xy} = \frac{\overline{xy} - (\bar{x} \cdot \bar{y})}{\sqrt{\left(\overline{x^2} - \bar{x}^2\right) \cdot \left(\overline{y^2} - \bar{y}^2\right)}} = \frac{\sigma_{xy}}{\sigma_x \sigma_y} \equiv \frac{S_{xy}}{\sqrt{S_{xx} S_{yy}}}, \tag{E.8}$$

wobei die Summen der quadratischen x und y definiert sind als

$$S_{xx} \equiv \sum_{i=1}^{n} x_i^2 - \frac{1}{n}\left(\sum_{i=1}^{n} x_i\right)^2 = n\sigma_x^2 \equiv nVar(x);$$

$$S_{yy} \equiv \sum_{j=1}^{n} y_j^2 - \frac{1}{n}\left(\sum_{j=1}^{n} y_j\right)^2 = n\sigma_y^2 \equiv nVar(y);$$

$$S_{xy} \equiv \sum_{i=1}^{n} x_i y_i - \frac{1}{n}\sum_{i=1}^{n} x_i \sum_{j=1}^{n} y_j = n\sigma_{xy} \equiv nCov(x, y).$$

Der Koeffizient der Populationskorrelation ρ ist definiert als

$$\rho = \frac{\sum_{i=1}^{n} (x_i - \bar{x}) \cdot (y_i - \bar{y})}{\sqrt{\sum_{i=1}^{n} (x_i - \bar{x})^2} \cdot \sqrt{\sum_{i=1}^{n} (y_i - \bar{y})^2}}$$

$$= \frac{n\sigma_{xy}}{\sqrt{n}\sigma_x \cdot \sqrt{n}\sigma_y} = \frac{\sigma_{xy}}{\sigma_x \sigma_y} = r_{xy} \tag{E.9}$$

und ist ein Maß für die Güte der Regression: Je näher der absolute Wert $|\rho|$ an 1 ist, desto besser beschreibt die Regressionsgerade die gemessenen Werte.

Der Determinationskoeffizient R ist definiert als das Quadrat des Koeffizienten der Populationskorrelation:

$$R \equiv \rho^2. \tag{E.10}$$

Die Varianz des Schätzparameters b^* berechnet sich zu

$$Var(b^*) = \frac{\sum_{j=1}^{n} \varepsilon_j^{*2}}{(n-2)\sum_{i=1}^{n}(x_i - \bar{x})^2}. \tag{E.11}$$

Die Varianz des Schätzparameters a^* berechnet sich zu

$$\begin{aligned} Var(a^*) &= Var(b^*) \cdot \left(\frac{1}{n}\sum_{i=1}^{n} x_i^2\right) \\ &= \frac{\sum_{j=1}^{n} \varepsilon_j^{*2} \cdot \sum_{i=1}^{n} x_i^2}{n(n-2)\sum_{i=1}^{n}(x_i - \bar{x})^2}. \end{aligned} \tag{E.12}$$

2. Nichtlineare Regressionsmodelle

Die gemessenen Daten von m Testproben werden in manchen Fällen besser durch eine Kurve anstatt eine Gerade approximiert. Bei dieser *nichtlinearen Regression* wird ebenfalls die Methode der kleinsten Fehlerquadrate zur Bestimmung der Koeffizienten angewendet.

Die Funktion der angepassten Regressionskurve ist von n Parametern $\beta_1, \beta_2, \ldots, \beta_n$ für $n \leq m$ abhängig, vgl. Abb. E.2:

$$y = f(x, \beta_1, \ldots, \beta_n) \equiv f(x, \boldsymbol{\beta}).$$

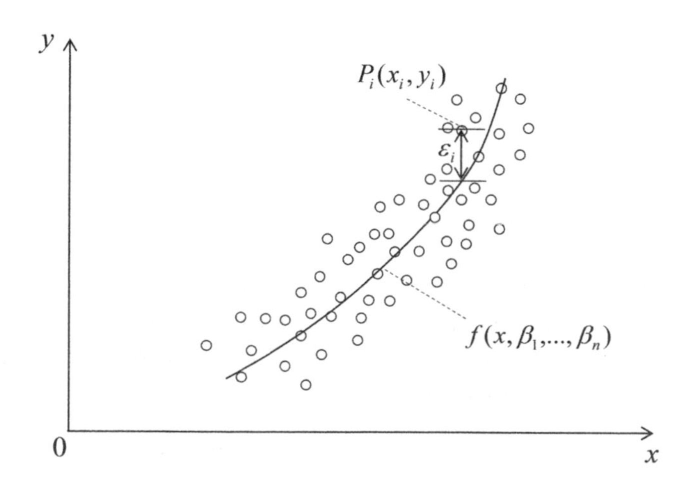

Abb. E.2 Nichtlineares Regressionsmodell von m Testproben

Einige intrinsische nichtlineare Regressionsmodelle werden häufig verwendet:

- Potenzmodell mit den Parametern a, b, c und d:

$$y = a + bx^c + d$$

- Multiplikatives Modell mit den Parametern a, b und c:

$$y = a + x^b + c$$

- Logistische Modelle mit den Parametern a, b, c und d:

$$y = \frac{c}{1 + \exp(a + bx)} + d;$$
$$y = \frac{c}{1 + \exp(a + bx + d)}.$$

Im Allgemeinen wird die gemessene Ordinate y_i des beobachteten Werts P_i bei der entsprechenden Abszisse x_i für m Testproben beschrieben mit

$$\begin{aligned} y_i &= f(x_i, \beta_1, \ldots, \beta_n) + \varepsilon_i \text{ für } n \leq m \\ &\equiv f(x_i, \boldsymbol{\beta}) + \varepsilon_i \text{ für alle } i = 1, 2, \ldots, m. \end{aligned}$$

Daraus folgt

$$\varepsilon_i = y_i - f(x_i, \boldsymbol{\beta}) \text{ für alle } i = 1, 2, \ldots, m.$$

Mithilfe der Methode der kleinsten Fehlerquadrate werden die zu schätzenden Modellparameter $\beta_1, \beta_2, \ldots$ und β_n des Parametervektors $\boldsymbol{\beta}$ so bestimmt, dass die Summe S_R der quadratischen Abweichungen zwischen den beobachteten Werten und den geschätzten Werten minimal wird:

$$S_R = \sum_{i=1}^{m} \varepsilon_i^2 = \sum_{i=1}^{m} \left[y_i - f(x_i, \boldsymbol{\beta})\right]^2 = \min. \tag{E.13}$$

Wie schon bei der linearen Regression müssen hierfür die partiellen Ableitungen S_R nach den Parametern β_j für $j = 1, 2, \ldots, n$ die notwendigen Bedingungen erfüllen:

$$\frac{\partial S_R}{\partial \beta_j} = 2 \sum_{i=1}^{m} \varepsilon_i \frac{\partial \varepsilon_i}{\partial \beta_j} = 0 \text{ für alle } j = 1, 2, \ldots, n. \tag{E.14}$$

Da die gemessene Ordinate y_i unabhängig von β_j ist, wird Gl. E.14 geschrieben in

$$\frac{\partial S_R}{\partial \beta_j} = -2 \sum_{i=1}^{m} \varepsilon_i \frac{\partial f(x_i, \boldsymbol{\beta})}{\partial \beta_j} = 0 \text{ für alle } j = 1, 2, \ldots, n. \tag{E.15}$$

Mithilfe der Taylor-Reihenentwicklung wird die Funktion der Regressionskurve beim Iterationsschritt $k + 1$ berechnet zu

$$f(x_i, \boldsymbol{\beta}^{k+1}) = f(x_i, \boldsymbol{\beta}^k) + \sum_{j=1}^{n} \frac{\partial f(x_i, \boldsymbol{\beta}^k)}{\partial \beta_j} (\beta_j^{k+1} - \beta_j^k) + \ldots$$

$$\approx f(x_i, \boldsymbol{\beta}^k) + \sum_{j=1}^{n} J_{ij}(x_i, \boldsymbol{\beta}^k) \Delta \beta_j \text{für alle } i = 1, 2, \ldots, m. \tag{E.16}$$

Das Element J_{ij} der Jacobi-Matrix J ist definiert als

$$J_{ij}(x_i, \boldsymbol{\beta}^k) \equiv \frac{\partial f(x_i, \boldsymbol{\beta}^k)}{\partial \beta_j}.$$

Durch Einsetzen von Gl. E.16 in Gl. E.15 erhält man die Gleichung für den Verschiebungsvektor:

$$\Delta \boldsymbol{\beta} = (\mathbf{J}^T \mathbf{W} \mathbf{J})^{-1} \mathbf{J}^T \mathbf{W} \mathbf{R}. \tag{E.17}$$

Der Verschiebungsvektor ist definiert als

$$\Delta \boldsymbol{\beta} \equiv [\Delta \beta_1 \quad \Delta \beta_2 \quad \cdots \quad \Delta \beta_n]^T. \tag{E.18}$$

Der Fehlervektor für den Iterationsschritt k lässt sich wie folgt darstellen:

$$\mathbf{R} \equiv \begin{pmatrix} \varepsilon_{1,k} \\ \varepsilon_{2,k} \\ \ldots \\ \varepsilon_{m,k} \end{pmatrix} = \begin{bmatrix} y_1 - f(x_1, \boldsymbol{\beta}^k) \\ y_2 - f(x_2, \boldsymbol{\beta}^k) \\ \ldots \\ y_m - f(x_m, \boldsymbol{\beta}^k) \end{bmatrix}. \tag{E.19}$$

Zur Gewichtung der Wichtigkeit einzelner Testprobe wird die diagonale Gewichtsmatrix definiert als

$$\mathbf{W} \equiv \begin{bmatrix} w_1 & 0 & 0 & 0 \\ 0 & w_2 & 0 & 0 \\ 0 & 0 & \cdots & 0 \\ 0 & 0 & 0 & w_m \end{bmatrix} \text{ für } w_{i=1,\ldots,m} \in [0, 1]. \tag{E.20}$$

Aus Gl. E.16 und E.17 wird die Gleichung der Regressionskurve beim Iterationsschritt $k + 1$ für die Abszisse x_i des Messwerts P_i berechnet zu

$$f(x_i, \boldsymbol{\beta}^{k+1}) \approx f(x_i, \boldsymbol{\beta}^k) + \sum_{j=1}^{n} J_{ij}(x_i, \boldsymbol{\beta}^k)\Delta\beta_j \quad \text{für alle } i = 1, 2, \ldots, m.$$

Die Iteration für den Messwert P_i wird so lang durchgeführt, bis die Lösung das folgende Konvergenzkriterium erfüllt:

$$\left\| \frac{f(x_i, \boldsymbol{\beta}^{k+1}) - f(x_i, \boldsymbol{\beta}^k)}{f(x_i, \boldsymbol{\beta}^k)} \right\| \leq \varepsilon \quad \text{für alle } i = 1, 2, \ldots, m. \tag{E.21}$$

Anhang F: Gesetze der großen Zahlen in der Statistik

Es seien X_1, $X_2, \ldots$ und X_N die unabhängigen Variablen sowie $\rho_1(X_1)$, $\rho_2(X_2), \ldots$ und $\rho_N(X_N)$ deren entsprechende Wahrscheinlichkeitsdichten. Für die Dichtefunktion $\rho_i(X_i)$ der Probe X_i erfüllt die folgende Bedingung:

$$\int_{-\infty}^{+\infty} \rho_i(X_i)dX_i = 1 \, \textit{für} \; i = 1, 2, \ldots, N. \tag{F.1}$$

Die multivariate Dichtefunktion $\rho(X_1, \ldots, X_N)$ der unabhängigen Variablen wird derart definiert, dass sie die folgende Beziehung erfüllt:

$$\rho(X_1, \ldots, X_N)dX_1 \ldots dX_N = \rho_1(X_1) \ldots \rho_N(X_N)dX_1 \ldots .dX_N. \tag{F.2}$$

Durch Integrieren der multivariaten Dichtefunktion über dem Gesamtraum erhält man mithilfe von Gl. F.1:

$$\begin{aligned}\int_{-\infty}^{+\infty} \ldots \int_{-\infty}^{+\infty} \rho(X_1, \ldots, X_N)dX_1 \ldots dX_N &= \int_{-\infty}^{+\infty} \rho_1(X_1)dX_1 \times \cdots \times \int_{-\infty}^{+\infty} \rho_N(X_N)dX_N \\ &= 1 \times 1 \times \cdots \times 1 = 1.\end{aligned} \tag{F.3}$$

Es seien ΔX_1, ...und ΔX_N die Differenzen zwischen den unabhängigen Variablen X_1, ...und X_N und ihren entsprechenden arithmetischen Mittelwerten. Diese Differenz ΔX_i ist definiert als

$$\Delta X_i = X_i - E\left[X_i\right] \, \textit{für} \; i = 1, 2, \ldots, N. \tag{F.4}$$

Der Erwartungswert der Variable X_i berechnet sich zu

$$E\left[X_i\right] \equiv \langle X_i \rangle = \int_{-\infty}^{+\infty} X_i \rho_i(X_i)dX_i. \tag{F.5}$$

H. Nguyen-Schäfer, *Numerische Auslegung von Wälzlagern*,
DOI 10.1007/978-3-662-54989-6

In gleicher Weise ergibt sich die Varianz der Variable X_i zu

$$\begin{aligned} Var(X_i) &= \left\langle (\Delta X_i)^2 \right\rangle = \left\langle (X_i - \langle X_i \rangle)^2 \right\rangle \\ &= \int_{-\infty}^{+\infty} (X_i - \langle X_i \rangle)^2 \rho_i(X_i) dX_i. \end{aligned} \tag{F.6}$$

Der arithmetische Mittelwert X_m von N unabhängigen Variablen ist definiert als

$$X_m = \frac{1}{N} \sum_{j=1}^{N} X_j. \tag{F.7}$$

Aus den Gl. F.5 und F.7 berechnet sich der Erwartungswert von X_m zu

$$\begin{aligned} \langle X_m \rangle &= \int_{-\infty}^{+\infty} X_m \rho(X_1, \ldots, X_N) dX_1 \ldots dX_N \\ &= \int_{-\infty}^{+\infty} X_m \rho_1(X_1) \ldots \rho_N(X_N) dX_1 \ldots dX_N \\ &= \frac{1}{N} \sum_{i=1}^{N} \int_{-\infty}^{+\infty} X_i \rho_i(X_i) dX_i = \frac{1}{N} \sum_{i=1}^{N} \langle X_i \rangle. \end{aligned} \tag{F.8}$$

Die Varianz des arithmetischen Mittelwerts X_m wird berechnet zu

$$\begin{aligned} Var(X_m) &= \left\langle (\Delta X_m)^2 \right\rangle = \left\langle (X_m - \langle X_m \rangle)^2 \right\rangle \\ &= \int_{-\infty}^{+\infty} (X_m - \langle X_m \rangle)^2 \rho(X_1, \ldots, X_N) dX_1 \ldots dX_N. \end{aligned} \tag{F.9}$$

Durch Einsetzen der Gl. F.7 und F.8 in Gl. F.9 erhält man die Varianz von X_m:

$$\begin{aligned} Var(X_m) &= \frac{1}{N^2} \sum_{i=1}^{N} \int_{-\infty}^{+\infty} (X_i - \langle X_i \rangle)^2 \rho_i(X_i) dX_i \\ &= \frac{1}{N^2} \sum_{i=1}^{N} \left\langle (\Delta X_i)^2 \right\rangle = \sigma_m^2. \end{aligned} \tag{F.10}$$

Daraus ergibt sich die Standardabweichung des arithmetischen Mittelwerts X_m zu

$$\sigma_m = \sqrt{\langle(\Delta X_m)^2\rangle} = \frac{1}{N}\sqrt{\sum_{i=1}^{N}\langle(\Delta X_i)^2\rangle}. \tag{F.11}$$

Aus den Gl. F.6 und F.10 wird die Varianz des arithmetischen Mittelwerts X_m berechnet zu

$$\sigma_m^2 = Var(X_m) = \frac{N\langle(\Delta X_i)^2\rangle}{N^2} = \frac{\langle(\Delta X_i)^2\rangle}{N} = \frac{Var(X_i)}{N} \equiv \frac{\sigma^2}{N}.$$

Dabei wird angenommen, dass alle N unabhängigen Variablen die gleiche Standardabweichung σ der Variable X_1 haben. Folglich ergibt sich die Standardabweichung des arithmetischen Mittelwerts X_m zu

$$\sigma_m = \frac{\sigma}{\sqrt{N}}. \tag{F.12}$$

Die Gl. F.12 wird als das *Gesetz der großen Zahlen* in der Statistik bezeichnet. Das Gesetz besagt, dass der arithmetische Mittelwert X_m von N unabhängigen Variablen $X_1, \ldots$ und X_N eine Standardabweichung besitzt, die dem Wert von $1/\sqrt{N}$ mal der Standardabweichung σ entspricht.

In der Statistik werden sogar zwei *Gesetze der großen Zahlen* unterschieden: das *schwache Gesetz* und das *starke Gesetz*.

Das *schwache Gesetz der großen Zahlen* besagt, dass der arithmetische Mittelwert X_m von N unabhängigen Variablen $(X_1, \ldots, X_N)$ *im Wahrscheinlichkeitssinne „P"* zum Erwartungswert hin konvergiert, wenn die Anzahl der Testproben gegen unendlich strebt:

$$\lim_{N\to\infty} X_m = \lim_{N\to\infty} \frac{1}{N}\sum_{i=1}^{N} X_i \stackrel{P}{=} \langle X_m\rangle\,. \tag{F.13}$$

In diesem Fall gilt die Dichtefunktion ρ bei einer unendlich großen Anzahl N der Testproben für eine beliebig positive reelle Zahl ε:

$$\lim_{N\to\infty} \rho\left(|X_m - \langle X_m\rangle| > \varepsilon\right) = 0. \tag{F.14}$$

Das *starke Gesetz der großen Zahlen* besagt, dass der arithmetische Mittelwert X_m von N unabhängigen Variablen $(X_1, \ldots, X_N)$ *immer* zum Erwartungswert hin konvergiert, wenn die Anzahl der Testproben unendlich groß ist:

$$\lim_{N\to\infty} X_m = \lim_{N\to\infty} \frac{1}{N} \sum_{i=1}^{N} X_i = \langle X_m \rangle \,. \tag{F.15}$$

In diesem Fall gilt die Dichtefunktion ρ bei einer unendlich großen Anzahl N der Testproben:

$$\rho \left(\lim_{N\to\infty} X_m = \langle X_m \rangle \right) = 1. \tag{F.16}$$

Stichwortverzeichnis

H. Nguyen-Schäfer, *Numerische Auslegung von Wälzlagern*,
DOI 10.1007/978-3-662-54989-6